中國茶書

【明】

下

鄭培凱
朱自振 主編

上海大學出版社

蒙史

◇明　龍膺　撰

龍膺，湖廣武陵人，字君善，一字君御。萬曆八年(1580)進士。授徽州府推官，轉理新安，治兵湟中，官至南京太常卿。晚與袁宏道相善。有《九芝集》。因爲由本文前序作者朱之蕃的題署可知，之蕃自稱是《蒙史》有龍膺門人朱之蕃題辭。之蕃金陵人，萬曆二十三年(1595)狀元，官至吏部侍郎。曾出使朝鮮，人仰其書畫，以貂皮、人參乞討，他用之收買法書、名畫、古器。回國後，請調南京錦衣衛，收藏"甲於南都"。其爲《蒙史》題辭，在萬曆四十年(1612)，可能已當龍膺晚年，爲南京太常卿時。

《蒙史》，《中國古代茶葉全書》引《周易正義》釋卦，稱"蒙"爲"泉"，"《蒙史》即爲泉史"。萬國鼎《茶書總目提要》評價它"雜抄成書，無甚意義"。然而我們發現，它并不是一本粗劣之作，而是經過撰者選擇、加工，并補充有自己之見聞和看法的一部茶書。如松蘿茶條一節，記述松蘿茶的製作工藝，就很寶貴。

本文只有喻政《茶書》一個版本。

題辭

壺觴、茗碗，世俗不啻分道背馳，自知味者，視之則如左右手，兩相爲用，缺一不可。頌酒德，贊酒功，著茶經，稱《水品》，合之雙美，離之兩傷。從所好而溺焉，孰若因時而迭爲政也。吾師龍夫子，與舒州白力士鐺，夙有深契，而於瀹茗品泉，不廢净緣。頃治兵湟中[1]，夷虜款塞，政有餘閒，縱觀泉石，抉剔幽隱。得北泉，甚甘烈，取所攜松蘿、天池、顧渚、羅岕、龍井、蒙頂諸名茗嘗試之，且著《醒鄉記》，以與王無功。千古競爽，文囿頡頏，破絶塞之顓蒙,增清境之勝事。乃知天地有真味,不在羶[2]酪、薑椒、羶腥、鹽豉間。而雅供清風,且推而與擐甲、關弧、荷氈披毳者共之矣。不肖蕃曩侍宴歡,輒困憊於師之觴政。所幸量過七碗,不畏水厄耳。恨不能縮地南國,覽勝湟中,聽松風,觀蟹眼,引滿醉茶於函丈之前,以蕩滌塵情,消除雜念也。日奉斯編,用爲指南,輒不自諒小巫之索然,敬綴數語,以就正焉。

萬曆壬子歲春正月,江左門人朱之蕃[3]書於□椀齋

上卷①

泉品述

醴泉,泉味甜如酒也。聖王在上,德普天地,刑賞得宜,則醴泉出。食之,令人壽考。

玉泉,玉石之精液也。《山海經》:蜜山出丹水中,多玉膏,其源沸湯,黄帝自食。《十洲記》:瀛洲玉石,高千丈。出泉如酒,味甘,名玉醴泉,食之長生。又方丈洲有玉石泉,崑崙山有玉水。元洲玄澗,水如蜜漿,飲之與天地相畢。又曰:生洲之水,味如飴酪。

《淮南子》曰:崑崙四水者,帝之神泉,以和百藥,以潤萬物。

《括地圖》曰:負丘之山,上有赤泉,飲之不老。神宫有英泉,飲之眠三百歲,乃覺,不知死。

《瑞應經》曰:佛持鉢到迦葉[4]家受飯,而還於屏處。食已,欲澡漱。天帝知佛意,即下以手指地,水出成池,令佛得用,名爲指地池。

如來八功德水:一清、二冷、三香、四柔、五甘、六淨、七不咽、八蠲痾。梁胡僧曇隱[5]寓鍾山,值旱,有眉叟語曰:"予山龍也,措之何難?"俄而一沼沸出。後有西僧至,云:"本域八池,已失其一。"

梁天監初,有天竺僧智藥[6],泛舶曹溪口,聞異香,掬嘗其味,曰:"上流必有勝地。"遂開山立石,乃云:"百七十年後,當遇無上法師在此演法。"今六祖南華寺是也。

梁景泰禪師,居惠州寶積寺,無水,師卓錫於地,泉湧數尺,名卓錫泉。東坡至羅浮,入寺飲之,品其味,出江水遠甚。

大庾嶺雲封寺東泉,自石穴湧出,甘洌可愛。大鑑禪師[7]傳鉢南歸,卓

錫於此。

《武陵廖氏譜》云:"廖平以丹砂三十斛,冥所居井中,飲是水以祈壽。"《抱朴子》曰"余祖鴻臚,爲臨沅令。有民家飲丹井,世壽考,或百歲,或八九十歲",即廖氏云。又西湖葛井,乃稚州煉所,在馬家園。役淘井,出石匣,中有丹數枚,如芡實,啖之無味,棄之。有施漁翁者,拾一粒食之,壽一百六歲。此丹水尤難得。

翁源山頂石池,有泉八,曰涌泉、香泉、甘泉、温泉、震泉、龍泉、乳泉、玉泉。相傳一龐眉叟時見池中,因名翁水。居人飲此多壽。

柳州融縣靈巖[8]上,有白石,巍然如列仙。靈壽溪貫入巖下,清響作環佩聲。舊傳仙史投丹於中,飲者多壽。

《列居傳》曰:負局先生止吴山絶崖,世世懸藥與人,曰:吾欲還蓬萊山,爲汝曹下神水,(涯)頭一旦有水,白色從石間來下,服之多所愈。以上皆靈泉。

《爾雅》曰:河出崑崙墟,色白。又曰:泉,一見一否爲瀸。又濫泉:正出,正湧出也;沃泉,懸出,懸下出也;氿泉,仄出,仄旁出也。湟中北石泉,自仄出。

石,山骨也;流,水行也。山宣氣以産萬物;氣宣則脈長,故陸鴻漸曰:"山水上"②。

江,公也;衆水共入其中,則味雜,故曰"江水中"。惟揚子江金山寺之中泠,則夾石渟淵,特入首品,爲天下第一泉③。

御史李季卿至維揚[9],逢陸鴻漸,命軍士入江赴南泠取水。及至,陸以杓揚水嘗之,俄曰:"非南泠,臨岸者乎!"傾至半,遽曰:"止,是南泠矣!"使者乃吐實。李與賓從皆大駭,因問歷處之水。陸曰:"楚水第一,晉水最下。"因命筆口授而次第之。南泠即仲泠也。

慧山[10]源出石穴,陸羽品爲第二泉,又名陸子泉。李德裕在中書,自毘陵至京,置驛遞,名水遞。人甚苦之。有僧詣曰:"京都一眼井與惠泉脈通。"公笑曰:"真荒唐也,井在何坊曲?"僧曰:"昊天觀常住庫後是也。"公因取惠山一罌,昊天一罌,雜他水八罌,遣僧辨析。僧啜之,止取惠山、昊天二水,公大奇歎,水遞遂停。

李贊皇有親知奉使金陵者,命置中泠水一壺。其人舉棹忘之,至石頭城,乃汲一瓶歸獻。李飲之曰:“江南水味變矣,此何似建業城下水也!”其人謝過。膺令軍吏取湟之北泉,吏乃近取南泉以代。予嘗而别之曰:“非北泉也。”吏不敢隱。

王仲至謂:嘗奉使至仇池[11],有九十九泉,萬山環之,可以避世如桃源。

有龍泉出允街谷,泉眼之中水文成蛟龍。或試撓破之,尋平成龍。牛馬諸獸將飲者,皆畏辟而走,謂之龍泉。

白樂天《廬山草堂》記云:堂北五步處,層崖積石,緑陰蒙蒙,又有飛泉,植茗就以烹燀,好事者見可以永日。

東坡知揚州時,與發運使晁端彦[12]、吴倅[13]、晁無咎[14]大明寺汲塔院西廓井與下院蜀井二水校高下,以塔院水爲勝。

東坡云:惠州之佛院東湯泉、西冷泉,雪如也。杭州靈隱寺亦有冷泉亭。

瓊州三山庵下,有泉味類惠山。東坡名之曰“惠通井”而爲之記。

廬州東有浮槎山,梵僧過而指曰:“此耆闍一峯也,頂有泉,極甘。”歐陽公作記。

盧城[15]官宅,井苦。李錫爲令,變爲甘泉。張掖南城亦有泉,甚甘,因名。

范文正公[16]鎮青,興龍僧舍西南洋溪中,有醴泉湧出。公搆一亭泉上,刻石記之。青人思公之德,目曰“范公泉”。環古木蒙密,塵跡不到,去市廛纔數百步,如在青山中。自是幽人逋客,往往賦詩鳴琴,烹茶其上,日光玲瓏,珍禽上下,真物外遊也。歐陽文忠[17]、劉翰林貢父[18]賦詩刻石,及張禹功[19]、蘇唐卿[20]篆石榜之。亭中最爲營丘佳處。

承天紫蓋山,當陽道書三十三洞天。林石皆紺色,下出綵水,香甘異常。

荆門[21]兩峯,對起如娥眉,上有浮香、漱玉諸亭,爲游憩之所。山麓二泉,北曰蒙,南曰惠。泉以陸象山[22]守是州而重,至今州人德之,祠貌陸公於池上。膺飲湟之北泉,甚例,合名曰蒙惠。以泉自山下出,故曰蒙;味如惠泉,故曰惠。

河中府[23]舜泉坊,二井相通。祥符中,真宗祠汾駐驛蒲中,車駕臨觀,賜名"孝廣泉",並以名其坊,御製贊紀之。蒲濱河,地鹵泉鹹,獨此井甘美,世以爲異。

濟南水泉清冷,凡七十二。如舜泉、瀑流、真珠、洗鉢、孝感、玉環之類,皆奇。曾子固[24]詩,以瀑流爲趵突泉爲上。又杜康泉,康汲此釀酒,或以中泠及惠泉稱之,一升重二十四銖,是泉較輕一銖。

南康城西有谷簾泉,水如簾,布巖而下者三十餘泒[25],陸羽品其味第一。

王禹偁云:康王谷④爲天下第一水,簾高三百五十丈,計程一月,其味不變。

泉州城北泉山,一名齊雲,巖洞奇秀,上有石乳,泉清冽甘美。又泰寧石門有飛泉,垂巖而下,甚甘,名甘露巖。

建寧城中鳳皇山[26]下,有龍焙泉,一名御泉,宋時取此水造茶入貢。

福寧[27]龍首山西麓,有泉曰聖泉,甘冽,可愈疾。

彬州城南有香泉,味甘冽。屬邑興寧有程鄉水,亦美。

蘄水鳳棲山下,有陸羽泉。《經》謂天下第三泉。

夔州[28]梁山、蟠龍山中,崖高數十丈,飛濤噴薄如霧。張育英游此題云:泉味甘冽,非陸羽莫能辨。

衛郡蘇門[29]山下有百門泉,泉上噴如珠,下有瑶草。先君玄扈公理輝[30],有惠政,輝人祠貌先君子泉石之上。

内鄉天池山上有池,《山海經》云:"帝臺之漿也,可愈心疾。"又有菊潭,崖旁産甘菊,飲此水多壽。《風俗通》[31]云:内鄉山磵有大菊,磵水從山流,得其花味,甚甘美。

盩厔玉女洞有飛泉,甘且冽。蘇軾過此,汲兩瓶去,恐後復取爲從者所紿,乃破竹作券,使寺僧藏之,以爲往來之信,戲曰調水符。

嚴陵釣臺下,水甚清激,陸羽品居第十九。

《寰宇記》南劍州天階山乳泉,飲之登山嶺如飛。乳泉、石鐘乳,山骨之膏髓也。色白體重,極甘而香若甘露。

武陵郡[32]卓刀泉,在仙婆井傍。漢壽亭侯[33]過此渴甚,以刀卓地出泉。下有奇石,脈與武陵溪通,即浲水不溢,大旱不竭也。後人嘉其甘洌,又名清勝泉。予恆酌之,與南泠等。沅湘間故多佳水,此其一焉。

泉非石出者,必不佳。故《楚詞》云:"飲石泉兮蔭松柏。"皇甫曾《送陸羽》詩:"幽期山寺遠。野飲石泉清。"

東坡白鶴山新居,鑿井四十尺,遇盤石;石盡,乃得泉。有"一勺亦天賜,曲肱有飲歡"之句。

東坡《洞酌亭》詩引:"瓊山郡東,衆泉觱發,然皆洌而不食。"軾南遷過瓊,始得雙泉之甘於城之東北隅,以告其人,自是汲者常滿。泉相去咫尺而異味。庚辰歲,遷於合浦,復過之,太守陸公求泉上亭名,與詩,名曰"洞酌"。又《廉泉詩》:"水性故自清,不清或撓之。君看此廉泉,五色爛摩尼。廉者爲我廉,我以此名爲。有廉則有貪,有慧則有癡。誰爲柳宗元,孰是吴隱之[34]。漁父足豈潔,許由耳何淄。紛然立名字,此水了不知。毁譽有時盡,不知無盡時。朅來廉泉上,將須看鬚眉。好在水中人,到處相娱嬉。"

古法鑿井者,先貯盆水數十,置所鑿之地,夜視盆中有大星異衆星者,必得甘泉。范文正公所居宅,必先浚井,納青木數斤於其中,以辟瘟氣。

山木欲秀,蔭若叢惡則傷泉,雖未能使瑶草瓊花披拂其上,而修竹幽蘭自不可少。

作屋覆泉,不惟殺風景,亦且陽氣不入,能致陰損。若其小者,作竹罩籠之,以防不潔可也。

移水取石子置瓶中,雖養泉味,亦可澄水,令之不淆。黄魯直《惠山泉》詩:"錫谷寒泉撱石俱"是也。撱音妥。擇水中潔浄白石帶泉煮之,尤妙。

凡臨佳泉,不可容易漱濯,犯者每爲山靈所憎。尤忌以不潔之器汲之。

泉最忌爲婦女所厭。予除治北泉,設祭躬禱,泉脈益甚,若有神物護之。數日後,聞亦有婦往汲,見巨蛇入坎中。婦大悸還,及舍死。自是村婦相誡,罔敢汲焉。張參戎[35]希孟、沈參戎應蛟於坐間言之,亦大異事也,併識於後。

泉坎須越月淘之,庶無陰穢之積。尤宜時以雄黄下墜坎中,或塗坎上,去蛇毒也。

予讀《甫里先生[36]傳》曰,先生嗜荈,置園於顧渚山下,歲入茶租十許薄,自爲《品第書》一篇,繼《茶經》《茶訣》之後。《茶經》陸羽撰,《茶訣》皎然撰。南陽張又新嘗爲《水説》[⑤],凡七等:其一曰惠山寺石泉,其三曰虎丘寺石井,其六曰吴淞江。是三水距先生遠不百里,高僧逸人時致之,以助其好。先生始以喜酒得疾,血敗氣索者二年,而後能起。有客生亦潔罇置觶,但不服引滿向口爾。膺嗜荈、嗜泉,有如甫里,而近以飲傷肺,亦誓不引滿向口,自命醒翁,更爲同病。至若所云寒暑得中,體性無事,乘小舟,設蓬席,賫一束書、茶竈、筆牀、釣具而已。自稱江湖散人,則竊有志而欣慕焉。甫里先生者,唐吴淞陸魯望也。

下卷[⑥]

茶品述

《爾雅》曰:檟,苦荼。早採者爲荼,晚採者爲茗。

建州北苑[⑦]先春龍焙,洪州西山白露、雙井、白茅鶴頂,安吉州[⑧]顧渚紫筍,常州義興紫筍、陽羨,春池陽鳳嶺,睦州鳩坑,宣州陽坑,南劍蒙頂、石花、露鋑、籛牙[⑨],南康雲居,峽州碧澗明月,東川獸目,福州方山露芽,壽州霍山黄芽,蜀雅州蒙山頂有露芽、穀芽,皆云火前者,言採造於禁火前。蘄門團黄,有一旗二槍之號,言一葉三芽[⑩]也。潭州鐵色茶,色如鐵。湖州紫筍,湖州金沙泉,州當二郡界,茶時一收,畢至泉處拜祭,乃得水。

《夢溪筆談》曰:茶芽,古人謂之雀舌、麥顆[⑪],言至嫩也。今茶之美者,其質素良,而所植之土又美,則新芽一發,便長寸餘,其細如針。唯芽長爲上品,以其質榦[⑫]、土力皆有餘故也。如雀舌、麥粒,極下材耳。

建茶勝處曰郝源、曾坑,其間又坌根、山頂二品尤勝。李氏時[37],號爲北苑,置使領之。

焦坑産庾嶺下,味苦硬,久方回甘。"浮石已乾霜後火,焦坑新試雨前茶",坡南還回至章貢顯聖寺詩也。然非精品。

熙寧後,始貴密雲龍。每歲頭綱修貢奉宗廟、供玉食也。賚臣下無幾,戚里貴近丐賜尤繁。宣仁一日慨歎曰:"令建州今後不得造密雲龍,受他人煎炒不得。"由是密雲龍名益著。

建茶盛於江南,龍團茶最上,一斤八餅。慶曆中,蔡君謨爲福建運使,始造小團充貢,一斤二十餅,所謂上品龍茶也。仁宗尤所珍惜,惟郊祀致齋之夕,兩府各四人共賜一餅,宮人鏤金爲龍鳳花貼其上。歐陽公詩"揀芽名雀舌,賜茗出龍團",是也。餅制碾法,今廢不用。

鴻漸有云:"烹茶於所産處無不佳,蓋水土之宜也。況旋摘旋瀹,兩及其新耶?"今武陵諸泉,惟龍泓入品,而茶亦惟龍泓山爲最。玆山深厚高秀,爲兩山主,故其泉清寒甘香,雅宜煮茶。又其上爲老龍泓,寒碧倍之,其地産茶爲難。北山絶頂,鴻漸第錢塘、天竺、靈隱者品下,當未識此。郡志亦只稱寶雲、香林、白雲諸茶,皆弗能及龍泓也。

名山,屬雅州魏蒙山也。其頂産茶,《圖經》云:"受陽氣全,故香。"今四頂園茶不廢,惟中頂草木繁,重雲積〔霧〕⑬,蟄獸時出,人罕到者。青州有蒙山,産茶味苦,亦名蒙頂茶。

南昌西山鶴嶺,産茶亦佳。

武夷山茶,佳品也。泰寧亦産茶。蔡襄有《茶譜》[38]。

六安茶,用大温水洗浄去末,用罐浸鹵亢好沸水,用可消夙酲。瀘州茶,可療風疾。

今時茶法甚精,虎丘、羅岕、天池、顧渚、松蘿、龍井、雁蕩、武夷、靈山、大盤、日鑄諸茶爲最勝,皆陸經所不載者。乃知靈草在在有之,但人不知培植,或疏於製法耳。

楚地如桃源、安化,多産茶,第土人止知蒸法如羅岕耳。若能製如天池、松蘿,香味更美。吾孝廉兄君超[39],置有茶山,園在桃源[40]鄭家驛西南二十里。巖谷奇峭,澗壑幽靚,居人以茶爲業,耕石田而茶味濃厚。近稍稍知炒焙法。

松蘿茶,出休寧松蘿山,僧大方所創造。予理新安時,入松蘿親見之,爲書《茶僧卷》。其製法,用鐺磨擦光浄,以乾松枝爲薪,炊熱候微炙手,將嫩茶一握置鐺中,札札有聲,急手炒匀,出之箕上。箕用細篾爲之,薄攤箕内,用扇搧冷,略加揉挼。再略炒,另入文火鐺焙乾,色如翡翠。

湯太嫩則茶味不出,過沸則水老而茶乏。惟有花而無衣,乃得點瀹之候。子瞻詩[41]云:“蟹眼已過魚眼生,颼颼欲作松風鳴。”山谷詩云:“曲几蒲團聽煮湯,煎成車聲遶羊腸。”二公得此解矣。

李約云:茶須緩火炙、活火煎。活火,謂炭火之有焰者。蘇公詩“活火仍須活水烹”是也。山中不常得炭,且死火耳,不若枯松枝爲妙⑭。若寒月,多拾松實,蓄爲煮茶之具更雅。北方多石炭,南方多木炭,而蜀又有竹炭;燒巨竹爲之,易燃無煙耐久,亦奇物。

《清波雜志》曰:長沙匠者,造茶器極精緻,工直之厚,等所用白金之數。士夫家多有之,置几案間,但以侈靡相夸,初不常用。司馬温公偕范蜀公游嵩山,各攜茶往。温公以紙爲貼,蜀公盛以小黑合。温公見之,驚曰:“景仁乃有茶器。”蜀公〔聞其言〕⑮,遂留合與寺僧。

又曰:饒州景德鎮,陶器所自出,於大觀間窯變,色紅如硃砂,謂熒惑躔度臨照而然。物反常爲妖,窯户亟碎之。時有玉牒防禦使仲檝⑯,年八十餘,居〔於〕⑰饒,得數種,出以相示,云:“比之定州紅瓷器,〔色〕⑱尤鮮明。越上秘色器,錢氏有國日供奉之物,不得臣下用,故曰秘色。”

又汝窯,宫中禁燒,内⑲有瑪瑙末爲釉。唯供御,揀退方許出賣,近尤難得。

昭代[42]宣、成、靖窯器精良,亦足珍玩。

茶有九難,陰採夜焙,非造也;嚼味嗅香⑳,非别也;膏薪庖炭,非火也;飛湍壅潦,非水也;外熟内生,非炙也;碧粉縹塵,非末也;操艱攪遽,非煮也;夏興冬廢,非飲也;膻鼎腥甌㉑,非器也。

王肅初入魏,不食酪漿,唯渴飲茗汁,一飲一斗,人號爲漏巵。後與高祖會,乃食酪粥。高祖怪之。肅言唯茗不中與酪作奴㉒,因此又號茗飲爲酪奴。

和凝[43]在朝,率同列遞日以茶相飲,味劣者有罰,號爲湯社。建人亦以鬥茶爲茗戰。

陸羽,沔人。字鴻漸,號桑苧翁,詔拜太常不就,寓居廣信郡北茶山中。一號東岡子。嗜茶,環植數畝。善品泉味,稱歠茗㉓者宗焉。羽著《茶經》,常伯熊復著論推廣之。

李季卿宣慰江南,至臨淮,知伯熊善茶,乃請伯熊。伯熊著黄帔衫烏紗幘,手執茶器,口通茶名,區分指點,左右括目[24]。茶熟,李爲歠兩杯。既到江外,復請陸。陸衣野服,隨茶具而入,如伯熊故事。茶畢,季卿命取錢三十文酬博士。鴻漸夙遊江介,通狎勝流,遂收茶錢、茶具雀躍而出,旁若無人。

覺林院僧志槃,收茶爲三等,待客以驚雷莢,自奉以萱華帶,供佛以紫茸香。紫茸,其最上也。客赴茶者,皆以油囊盛餘瀝而歸。

王濛好茶,人過輒飲之,士大夫甚以爲苦。每欲候濛,必云今日有水厄。

學士陶穀,得党太尉家姬。取雪水煎茶,曰:党家應不識此。姬曰:"彼武人,但能於銷金帳下,飲羊羔酒爾。"

唐肅宗,賜張志和奴婢各一,志和配之,號漁童、樵清。漁童捧釣收綸,蘆中鼓枻。樵青蘇蘭薪桂、竹裹煎茶。

《避暑録》裴晉公[44]詩云:"飽食緩行初睡覺,一甌新茗侍兒煎。脱巾斜倚繩床坐,風送水聲來耳邊。"公自得志,吾山居享此多矣。今歲新茶適佳,夏初作小池,導安樂泉注之,亦澄徹可喜。

雅州,山曰中頂。有僧病冷,遇老艾曰:仙家有雷鳴茶,候雷發聲,於中頂採摘一兩。服未竟病瘥,精健至八十餘,入青城山不知所之。李德裕入蜀,得蒙餅沃湯,移時盡化者乃真。

盧仝居東都,韓昌黎喜其詩。性嗜茶,有《謝孟諫議茶歌》,曰"紗帽籠頭自煎喫"。

歐陽文忠公《嘗新茶》詩:"泉甘器潔天色好,未中揀擇客亦佳[25]。停匙側盞試水路,拭目向空看乳花。"又詩[26]有云:"吾年向老世味薄,所好未衰惟飲茶。""泛泛白花如粉乳,乍見紫面生光華。""論功可以療百疾,輕身久服勝胡麻。"又《雙井茶詩》:"西江水清江石老,石上生茶如鳳爪。窮臘不寒春氣早,雙井芽生先百草。"又《送龍茶與許道士》絶句:"我有龍團古蒼壁,九龍泉深一百尺。憑君汲井試烹之,不是人間香味色。"

東坡《種茶》詩略曰:"松間旋生茶,已與松俱瘦。""紫筍雖不長,孤根乃獨壽。移栽白鶴嶺,土軟春雨後。彌旬得連陰,似許晚遂茂。""未任供臼磨,且作資摘嗅。千團輸大官[27],百餅炫私門。何如此一啜,有味出吾囿。"膺亦有種茶詩。公《汲江煎茶》詩:"活水還須活火烹,自臨釣石取深清。大瓢貯月歸春瓮,小杓分江入夜瓶。茶雨已翻煎處腳,松風忽作瀉時聲。枯腸未易禁三碗,坐數荒村長短更。"又《謝毛正仲惠茶》詩:"繆爲淮海帥,每愧廚傳缺。空煩火泥印,遠致紫玉玦。坐客皆可人,鼎器手自潔。金釵候湯眼,魚蟹亦應訣。遂令色香味,一日備三絶。"

東坡云:到杭一遊龍井,謁辨才遺像,持密雲團爲獻龍井。孤山下有石室,前有六一泉,白而甘。湖上壽星院,竹極偉。其傍智果院,有參寥泉、及新泉,皆甘冷異常,當時往一酌。

建安能仁院,有茶生石巖間,僧採造得茶八餅,號石巖白[28]。以四餅遺蔡襄,以四餅遺王内翰禹玉。歲餘,蔡被召還闕,過禹玉。禹玉命子弟於茶笥中[29]選精品碾以待蔡。蔡捧茶未嘗,輒曰,"此極似能仁石巖白,公何以得之?"禹玉未信,索帖驗之,果然。

周煇《清波雜志》曰:煇家惠山[30],泉石皆爲几案物。親舊東來,數聞松竹平安信,且時致陸子泉,茗碗殊不落莫。然頃歲亦可致於汴都[31],但未免瓶盎氣,用細沙淋過,則如新汲時,號折洗惠山泉。天台〔山〕[32]竹瀝水,斷竹稍屈而取之盈瓮,若雜以他水,則亟敗。蘇才翁與蔡君謨比茶[33],蔡茶精,用惠山泉;蘇〔茶少〕劣[34],用竹瀝水煎,遂能取勝[35]。此說見江鄰幾所著《嘉祐雜志》[36]。雙井因山谷而[37]重。蘇魏公嘗云:"平生薦舉不知幾何人,唯孟安序朝奉,〔分寧人〕[38],歲以雙井一瓮爲餉。"蓋公不納苞苴,顧獨受此,其亦珍之耶[39]?

羅高君《茶解》云:山堂夜坐,手烹香茗,至水火相戰,儼聽松蘿,傾瀉入甌,雲光縹緲,一段幽趣,故難與俗人言。

注　釋

1　湟中:指今青海西寧一帶的湟水流域。現青海湟中縣是後建的。隋置湟中縣,治所位今青海樂都,唐安史之亂時爲吐蕃所占,廢。

2 羶(tóng):舊指無角的羊。

3 朱之蕃:字元介,號蘭嵎,山東茌平(今屬山東)人,著籍金陵。萬曆二十三年(1595)狀元,官至吏部侍郎,出使朝鮮,盡却贈賄。工書畫,朝鮮人來乞書,以貂皮、人參爲酬,之蕃斥以買書畫、古器,收藏遂甲於南都。有《奉使稿》。

4 迦葉:唐代時竺僧。本住中印度大菩提寺。貞觀間入唐,止於長安經行寺,與阿難律等譯出《功德天法經》等。

5 梁胡僧曇隱:疑即指北齊高僧曇隱,慧光弟子,精律部,與道樂齊名。初住鄴都大衍寺,後遷大覺寺,年六十三歲寂。

6 天竺僧智藥(?—525):梁武帝天監元年(502)至韶州曹溪水口,開山立石寶林,住羅浮,創寶積寺。後往韶,又開檀特寺、靈鷲寺。

7 大鑑禪師:疑即明高僧圓鏡(?—1465),號大鑑,臨汾人,早歲出家,游心賢首講肆,悟諸經幽旨。嘗游平縣隰州妙樓山石室寺,爲衆説法。後寂於北門瓦窑坡。

8 融縣靈巖:融縣,明洪武十年(1377)降融州置,治所位今廣西融水苗族自治縣。融縣1952年改爲融安縣。靈巖:即靈巖山,在廣西融水苗族自治縣西南真仙巖,北宋咸豐中改真仙巖。

9 維揚:即揚州。

10 慧山:即惠山。

11 仇池:此非指北朝時所置仇池郡或仇池縣,因不久即改廢,此當是指仇池鎮,北魏時置,位今甘肅西和縣西南,近仇池山,一名翟堆,又名百頃山。

12 晁端彦(1035—?):宋澶州清豐人,字美叔。登進士第,《萬姓統譜》載稱其歷秘書少監,開府儀同三司,“文章書法,爲朝野所崇尚”。

13 吴倅:宋仁宗、英宗、神宗時士人,能詩,餘不詳。

14 晁無咎:即晁補之(1053—1110),宋濟州巨野人,無咎是其字,號濟北,自號歸來子。神宗元豐二年(1079)進士,哲宗元祐初爲太學正,累遷著作佐郎;徽宗時歷禮部郎中,兼國史編修、實録檢討官。工書畫詩詞,爲書門四學士之一。有《雞肋集》《琴趣外篇》。

15 盧城:古西域無雷國都,在今新疆塔什庫爾干塔吉克自治縣。

16 范文正公:即范仲淹,卒謚文正。

17 歐陽文忠:即歐陽修,卒謚文忠。

18 劉翰林貢父:即劉攽(1022—1089),字貢父,號公非,北宋臨江新喻(今江西新餘)人。慶曆六年(1046)進士,初歷仕州縣二十年,後任國子監直講、秘書少監等職,官終中書舍人。博學能文,曾協助司馬光修《資治通鑑》,有《彭城集》《公非集》《中山詩話》等。

19 張禹功:宋人,能詩善書,餘不詳。

20 蘇唐卿:宋人,能詩善書,仁宗時官殿中丞。嘗知費縣,嘉祐(1056—1063)中書歐陽修《醉翁亭記》,刻石於費之縣齋,記後并附唱和詩。

21 荆門:指荆門山,一名郢門山,在今湖北宜都縣西北長江南岸。

22 陸象山:即陸九淵(1139—1193),字子静,號象山翁,世稱象山先生。陸九思弟。宋撫州金溪人,乾道八年(1172)進士。光宗時,知荆門軍,創修軍城,以固邊防,甚有政績。卒謚文安。與朱熹齊名,但見解多不合,主"心即理"説,有《象山先生全集》。

23 河中府:唐開元八年(720)以蒲州升置,治所位河東縣(今山西永濟縣西南蒲州鎮),明洪武二年(1369)又降爲蒲州。

24 曾子固:即曾鞏(1019—1083),子固是其字,建昌軍南豐人,世稱南豐先生,嘉祐二年(1057)進士,歷知齊、襄、洪、福諸州,所至多有政績。元豐時,擢中書舍人。長於散文,爲唐宋八大家之一。有《元豐類稿》。

25 泒(pài):同"派"。指水的支流。

26 建寧城中鳳皇山:此指宋紹興升建州所置的建寧府,或至元二十六年(1289)以建寧府改置的建寧路。治所均在今福建的建甌縣,但鳳皇山不在城中,在城東原宋時北苑貢焙故址。

27 福寧:即福寧州或福寧縣和府。福寧州,元至元二十三年(1286)升長溪縣置。明洪武二年(1369)降爲縣,成化九年(1473)復爲州。清雍正十二年(1734)升爲府,治所均在今福建霞浦縣。

28　夔州：唐武德二年(619)以信州改名。元至元十五年(1278)改爲夔州路，明洪武四年(1371)改爲府。治所位今四川奉節縣。

29　衛郡蘇門：即魏州蘇門縣。衛州，北周宣政元年(578)置，治所位朝歌縣(今河南淇縣)。隋大業初改置汲郡，移治衛縣(今淇縣東)，唐武德初復爲衛州。金大定二十六年(1186)移治共城縣，後改河平縣，繼改蘇門縣。後來改遷還多，即今河南輝縣。

30　玄扈公理輝：玄扈公，即徐光啟(1562—1633)，明松江府上海人。字子先，號玄扈。萬曆三十二年(1604)進士。理輝，指其曾任職河南輝縣，天啟間累官禮部右侍郎，爲魏忠賢劾罷。崇禎元年(1628)召擢禮部尚書。早年在南京結識利瑪竇，從學天文、數學。平生常言："富國需農，強國需軍"，著農學巨著《農政全書》一部，常議造炮、練兵，均頗切實際。

31　《風俗通》：即東漢應劭所撰的《風俗通義》。

32　武陵郡：漢高帝置，治所位義陵縣(今湖南漵浦南)，隋開皇九年(589)改爲朗州，唐天寶初復爲武陵郡。後廢。

33　漢壽亭侯：即關羽(？—220)，字雲長，漢末亡命奔涿，從劉備起兵。漢獻帝建安五年(200)，曹操東征，備奔袁紹，羽爲曹操所俘，拜偏將軍，禮遇優渥，羽爲曹操斬袁紹部將顔良，以功曹封其爲"漢壽亭侯"。後辭曹歸劉備。

34　吴隱之：即吴筠，字貞節，唐華州華陰人。舉進士不中，先隱南陽山學道，玄宗天寶時召入京，爲待詔翰林，高力士短之，遂固辭爲嵩山，後東入會稽剡中卒，弟子私謚其爲宗元先生。

35　參戎：明代武官參將的俗稱，明方以智《通雅·官制》："今之參將，本參戎之意也。"指參謀軍務。清代因之。張希孟、沈應蛟查未見。

36　甫里及下面提及的魯望，均爲唐陸龜蒙(？—約881)，字魯望，自號江湖散人，甫里先生，又號天隨子。曾任蘇、湖兩州從事，後隱居松江甫里。今傳有乾符六年(879)自編《笠澤叢書》四卷，及宋人輯録《甫里先生集》二十卷，《全唐文》收録其文二卷，《全唐詩》收録其詩十四卷。

37 李氏時：此具體指南唐元宗李璟保大年間。

38 蔡襄有《茶譜》：譜，係“録”之誤，將蔡襄《茶録》誤作《茶譜》，在屠本畯《茗笈》中便見。《中國古代茶葉全書》爲此作注時存疑稱：“蔡襄《茶譜》，歷代書本不載。《茶譜》似爲《茶録》之誤，然《茶録》中未見泰寧産茶之記録。”“武夷山茶，佳品也。泰寧亦産茶。蔡襄有《茶譜》。”是龍膺所寫三并列句，“泰寧亦産茶”，非蔡襄《茶録》内容。

39 孝廉兄君超：孝廉，非名、非字，是明清時對舉人的稱呼。君超，才是龍膺兄的字。

40 桃源：即桃源縣，此指今湖南桃源縣。宋武德中拆武陵縣置，元貞元初升爲州，明洪武二年(1369)復降爲縣。

41 子瞻詩：即蘇軾《試院煎茶》詩。

42 昭代：昭，光耀、明亮，昭代，指政治清明的時代。舊時如明清文人往往以之來稱頌本朝。明朝撰刊的《昭代典則》、清人編刻的《昭代叢書》，就是一例。

43 和凝：即五代時人所謂“魯公和凝”者，字成績，湯社之創始者。

44 裴晉公(765—839)：即裴度，字中立。唐河東聞喜人。貞元五年(789)進士，元和時，官中書舍人、御史中丞，力主削平藩鎮，唐師討蔡，以度視行營諸軍，旋以相職督諸軍力戰，擒吴元濟。河北藩鎮大懼，由此歸順朝廷，度因之也封晉國公。文宗時，以病辭任山南東道節度使，作别墅緑野堂，與白居易、劉禹錫觴咏其間。卒謚文忠。

校 記

① 上卷：其上底本還冠書名《蒙史》兩字，另行題下多“明武陵龍膺君御著”八字，本書編時删。

② 本條資料，龍膺未書出處，但明顯抄自田藝蘅《煮泉小品》。《煮泉小品》原文爲：“石，山骨也；流，水行也。山宣氣以産萬物，氣宣則脈長，故曰山水上。”本文僅在最後一句“故”字後，加“陸鴻漸”三字。此特以之爲例，指出本文内容中有些未書出處的，不少也是抄録他書，并

非自撰。

③ 與上校説明相聯繫,本條資料,源出漢劉熙《釋名》:"江,公也;諸水流入其中,所公共也。"但龍膺直接所據,也是田藝蘅的《煮泉小品》:"江,公也,衆水共入其中也。水共則味雜,故鴻漸曰'江水中'。其曰'取去人遠者,蓋去人遠,則澄清而無蕩漾之漓耳。'"摘抄這段内容後,在本資料最後,又整合或并入《煮泉小品》另條内容:"揚子,固江也,其南泠則夾石停淵,特入首品。"將本文對照所摘引的上兩段内容,又可明顯看出,龍膺參照摘録的他書内容,多半也非全文照抄,而是省贅擇要,按照他的文風和看法,作有一定的加工提高。此以上下兩條爲例,特作説明,餘不一一。

④ 康王谷:即《煎茶水記》所説"康王谷水簾水"。王,底本作"玉",徑改。

⑤ 《水説》:龍膺書誤。張又新所撰爲《煎茶水記》。

⑥ 下卷:此兩字上,例删《蒙史》書名,其下另行,也删"明武陵龍膺君御著"八字。

⑦ 建州北苑:苑,底本作"茶",編改。

⑧ 安吉州:安吉,底本作"吉安"。吉安在江西廬陵,今吉安市,"顧渚紫筍"産浙西長興。安吉本東漢時置古縣,隋唐等大多數時間屬湖州。南宗寶慶元年(1225)以湖州改名安吉,治所仍在烏程、歸安(今湖州)。元至元十三年(1276)年,安吉州升爲湖州路;明初,復降爲縣歸湖州。正德元年(1506),又升安吉縣爲州,治所位今安吉安城鎮,乾隆三十八年(1773)再降爲縣。在歷史變遷中,湖州改名安吉州時,長興也一度隸屬安吉。

⑨ 石花、露鋑、籛牙:露鋑,據《全芳備祖後集》卷28引毛文錫《茶譜》作"露鋑牙"。

⑩ 一葉三芽:按前"一旗二槍","三"字當爲"二"字之誤。

⑪ 麥顆:本文麥顆的"麥"字,都形訛作"麦"字。

⑫ 質螒:螒,《中華字海》稱"軨"的訛字。軨,《集韻》音徐,車鈴也。但此釋與文義不通。《中國古代茶葉全書》改作"榦"。

⑬ 重雲積霧：霧，底本闕，據有關文本補。

⑭ 妙：底本作“炒”，顯然爲“妙”字之誤，徑改。

⑮ 聞其言：底本闕，據《清波雜志》補。

⑯ 檝：底本作“揖”，據《清波雜志》改。

⑰ 於：底本闕，據《清波雜志》補。

⑱ 色：底本闕，據《清波雜志》補。

⑲ 内：底本作“由”，據《清波雜志》改。

⑳ 嚼味嗅香：香，底本作“者”，此據陸羽《茶經・六之飲》改。

㉑ 膻鼎腥甌：膻，底本作“膩”，據《茶經》改。另本句《茶經》原排在第三難，即排在“嚼味嗅香，非别也”之後和“膏薪庖炭”之前。此列之九難之最後，反映龍膺非是據陸羽《茶經》，而是據《升庵先生集》等書轉引。

㉒ 唯茗不中與酪作奴：不，底本作“下”。此據《洛陽伽藍記》“城南報德寺”改。

㉓ 歠（chuò）茗：歠，飲、啜，近出有的茶書，將此字全部擅改作“飲”，不妥。

㉔ 括目：括，近出有的茶書作“刮”，并稱本文原稿“誤作‘括’”非誤。括，通“刮”。

㉕ 未中揀擇客亦佳：未，《文忠集》作“坐”。

㉖ 又詩：爲歐陽修《嘗新茶呈聖俞》後《次韻再作》的詩句摘鈔。

㉗ 千團輸大官：千，底本作“于”，今據《東坡全集》改。

㉘ 石巖白：石，底本作“日”，據本段後文同詞改。

㉙ 茶筍中：筍，底本作“筒”，據宋《墨客揮犀》引文改。

㉚ 惲家惠山：底本作“惲山惠家”，據《清波雜志》改。

㉛ 然頃歲亦可致於汴都：底本作“頃歲成可致於汴都”，據《清波雜志》改。

㉜ 天台山：底本闕“山”，據《清波雜志》補。

㉝ 比茶：底本作“比”，《清波雜志》作“鬥”。

㉞ 蘇茶少劣：底本闕“茶少”，據《清波雜志》補。

㉟ 遂能取勝：遂，底本作“勝”，據《清波雜志》改。

㊱ 《清波雜志》“嘉祐雜志”後有“果爾，今喜擊拂者，曾無一語及之，何也？”，底本無。

㊲ 而：底本作“乃”，據《清波雜志》改。

㊳ 分寧人：底本無，據《清波雜志》補。

㊴ 耶：底本作“耳”，據《清波雜志》改。

茗譚

◇明　徐𤊹　撰[①]

徐𤊹,生平事迹,見《蔡端明别紀·茶癖》題記。

《茗譚》,是徐𤊹撰寫的一篇"茶事隨談"。喻政《茶書》即已收録。它的篇幅不長,但比當時許多輯集類茶書包括《蔡端明别紀·茶癖》,價值要高得多。徐𤊹與《茶疏》的作者許次紓、《茗笈》的作者屠豳叟、《茶箋》的作者聞龍、《茶解》的作者羅廩、《茶書》的編刊者喻政皆相友善,無論對茶質、水品、飲事還是茗趣都有所了解,并且還能有自己的看法。如他稱:"種茶易,採茶難;採茶易,焙茶難;焙茶易,藏茶難;藏茶易,烹茶難。稍失法律,便減茶勳。"提出采、製、藏、烹一直到飲,每個環節,都不可稍失,稍失"便減茶勳",十分淺顯而又深刻。

本文署明書於"萬曆癸丑暮春",即萬曆四十一年(1613)陰曆三月。喻政《茶書》"智部"書目録作《茶譚》,清咸豐錢塘丁氏《八千卷樓書目》也稱《茶譚》。萬國鼎據徐𤊹自編《徐氏家藏書目》(即《紅雨樓書目》)作《茗譚》,指出"原書名當是《茗譚》,寫作《茶譚》是錯的"。此次整理即從萬國鼎説。

本文僅有喻政《茶書》一個版本,是以此爲底本。

品茶最是清事,若無好香在爐,遂乏一段幽趣。焚香雅有逸韻,若無名茶浮碗,終少一番勝緣。是故茶、香兩相爲用,缺一不可。饗清福者,能有幾人?

王佛大常言:"三日不飲酒,覺形神不復相親。"余謂一日不飲茶,不獨形神不親,且語言亦覺無味矣。

幽竹山窗,鳥啼花落,獨坐展書。新茶初熟,鼻觀生香,睡魔頓卻,此樂正索解人不得也。

飲茶,須擇清癯韻士爲侶,始與茶理相契。若腯漢肥傖,滿身垢氣,大損香味,不可與作緣。

茶事極清,烹點必假姣童、季女之手,故自有致。若付虯髯蒼頭,景色便自作惡。縱有名產,頓減聲價。

名茶每於酒筵間遞進,以解醉翁煩渴,亦是一厄。

古人煎茶詩摹寫湯候,各有精妙。皮日休云:"時看蟹目濺,乍見魚鱗起。"蘇子瞻云:"蟹眼已過魚眼生,颼颼欲作松風鳴。"蘇子由[1]云:"銅鐺得火蚯蚓叫。"李南金云:"砌蟲唧唧萬蟬催。"想像此景,習習風生。

温陵蔡元履《茶事》詠云:"煎水不煎茶,水高發茶味。大都瓶杓間,要有山林氣。"又云:"酒德泛然親,茶風必擇友。所以湯社事,須經我輩手。"真名言也。

《茶經》所載,閩方山產茶②,今間有之,不如鼓山者佳。侯官有九峯、壽山,福清有靈石,永福有名山室,皆與鼓山伯仲。然製焙有巧拙,聲價因之低昂。

余欲搆一室,中祀陸桑苧翁,左右以盧玉川、蔡君謨配饗,春秋祭用奇茗,是日約通茗事數人爲鬥茗會,畏水厄者不與焉。

錢唐許然明著《茶疏》,四明屠豳叟著《茗笈》,聞隱鱗著《茶箋》,羅高君著《茶解》,南昌喻正之著《茶書》,數君子皆與予善,真臭味也。

注茶,莫美於饒州瓷甌;藏茶,莫美於泉州沙瓶。若用饒器藏茶,易於生潤。屠豳叟曰:"茶有遷德,幾微見防③,如保赤子,云胡不臧。"宜三復之。

茶味最甘,烹之過苦,飲者遭良藥之厄。羅景綸[2]《山静日長》一篇,雅有幽致,但兩云"烹苦茗",似未得玄賞耳。

名茶難得,名泉尤不易尋。有茶而不瀹以名泉,猶無茶也。

吴中顧元慶《茶譜》取諸花和茶藏之,殊奪真味。閩人多以茉莉之屬浸水瀹茶,雖一時香氣浮碗,而於茶理大舛。但斟酌時,移建蘭、素馨、薔薇、越橘諸花於几案前,茶香與花香相雜,尤助清況。

徐獻忠《水品》載福州南臺山泉④,"清冷可愛",然不如東山聖泉,鼓山喝水巖泉，北龍腰山苔泉尤佳⑤。

新安詹東圖孔目[3]嘗謂人曰："吾嗜茶，一啜能百五十碗，如人之於酒，真醉耳。"名其軒曰醉茶，其語頗不經。王元美[4]、沈嘉則[5]俱作歌贈之。王云："酒耶茶耶俱我有，醉更名茶醒名酒⑥。"沈云："嘗聞西楚賣茶商，範瓷作羽沃沸湯[6]。寄言今莫範陸羽，只鑄新安詹太史[7]。"雖不能無嘲謔之意，而風致足羡。

孫太白[8]詩云："瓦鐺然野竹，石瓮瀉秋江。水火聲初戰，旗槍勢已降。"得煮茶三昧。

吴門文子悱壽承[9]，仲子也。詩題云："午睡初足，侍兒烹天池茶至。爐宿餘香，花影在簾。"意頗閒暢。適馮正伯來借玉壺冰，因而作詩數語，足資飲茶譚柄。

高季迪[10]云："流水聲中響緯車，板橋春暗樹無花。風前何處香來近，隔崦人家午焙茶。"雅有山林風味，余喜誦之。

泉州清源山産茶絶佳，又同安有一種英茶，較清泉尤勝⑦，實七閩之第一品也。然《泉郡志》獨不稱此邦有茶，何耶？

余嘗至休寧，聞松蘿山以松多得名，無種茶者。《休志》云：遠麓有地名榔源，産茶。山僧偶得製法，托松蘿之名，大噪一時，茶因湧貴。僧既還俗，客索茗於松蘿司牧，無以應，往往贋售。然世之所傳松蘿，豈皆榔源産歟？

人但知皇甫曾有《送陸羽採茶詩》，而不知皇甫冉亦有《送羽詩》⑧云："採茶非採菉，遠遠上層崖。布葉春風暖，盈筐白日斜。舊知山寺路，時宿野人家。借問王孫草，何時泛碗花？"

吴興顧渚山，唐置貢茶院，傍有金沙泉，汲造紫筍茶。有司具禮祭，始得水，事訖即涸。武夷山，宋置御茶園[11]，中有喊山泉。仲春，縣官詣茶場致祭，井水漸滿，造茶畢，水遂渾涸。以一草木之微，能使水泉盈涸，茶通仙靈，信非虚語。

蘇子瞻愛玉女河水烹茶，破竹爲契，使寺僧藏其一，以爲往來之信，謂之調水符。吾鄉亦多名泉，而監司郡邑取以瀹茗，汲者往往雜他水以進，有司竟售其欺。蘇公竹符之設，自不可少耳。

文徵明云:"白絹旋開陽羨月,竹符新調惠山泉[12]。"用蘇事也。

柳惲墳吴興白蘋洲,唐有胡生以釘鉸爲業,所居與墳近,每奠以茶。忽夢惲告曰:"吾柳姓,平生善詩嗜茗,感子茶茗之惠,無以爲報,願子爲詩。"生悟而學詩,時有胡釘鉸之稱。與《茶經》所載剡縣陳務妻獲錢事相類。噫!以惲之死數百年,猶托英靈如此,不知生前之嗜,又當何如也?

陸魯望嘗乘小舟,置筆床、茶竈、釣具往來江湖。性嗜茶,買園於顧渚山下,自爲品第,書繼茶經、茶訣之後。有詩云:"泱泱春泉出洞霞,石叠封寄野人家。草堂盡日留僧坐,自向前溪摘茗芽。"[13]可以想其風致矣。

種茶易,採茶難;採茶易,焙茶難;焙茶易,藏茶難;藏茶易,烹茶難。稍失法律,便減茶勳。

穀雨乍晴,柳風初暖,齋居燕坐,澹然寡營。適武夷道士寄新茗至,呼童烹點,而鼓山方廣九炒,僧各以所産見餉,乃盡試之。又思眠雲跂石人,了不可得,遂筆之於書,以貽同好。

萬曆癸丑暮春,徐𤊹興公書於荔奴軒

注　釋

1　蘇子由:即軾弟蘇轍(1039—1112),子由是其字,一字同叔,號潁濱遺老。仁宗嘉祐二年(1057)進士,官至御史中丞,拜尚書右丞、進門下侍郎。爲文汪洋澹泊,爲唐宋八大家之一,與蘇軾及其父洵合稱"三蘇"。有《欒城集》《詩集傳》《春秋集傳》等。

2　羅景綸:即宋羅大經,參見羅大經《建茶論》題記。

3　詹東圖孔目:詹東圖,即詹景鳳,東圖是其字,號白鶴山人,明徽州府休寧人。工書畫,有《畫苑補益》《書苑補益》《東圖之覽》等。曾仕吏部司務即孔目之職,官職低微,不入流。

4　王元美:即王世貞(1526—1590)。字元美,號鳳洲,又號弇州山人,明蘇州府太倉人。嘉靖進士,官刑部主事,後累官刑部尚書,移疾歸。

好爲古詩文,有《弇山堂别集》《觚不觚録》《弇州山人四部稿》等。

5 沈嘉則:即沈明臣,嘉則是其字。鄞縣(今浙江寧波)人,偕徐渭爲胡宗憲幕僚。有詩名,即興作鐃歌十章,援筆立就,爲憲宗激賞。卒年七十餘歲,有歌詩約七千餘首,有《荆溪唱和詩》《吴越遊稿》等。

6 範瓷作羽沃沸湯:李肇《國史補》載:"鞏縣陶者,多爲瓷偶人,號陸鴻漸。買數十茶器,得一鴻漸,市人沽茗不利,輒灌注之。"句言此。

7 詹太史:疑即上所説的詹東圖孔目。

8 孫太白:即孫一元(1484—1520),字太初,號太白山人。籍貫不詳。風儀秀朗,蹤迹奇詭,遍游各地名山大川。善詩喜書,正德間僦居長興吴琉家,與劉麟、陸崑、龍穀結社唱和,稱苕溪五隱。有《太白山人稿》。

9 文子悱壽承:即文彭(1498—1573),文徵明子,字壽承,號三橋,蘇州府長洲人。幼承家學,書印名盛吴中。

10 高季迪:即高啟(1336—1374),季迪是其字,號槎軒。張士誠據吴時,隱居吴淞青丘,自號青丘子。與楊基、張羽、徐賁并稱元末"吴中四傑"。明初以薦參修《元史》,授翰林院國史編修,擢户部右侍郎時,借故辭歸鄉里。後因作文被疑歌頌張士誠,被腰斬。

11 武夷山,宋置御茶園:此語有誤,在唐顧渚貢焙和武夷御茶園之間,還間隔有北宋初年替代顧渚而詔建的北苑貢焙。北苑貢茶,肇始五代末年的南唐,至太平興國年間,宋太宗正式命罷顧渚在建州設官專事采造御茶。武夷茶在北苑影響下,宋時也慢慢有名,但御茶園是北苑衰落,主要是元朝時興建名盛起來的。

12 此句出文徵明《是夜酌泉試宜興吴大本所寄茶》詩。

13 此爲指陸龜蒙《謝山泉》詩。

校記

① 底本署名,原作"明東海徐𤊹興公著"。"東海"疑徐𤊹祖籍;興公爲徐𤊹的字。現署名爲本書編改。

② 《茶經》所載,閩方山産茶:《茶經》八之出注:"福州生閩縣方山之陰。"此下"今間有之,不如鼓山者佳"等,爲徐𤊹語。

③ 茶有遷德,幾微見防:語出屠本畯《茗笈》"第五藏茗章・贊"。見,原文作"是"。

④ 福州南臺山泉:徐獻忠《水品》原文標題爲"福州閩越王南臺山泉"。

⑤ 徐獻忠《水品》關於南臺山泉原文爲:"泉上有白石壁,中有二鯉形,陰雨鱗目粲然,貧者汲賣泉水,水清冷可愛。土人以南山有白石,又有鯉魚似寧戚歌中語,因傅會戚飯牛於此。"本文所引《水品》内容,實際只有"清冷可愛"四字,其餘全爲徐𤊹所言。

⑥ 酒耶茶耶俱我有,醉更名茶醒名酒:此王世貞詩句,出《醉茶軒歌爲詹翰林東圖作》。有,《弇州續稿》作"友"。

⑦ 同安有一種英茶,較清泉尤勝:徐𤊹此處兩語均有誤。萬曆四十年(1612)《泉州府志・物産》載:"茶,晉江諸山皆有,南安者尤佳,嘉靖初市舶取貢。"清乾隆二十八年(1763)《泉州府志・物産》進一步記稱:"晉江出者曰清源,南安出者曰英山。"本文所説"同安有一種英茶,較清泉尤勝",同安顯係"南安"之誤;清泉當爲"清源"之誤。

⑧ 皇甫冉《送羽詩》:《全唐詩》原題作《送陸鴻泉棲霞寺採茶》。

茶集

◇明　喻政　輯

喻政，字正之，號鼓山主人。江西南昌人，萬曆二十三年(1595)進士。曾任南京兵部郎中，後出知福州府事，并擢升巡道。據喻政編刻《茶書》的周之夫序(作於萬曆四十年，1612)，可推知喻政在福州爲官達十年之久。

本集在日本曾有翻印，但在中國，只有喻政自己編刻《茶書》中收録的版本。《茶書》在萬曆時期刻印，有初編及增補重印兩種版本。初編即"十七種"本，增補重印爲"二十五種"本，其主要差异在於後者增添了明代張源《茶録》等八種茶書。除此之外，初編本與增本的最後一部分，雖然目録同列《茶集》并附《烹茶圖集》，但實際内容却不同。初編本刊有《茶集》却未附圖集；增補本没有《茶集》内容，却代之以蔡復一的《茶事詠》，并刊出了《烹茶圖集》。

《茶集》的編輯時間，應爲萬曆四十年或稍前，是喻政在福州爲官時與徐𤊹同編的；《烹茶圖集》的初稿，在喻政入閩之前，即是在萬曆三十五年(1607)之前，便大體已就。值得指出的是，這本《茶集》較之稍早出版的胡文焕同名茶書精審得多，射利成分要少，因此學術意義也高。

本集以喻政《茶書》初編《茶集》爲底本，按初編目録，附入增補本的蔡復一《茶事詠》和《烹茶圖集》，并參考日本文化甲子翻刻本及相關詩文作校。

卷之一[①]

文類

葉嘉傳　宋　蘇軾

葉嘉……趙讚始舉而用之。[1]

清苦先生傳　元　楊維楨

先生名櫒……其亦庶幾乎篤志君子矣。[2]

茶居士傳　明　徐爌

居士茶姓……最貴哉。[3]

味苦居士傳茶甌　**明　支中夫**

湯器之,字執中,饒州人,嘗愛孟子"苦其心志"之言,别號味苦居士。謂學者曰:"士不受苦,則善心不生;善心不生,則無由以入德也。"是以人召之則行,命之則往,寒熱不辭,多寡不擇,旦暮不失,略無幾微厭怠之色見於顔面。或譏之曰:"子心志固苦矣,筋骨固勞矣,奈何長在人掌握之中乎?"曰:"士爲知己者死。我之所遇者,待我如執玉,奉我如捧盈,惟恐我少有所傷。召我,惟恐至之不速,既至,雖醉亦醒,雖寐亦寤,昏惰則勤,忿怒則釋,憂愁鬱悶則解。無諫不入,無見不懌,不謂之知己可乎！掌握我者,敬我也,非奴視也,吾何患焉? 我雖涼薄,必不惰於庸人之手;苟待我不謹,使能虀粉,我亦不往也。"嘗曰:我雖未至於不器,然子貢貴重之器,亦非我所取也。蓋其器宜於宗廟,而不宜於山林。我則自天子至於庶人,苟有用我者,無施而不可也。特爲人不用耳。行已甚潔,略無毫髮瑕玷,妒忌者以謗玷之,亦受之而不與辯;不久則白,人以涅不緇許之。

太史公曰:人見君子之勞,而不知君子之安。勞者,由其知鄉義也。能鄉義,則物欲不能擾,其心豈有不安乎。器之勉人受苦,其亦知勞之義也。

茶中雜詠序　唐　皮日休[4]

論建茶　宋　羅大經[5]

論茶② **宋　蘇軾**

除性去膩,世固不可無茶,然暗中損人不少。昔云:"自茗飲盛後,人多患氣,不患黄,雖損益相半,而消陽助陰,〔益〕不償損也[③]。"吾有一法,常自珍之[④]。每食已,輒以濃茶漱口。煩膩既去,而脾胃不〔知〕[⑤],凡肉之在齒間者,得茶漱浸,不覺脱去,不煩刺挑而齒性便苦,緣此漸堅密,蠹病自已。然率用中下茶;其上者,亦不常有。間數日一啜,亦不爲害。

北苑御泉亭記 宋 丘荷

夫珠璣珣玗,龜龍四靈,珍寶之殊特,蜚游之至瑞,布諸載籍,非可遽數。至於水草之奇,金芝醴泉之類,而一時之焜燿,祥經之攸記。若迺藴堪輿之真粹,占土石之秀脈,自然之應,可以奉乎而能悠永者,則有聖宋南方之貢茶禁泉焉。《爾雅》釋木曰:"檟,苦荼。"説者以爲早採者爲荼,晚採者爲茗;荈,蜀人名之苦荼。而許叔重亦云。由是知荼者,自古有之。兩漢雖無聞,魏晉以下,或著於録,迄後天下郡國所産,愈益衆,百姓頗蒙其利。

唐建中中,趙贊抗言,舉行天下茶,什一税之。於是縣官[6]始斡焉。然或不名地理息耗所在,先儒所志,岷蜀、勾吴、南粤畢有,而閩中不言建安,獨次侯官、柏巖。云:"唐季敕福建罷贄橄欖,但供臘面茶。"按:所謂柏巖,今無稱焉,即臘面;産於建安明矣。且今俗號猶然,蓋先儒失其傳耳。不爾,識會有所未盡,遊玩之所不至也;抑山澤之精,神祇之靈,五代相以摘造尚矣。而其味弗振者,得非以其德之無加乎?

國朝龍興,惠風醇化,率被人面。九府庭貢,歲時輻奏,而閩荈寖以珍異。太平興國中,遂置龍鳳模,以表其嘉應而别於他所也。先是鄉老傳其山形,謂若張翼飛者,故名之曰鳳凰山。山麓有泉,直鳳之口,即以其山名名之。蓋建之産茶,地以百數,而鳳凰山莩岸,常先月餘日,其左右潤濫,交併不越丈尺,而鳳凰穴獨甘美有殊。及茶用是泉,齊和益以無類,識者遂爲章程,第共製羞御者,而以太平興國故事,更曰龍鳳泉。

龍鳳泉當所汲或日百斛,亡減。工罷,主者封莞[⑥],逮期而闓,亦亡餘。異哉!所謂山澤之精,神祇之靈,感於有德者,不特於茶,蓋泉亦有之。故曰有南方之貢茶禁泉焉。泉所舊有亭宇,歷歲彌久,風雨弗蔽,臣子攸職,懷不暇安,遂命工度材易之,以其非品庶所得擅用,故名曰御泉亭。因論次陸羽等所闕,及採耆舊傳聞,實録存之,以諭來者,庶其知聖德之至,厥貢之美若此。景祐三年丙子七月五日,朝奉郎試大理司直兼監察御史權南劍州軍事判官監建州造買納茶務丘荷記。

御茶園記　元　趙孟熧

武夷,仙山也。巖壑奇秀,靈芽茁焉,世稱石乳,厥品不在北苑下,然以地啬,其産弗及貢。至元十四年,今浙江省平章高公興,以戎事入閩,越二年,道出崇安,有以石乳餉者。公美芹思獻,謀始於沖祐道士,摘焙作貢。越三載,更以縣官涖之。大德己亥[⑦],公之子久住,奉御以督造,寔來竟事。還朝,越三年,出爲邵武路總管建邵,接軫上命,使就領其事。是春,馳驛詣焙所,祗伏厥職,不懈益虔,省委張璧克相其事。

明年,創焙局於陳氏希賀堂之故址。其地當溪之四曲,峯攢岫列,盡鑒奇勝。而邦人相役,翕然子來,爰即其中作拜。發殿六楹,跋翼翬飛,丹堊焜燿,夾以兩廡,製作之具陳焉。而又前闢公庭,外峙高閣,旁搆列舍三十餘間,脩垣繚之。規制詳縝,逾月而事成。爰自修貢以來,靈草有知,日入榮茂。初貢僅二十斤,採摘户才八十,星紀載周,歲有增益。至是,定簽茶户二百五十。貢茶以斤計者,視户之百與十,各嬴其一焉。餘倣此焙之製,爲龍鳳團五千。製法必得美泉,而焙所土騂剛,泉弗竇[⑧],俄而殿居兩石間,迸湧澄泓,視鳳泉尤甘洌。見者驚異,因甃以甓,亭其上,而下者鑿石爲龍口,吐而注之也。用以溲浮,芳味深郒。

蓋斯焙之建,經始於是年三月乙丑,以四月甲子落成之。時邵武路提控案牘省委張璧復爲崇安縣尹,孫瑀董其役,而恪共貢事,則建寧總管王鼎,崇安縣達魯花赤與有力焉。既承差穀,協恭拜稽,緘匙馳進闕下,自是歲以爲常。欽惟聖朝統一區宇,乾清坤夷,德澤有施,洽於庶類,而平章公肇脩底貢,父作子述,忠孝之美,萃於一門。和氣薰蒸,精誠感格,於是金芽先春,瑞侔朱草,玉漿噴地,應若醴泉。以山川草木之效珍,見天地君臣之合德。則雖器幣貨財,殫禹貢風土之宜,盡周官邦國之用,而蓄莮備其休證,滂流兆其禎祥,蔑以尚於此矣。

建人士以爲北苑經數百年之後,此始出於武夷僅十餘里之間,厥産屏豐於北性，殊常盛事，曠代奇逢，是宜刻石茲山，永觀無斁。爰示與創顛末，裨孟獇受而祐簡畢焉。孟獇不得辭，是用比敘大概，出以授之。庶幾彰聖世無疆之休，垂明公無窮之聞，且使嗣是而共歲事者，益加敬而增美云。

重修茶場記　元　張渙

建州茶貢，先是猶稱北苑，龍團居上品，而武夷石乳湮巖谷間，風味惟野人專。洎聖朝，始登職方，任土列瑞，産蒙雨露，寵日蕃衍。繇是歲增貢額，設場官二人，領茶丁二百五十，茶園百有二所，芟辟封培，視前益加，斯焙遂與北苑等。然靈芽含石姿而鋒勁，帶雲氣而粟腴，色碧而瑩，味飴而芳。採擷清明旬日間，馳驛進第一春，謂之五馬薦新茶，視龍團風在下矣。是貢，由平章高公平江南歸覲而獻，未遜蔡、丁專美。邵武總管克繼先志，父子懷忠一軌。謂玉食重事也，非殿宇壯麗，無以竦民望。故斯焙建置，規模宏偉，氣象軒豁，有以肅臣子事上之禮，歷二十有六載。

有莘張侯端，本爲斯邑宰，修貢明年，周視桷榱桁棁，有外澤中腐者，黝堊丹雘，有漶漫者，瓦蓋有穿漏者，悉以新易故，圖永永久。復於場之外，左右建二門，榜以茶場，使過者不敢褻焉。予來督貢未幾，本道憲僉孛羅蘭坡與書吏張如愚、宋德延，俱詢諏道經視貢，顧瞻棟宇，完美如新，俾識歲月，且揭産茶之地示後人。予承命不敢辭，乃述其顛末之概。竊謂天下事無巨細，不難於始，而難乎其繼。苟非力量弘毅，事理通貫，鮮不爲繁劇而空疏，悉置之，因仍苟且而已。張侯仕學兩優，事之巨與細，莫不就綜理。是役也，費無縻官、傭無厲民，不亦敏乎？事圖其早而力省，弊防其微而慮遠，不亦明乎？凡爲仕者，皆能視官如家，一日必葺，則斯焙常新，可與溪山同其悠久。來者其視，斯刻以勸。

喊山臺記　元　暗都剌

武夷産茶，每歲修貢，所以奉上也。地有主宰，祭祀得所，所以妥靈也。建爲繁劇之郡，牧守久闕，事務往往廢曠。邇者余以資德大夫前尚書省左丞忻都嫡嗣，前受中憲大夫、福建道宣慰副使僉都元帥府事，茲膺宣命,來牧是邦。視事以來,謹恪迺職,惟恐弗稱。

兹春之仲,率府吏段以德,躬詣武夷茶場,督製茶品。驚蟄喊山,循彝典也。舊於修貢正殿所設御座之前,陳列牲牢,祀神行禮,甚非所宜,迺進崇安縣尹張端本等,而諗之曰:"事有不便,則人心不安,而神亦不享。今欲改弦而更張之何如?"衆皆曰:"然。"乃於東皋茶園之隙地,築建壇墠,以爲祭祀之所。庶民子來,不日而成。臺高五尺,方一丈六尺,亭其上,環以欄楯,植以花木。左大溪,右通衢,金雞之巖聳其前,大隱之屏擁其後,棟甍翬飛,基址壯固。斯亭之成,斯祀之安,可以與武夷相爲長久。俾修貢之典,永爲成規。人神俱喜,顧不偉歟。

武夷茶考　明　徐𤊹

按:《茶録》諸書,閩中所産茶,以建安北苑第一,壑源諸處次之,然武夷之名,宋季未有聞也。然范文正公《鬥茶歌》云:"溪邊奇茗冠天下,武夷仙人從古栽。"蘇子瞻詩亦云:"武夷溪邊粟粟芽[⑨],前丁後蔡相寵加。"則武夷之茶,在前宋亦有知之者,第未盛耳。

元大德間,浙江行省平章高興,始採製充貢,創闢御茶園於四曲,建第一春殿,清神堂,焙芳、浮光、燕嘉、宜寂四亭。門曰仁風,井曰通仙,橋曰碧雲。國朝寢廢爲民居,惟喊山臺、泉亭故址猶存。喊山者,每當仲春驚蟄日,縣官詣茶場,致祭畢,隸卒鳴金擊鼓,同聲喊曰:"茶發芽!"而井水漸滿;造茶畢,水遂渾涸。而茶户採造,有先春、探春、次春三品,又有旗槍、石乳諸品,色香味不減北苑。國初罷團餅之貢,而額貢每歲茶芽九百九十斤,凡四品。嘉靖三十六年,郡守錢璞奏免解茶,將歲編茶夫銀二百兩,解府造辦解京,而御茶改貢延平。而茶園鞠爲茂草,井水亦日湮塞。然山中土氣宜茶,環九曲之内,不下數百家,皆以種茶爲業,歲所産數十萬斤。水浮陸轉,鬻之四方,而武夷之名,甲於海内矣。

宋元製造團餅,稍失真味,今則靈芽仙萼,香色尤清,爲閩中第一,至於北苑、壑源,又泯然無稱。豈山川靈秀之氣,造物生植之美,或有時變易而然乎?

賦類

茶賦　宋　吴淑（夫其滌煩療渴）

煎茶賦　宋　黄庭堅（洶洶乎如澗松之發清吹）

南有嘉茗賦　宋　梅堯臣（南有山原兮不鑿不營）

卷之二

詩類

六羡歌　唐　陸羽（不羡黄金罍）

走筆謝孟諫議寄新茶　唐　盧仝（日高丈五睡正濃）

試茶歌　唐　劉禹錫（山僧後簷茶數叢）

答族姪僧中孚贈仙人掌茶　唐　李白（常聞玉泉山）

送陸羽採茶　唐　皇甫曾（千峯待逋客）

美人嘗茶行　唐　崔珏（雲鬟枕落困泥春）

飲茶歌誚崔石使君[10]　**唐　釋皎然**（越人遺我剡溪茗）

飲茶歌送鄭容[11]（丹丘羽人輕玉食）

採茶歌一作紫筍茶歌　**唐　秦韜玉**（天柱香芽露香發）

茶塢　唐　皮日休（閑尋堯氏山）

茶人（生於顧渚山）

茶筍（褎然三五寸）

茶籯（筤篣曉攜去）

茶舍（陽崖枕白屋）

茶竈（南山茶事動）

茶焙（鑿彼碧巖下）

茶鼎（龍舒有良匠）

茶甌（邢客與越人）

煮茶（香泉一合乳）

茶塢　唐　陸龜蒙（茗地曲隈回）

茶人（天賦識靈草）

茶筍（所孕和氣深）

茶籯（金刀劈翠筠）

茶舍（旋取山上材）

茶籠 （無突抱輕嵐）

茶焙 （左右擣凝膏）

茶鼎 （新泉氣味良）

茶甌 （昔人謝塸埞）

煮茶 （閒來松間坐）

乞錢穆父新賜龍團[12] **宋 張耒** （閩侯貢璧琢蒼玉）

鬥茶歌 宋 范仲淹 （年年春自東南來）

茶壠 宋 蔡襄 （造化曾無私）

採茶 （春衫逐紅旗）

造茶 （屑玉寸陰間）

試茶 （兔毫紫甌新）

葉紓貺建茶[13] **宋 司馬光**

閩山草木未全春，破纇真茶採擷新。雅意不忘同臭味，先分疇昔桂堂人。

雙井茶寄景仁 （春睡無端巧逐人）

觀陸羽茶井 宋 王禹偁 （甃石封苔百尺深）

嘗新茶呈聖俞　宋　歐陽修　(建安三千五百里)

次韻再作　(吾年向老世味薄)

雙井茶

西江水清江石老,石上生茶如鳳爪。窮臘不寒春氣早,雙井芽生先百草。白毛囊似紅碧紗,十斤茶養一兩芽。長安富貴五侯家,一啜猶須三日誇。寶雲日注非不精,争新棄舊世人情。豈知君子有常德,至寶不隨時變易。君不見建溪龍鳳團,不改當時香味色。

送〔龍〕茶與許道人[14]

潁陽道士青霞客,來似浮雲去無跡。夜朝北斗太清壇,不道姓名人不識。我有龍團古蒼璧,九龍泉深一百尺。憑君汲井試烹之,不是人間香味色。

宋著作寄鳳茶　宋　梅堯臣

春雷未出地,南土物尚凍。呼譟助發生,萌穎強抽蘖。團爲蒼玉璧,隱起雙飛鳳。獨應近臣頒,豈得常寮共。顧兹寔賤貧,何以叨贈貢。石碾破微緑,山泉貯寒洞。味餘喉舌乾,色薄牛馬湩。陸氏經不經,周公夢不夢。雲腳世所珍,鳥觜誇仍衆。常常濫杯甌。草草盈罌瓮。寧知有奇品,圭角百金中。秘惜誰可遺,虚齋對禽哢。

建溪新茗

南國溪陰暖,先春發茗芽。採從青竹籠,蒸自白雲家。粟粒烹甌起,龍文御餅加。過兹安得比,顧渚不須誇。

謝人惠茶

山上已驚溪上雷,火前那及兩旗開。採芽幾日始能就,碾月一罌初寄來。以酪爲奴名價重,將雲比腳味甘迴。更勞誰致中泠水,況復顔生不解杯。

答建州沈屯田寄新茶 （春芽研白膏）

王仲儀寄鬥茶

白乳葉家春,銖兩直錢萬。資之石泉味,特以陽芽嫩。宜言難購多,串片大可寸。謬爲識别人,予生固無恨。

李仲求寄建溪洪井茶七品⑮

忽有西山使,始遺七品茶。末品無水暈,六品無沉柤[7]。五品散雲腳,四品浮粟花。三品若瓊乳,二品罕所加。絶品不可議,甘香焉等差。一日嘗一甌,六腑無昏邪。夜沈不得寐,月樹聞啼鴉。憂來惟覺衰,可驗惟齒牙。動摇有三四,妨咀連左車。髮亦足驚竦,疏疏點霜華。乃思平生遊,但恨江路賒。安得一見之,煮泉相與誇。

吴正仲遺新茶

十片建溪春,乾雲碾作塵。天王初受貢,楚客已烹新。漏泄關山吏,悲哀草土臣。捧之何敢啜,聊跪北堂親。

嘗茶⑯ （都籃攜具向都堂）

吕晉叔著作遺新茶

四葉及王游,共家原坂嶺。歲摘建溪春,争先取晴景。大窠有壯液,所發必奇穎。一朝團焙成,價與黄金逞。吕侯得鄉人,分贈我已幸。其贈幾何多,六色十五餅。每餅包青蒻,紅纖纏素縈。屑之雲雪輕,啜已神魂醒。會待佳客來,侑談當晝永。

寄茶與王和甫平甫⑰ **宋 王安石**

綵絳縫囊海上舟,月團蒼潤紫煙浮。集英殿裹春風晚,分到并門想麥秋。

碧月團團墮九天,封題寄與洛中仙。石樓試水宜頻啜,金谷看花莫漫煎⑱。

茶園十二韻[19]　**宋　王禹偁**　（勤王修歲貢）

謝人寄蒙頂新茶　〔文同〕[20]　（蜀土茶稱盛）

謝許判官惠茶圖茶詩

成圖畫茶器,滿幅寫茶詩。會説工全妙,深諳句特奇。盡將爲遠贈,留與作閑資。便覺新來癖,渾如陸季疵。

古靈山試茶歌　**宋　陳襄**　（乳源淺淺交寒石）

和東玉少卿謝春卿防禦新茗

常陪星使款高牙,三月欣逢試早茶。綠絹封來溪上印,紫甌浮出社前花。休將潔白評雙井,自有清甘薦五華。帥府詩翁真好事,春團持作夜光誇。

寄獻新茶　**宋　曾鞏**

種處地靈偏得日,摘時春早未聞雷。京師萬里争先到,應得慈親手自開。

方推官寄新茶

採摘東溪最上春,壑源諸葉品尤新。龍團貢罷争先得,肯寄天涯主諸人。

嘗新茶

麥粒[8]拉來品絶倫,葵花製出樣争新。一杯永日醒雙眼,草木英華信有神。

蹇蟠翁寄新茶[21]

龍焙嘗茶第一人,最憐溪岸兩旗新。肯分方銙醒衰思,應恐慵眠過一春。

貢時天上雙龍去，鬥處人間一水争。分得餘甘慰憔悴，碾嘗終夜骨毛清。

吕殿丞寄新茶[22]

遍得朝陽借力催，千金一銙過溪來。曾坑貢後春猶早，海上先嘗第一杯。

茶巖　宋　羅願　（巖下纔經昨夜雷）

煎茶歌　宋　蘇軾　（蟹眼已過魚眼生）

錢安道寄惠建茶[23]　（我官於南今幾時）

曹輔寄壑源試焙新茶

仙山靈雨濕行雲[24]，洗遍香肌粉未勻。明月來投玉川子，清風吹破武林春。要知冰雪心腸好，不是膏油首面新。戲作小詩君一笑，從來佳茗似佳人。

和子瞻煎茶　宋　蘇轍　（年來懶病百不堪）

謝王煙之惠茶　宋　黄庭堅

平生心賞建溪春，一丘風味極可人。香包解盡寶帶銙，黑面碾出明窗塵。家園鷹爪改嘔冷，官焙龍文常食陳。於公歲取壑源足，勿遣沙溪來亂真。

雙井茶送子瞻　（人間風日不到處）[25]

烹茶懷子瞻[26]

閤門井不落第二，竟陵谷簾定誤書。思公煮茗共湯鼎，蚯蚓竅生魚眼珠。置身九州之上腴,争名焰中沃焚如。但恐次山胸磊塊,終便平聲酒舫石魚湖。

謝公擇舅分賜茶

外家新賜蒼龍璧,北焙風煙天上來。明日蓬山破寒月,先甘和夢聽春雷。

謝人惠茶

一規蒼玉琢蜿蜒,藉有佳人錦叚鮮。莫笑持歸淮海去,爲君重試大明泉。

以潞公所惠揀芽送公擇[27]

慶雲十六升龍餅[28],國老元年密賜來。披拂龍紋射牛斗,外家英鑒似張雷。

赤囊歲上雙龍璧,曾見前朝盛事來。想得天香隨御所,延春閣道轉輕雷[29]。

(風爐小鼎不須催[30])

許少卿寄臥龍山茶[31]　**宋　趙抃**　(越芽遠寄入都時)

茶瓶湯候　宋　李南星　(砌蟲唧唧萬蟬催)

朔齋惠龍焙新茗用鐵壁堂韻[32]　**宋　林希逸**

天公時放火前芽,勝似優曇一度花。修貢豈煩鐵壁老,多情分到玉山家。帝疇使事催班近,僕守詩窮任鬢華。八碗能令風雨腋,底須餐菊飯胡麻。

謝吴帥分惠乃第所寄廬山新茗次吴帥韻[33]　(五老峯前草自靈)

留龍居士試建茶既去轍分送並頌寄之　宋　陳淵

末下鈐鎚墨如漆，已入篩羅白如雪。從來黑白不相融，吸盡方知了無別。老龍過我睡初醒，爲破雲腴同一啜。舌根回味只自知，放盞相看欲何説。

和向和卿嘗茶　（俗子醉紅裙）

次魯直烹密雲龍韻　宋　黄裳

密雲晚出小團塊，雖得一餅猶爲豐。相對幽亭致清話[34]，十三同事皆詩翁。蒼龍碾下想化去，但見白雲生碧空。雨前含蓄氣未散，乃知天貺誰能同。不足數啜有餘興，兩腋欲跨清都風，豈與凡羽誇雕籠。雙井主人煎百碗，費得家山能幾本。

龍鳳茶寄照覺禪〔師〕[35]　（有物吞食月輪盡）

謝人惠茶器並茶

三事文華出何處，巖上含章插煙霧。曾被西風吹異香，飄落人寰月中度。巖柱秋開，有異香。木理成文，如相思木然。美材見器安所施，六角靈犀用相副。目下發緘誰致勤，愛竹山翁雲裏住。遽命長鬚烹且煎，一簇蠅聲急須吐。每思北苑滑與甘，嘗厭鄉人寄來苦。試君所惠良可稱，往往曾沾石坑雨。不畏七碗鳴饑腸，但覺清多卻炎暑。幾時對話愛竹軒，更引毫甌斵詩句。

茶苑[36]

莫道雨芽非北苑，須知山脈是東溪。旋燒石鼎供吟嘯，容照巖中日未西。

想見春來喊動山，雨前收得幾篮還。斧斤不落幽人手，且喜家園禁已閒。

乞茶

未終七碗似盧仝,解銙騣騣兩腋風。北苑槍旗應滿篋,可能爲惠向詩翁。

與諸友汲同樂泉烹黄蘗新茶　宋　謝邁[9]　(尋山擬三餐)

謝道原惠茗㊲　**宋　鄧肅**[10]　(太丘官清百物無)

煎茶㊳　**宋　羅大經**

(松風檜雨到來初)

(分得春茶穀雨前)

武夷茶㊴　**宋　趙若槻**[11]

和氣滿六合,靈芽生武夷。人間渾未覺,天上已先知。

石乳沾餘潤,雲根石髓流。玉甌浮動處,神入洞天遊。

武夷茶㊵　**宋　白玉蟾**[12]　(仙掌峯前仙子家)

武夷茶　宋　劉説道

靈芽得先春,龍焙收奇芬。進入蓬萊宫,翠甌生白雲。坡詩詠粟粗,猶記少時聞。

武夷茶竈㊶　**宋　朱熹**　(仙翁遺石竈)

雲谷茶坂㊷

攜籯北嶺西,採擷供茗飲。一啜夜窗寒,跏趺謝衾枕。

寄茶與曾吉甫　宋　劉子翬[13]

兩焙春風一膝隔,玉尺銀槽分細色。解苞難辨邑中黔,瀹盞方知天下白。

岸巾小啜横碧齋,真味從底傾輸來。曩歸畀余一語妙,三歲暗室驚轟雷。

建守送小春茶[43]　**宋　王十朋**　(建安分送建溪春)

武夷茶　宋　丘寯[44]

烹茶人换世,遺竈水中央。千載公仍至,茶成水亦香。

武夷茶　元　袁樞[45]　(摘茗蜕仙巖)

武夷茶　元　陳夢庚

儘誇六碗便通靈,得似仙山石乳清。此水此茶須此竈,無人肯説與端明。

御茶園　元　鄭主忠

御園此日焙新芳,石乳何年已就荒。應是山靈知獻納,不將口體媚君王。

北苑御茶園詩　元　危徹孫

大德九年,歲在乙巳暮春之初,薄遊建溪,陟鳳山,觀北苑,獲聞修貢本末及茶品後先,與夫製造器法名數,輒成古詩一章,敬紀其實。

建溪之東鳳之嶼,高軋羨山凌顧渚。春風瑞草茁靈根,數百年來修貢所。每歲豐隆啟蟄時,結蕾含珠綴芳糈。探擷先春白雪芽,雀舌輕纖相次吐。露華厭浥□□□,□□森森日蕃蕪。園夫采采及晨晞,薄暮持來溢篋筥。玉池藻井御泉甘,瀋瀹芬馨浮釣釜。槽床壓溜焙銀籠,碧色金光照窗户,仍稽舊制巧爲團。錚錚月輾□□□,□□入臼偃槍旗。白茶出匣凝鍾乳,騈臻多品各珍奇,一一前陳粲旁午。雕鎪物象妙工倕,鉅細圓方應規矩。飛龍在版大小龍版間珠窠大龍窠,盤鳳栖碪便玉杵鳳砧。萬壽龍芽自奮張萬壽龍芽,萬春鳳翼雙翔舞宜年萬春。瑞雲宜兆見雩祥瑞雲祥龍,密雲應釀西郊雨密雲小龍。娟娟玉葉綴芳叢玉葉,粲粲金錢出圜府金錢。玄霙作雪散瑶華雪英,緑葉屯雲紛翠縷雲葉。又看勝雪炯冰紈龍團勝雪,更覩卿雲下琳宇玉清慶雲。上苑報春梅破梢上苑報春,南山應瑞芝生礎南山應瑞。寸金爲玦稱鞶紳,寸金椭玉成圭堪藉組。玉圭葵心一點獨傾陽,蜀葵花面齊開知向主。御苑壽無可比比璇霄無比壽芽,年孰爲宜宜寶聚。宜年寶玉遡源何自肇嘉名,歸美祈年義多取。粤從禹貢著成書,堇荼僅賦周原膴。爾來傳記幾千年,未聞此貢繇南土。唐宫臘面初見嘗,汴都遣使遂作古。高公端直國藎臣,創述加詳刻詩譜。迄今□語世相傳,當日忠誠公自許。聖朝六合慶同寅,草木山川争媚嫵。汝南元帥渤海公,搜討前模闢荒圃。象賢有子侍彤闈,擁旆南轅興百堵。丹楹黼座儼中居,廣廈穹堂廓閎廡。清瀣迎風洒御園,紅雲映日明花塢。和氣常從勝境遊,忱恂能格明□與。涵濡苞體倍芳鮮,修治□□□□楚。穀忽躬率郡臣□,緘題拜稽充庭旅。驛騎高□六尺駒,□□遥通九關虎。懸知玉食燕閒餘,雪花浮碗天爲舉。臣子勤拳奉至尊㊻,一節真純推萬緒。□□聖主愛黎元,常應顛厓□□□。朱草抽莖醴出泉,□□□□報君父。欲將此意質端明,□□□□□□□。

索劉河泊貢餘茶　元　藍静之[14]

河官暫託貢茶臣,行李山中住數旬。萬指入雲頻採緑,千峯過雨自生春。封題上品須天府㊼,收拾餘芳寄野人。老我空腸無一字,清風兩腋願輕身。

謝人惠白露茶㊽

武夷山裏謫仙人,採得雲巖第一春。竹竈煙輕香不變,石泉火活味逾新。東風樹老旗槍盡,白露芽生粟粟匀。欲寫微吟報嘉惠,枯腸搜盡興空頻。

索劉仲祥貢餘茶

春山一夜社前雷,萬樹旗槍渺渺開。使者林中徵貢入,野人日暮採芳回。翠流石乳千峯迥,香簇金芽五馬催。報道盧仝酣晝寢,扣門軍將幾時來。

武夷茶　元　林錫翁

百草逢春未敢花,御茶菩蕾拾瓊芽。武夷直是神仙境,已産靈芝更産茶。

試武夷茶　元　杜本[15]

春從天上來,噓拂通寰海。納納此中藏,萬斛珠菩蕾。

一徑入煙霞,青蔥渺四涯。臥虹橋百尺,寧羨玉川家。

武夷先春　元明間㊾　蘇伯厚[16]

採採金芽帶露新,焙芳封裹貢丹宸。山靈解識尊君意,土脈先回第一春。

謝宜興吴大本寄茶　明　文徵明

小印輕囊遠寄遺,故人珍重手親題。煖含煙雨開封潤,翠展旗槍出焙齊。片月分明逢諫議,春風彷彿在荆溪。松根自汲山泉煮,一洗詩腸萬斛泥。

試吴大本所寄茶㊿

醉思雪乳不能眠,活火砂瓶夜自煎。白絹旋開陽羨月,竹符新調惠山泉。地爐殘雪貧陶穀,破屋清風病玉川。莫道年來塵滿腹,小窗寒色已醒然㉛。

次夜會茶於家兄處

惠泉珍重著茶經,出品旗槍自義興。寒夜清談思雪乳,小爐活火煮溪冰。生涯且復同兄弟,口腹深慚累友朋。詩興攪人眠不得,更呼童子起燒燈。

茶雜詠　明　徐𤓰

(採採新芽鬥細工)

(高枕殘書小石床)

(梅花落盡野花攢)

(新爐活火謾烹煎)

望望村西憶晚晴,曉來應有日華清。新筐莫放連朝歇,怕有旗槍弄化生。

春巖到處總含香,細採徐徐自滿筐。防卻枝頭有新刺,莫教纖筍暗中傷。

歲歲春深穀雨忙,小姑今日試新妝。道來昨夜成佳夢,天子新嘗第一筐。

大姑回頭問小姑,郎歸夜夜讀書無?竹爐莫放灰教冷,聞説詩腸好潤枯。

(聞寂空堂坐此身[52])

竹爐蟹眼薦新嘗,愈苦從教愈有香。我亦有香還有苦,儘令湯火更何妨。

醉茶軒歌爲詹翰林作[53]　明　王世貞

糟丘欲頹酒池涸,嵇家小兒厭狂藥。自言欲絶歡伯交,亦不願受華胥樂。陸郎手著茶七經,卻薦此物甘沈冥[54]。先焙顧渚之紫筍,次及楊子之中泠。徐聞蟹眼吐清響,陡覺雀舌流芳馨。定州紅瓷玉堪妬,釀作蒙山頂頭露。已令學士誇党家,復遣嬌娃字紈素。一杯一杯殊未已,狂來忽鞭玄鶴起。七碗初移糟粕腸[55],五絃更浄琵琶耳。吾宗舊事君記無,此醉轉覺知音孤。朝賢處處罵水厄,傖父時時呼酪奴。酒邪茶邪俱我友,醉更名茶醒名酒。一身原是太和鄉,莫放真空落凡有。

茶洞　明　陳省

寒巖摘耳石崚嶒,下有煙霞氣鬱蒸。聞道向來嘗送御,而今衹供五湖僧。

四山環繞似崇墉,煙霧絪緼鎮日濃。中産仙茶稱極品,天池那得比芳茸。

御茶園

閩南瑞草最稱茶,製自君謨味更佳。一寸野芹猶可獻,御園茶不入官家。

先代龍團貢帝都,甘泉仙茗苦相須。自從獻御移延水,任與人間作室廬。茶今改延平進貢。

茶歌　明　胡文焕　(醉翁朝起不成立)

龍井茶歌　明　屠隆

山通海眼蟠龍脈,神物蜿蜒此真宅。飛流噴沫走白虹,萬古靈源長不息。琮琤時諧琴筑聲,澄泓冷浸玻瓈色。令人對此清心魂,一啜如飲甘露液。吾聞龍女參靈山,豈是如來八功德。此山秀結復産茶,穀雨霡霂抽仙芽。香勝栴檀華藏界,味同沆瀣上清家。雀舌龍團亦浪説,顧渚陽羨競須誇。摘來片片通靈竅,啜處泠泠沁齒牙。玉川何妨盡七碗,趙州借此演三車。採取龍井茶,還烹龍井水。文武並將火候傳,調停暗取金丹理。《茶經》《水品》兩足佳,可惜陸羽未曾此。山人酒後酣氍毹,陶然萬事歸虚空。一杯入口宿酲解,耳畔颯颯來松風。即此便是清涼國,誰同飲者隴西公。

試鼓山寺僧惠新茶　明　徐熥[17]

偃臥山窗日正長,老僧分贈茗盈筐。燒殘竹火偏多味,沸出松濤更覺香。火候已周開鼎器,病魔初伏有旗槍。隔林況聽鶯聲好,移向茶蘼架下嘗。

鼓山茶　明　鄧原岳[18]

雨後新茶及早收,山泉石鼎試磁甌。誰知屴崱峯頭産,勝卻天池與虎丘。

御茶園　明　徐𤊹

先代茶園有故基,喊山臺廢幾何時。東風處處旗槍緑,過客披蓁讀斷碑。

武夷採茶詞

結屋編茅數百家,各攜妻子住煙霞。一年生計無他事,老穉相隨盡種茶。

荷鍤開山當力田,旗槍新長緑芊綿。總緣地屬仙人管,不向官家納税錢。

萬壑輕雷乍發聲,山中風景近清明。筠籠竹筥相攜去,亂採雲芽趁雨晴。

竹火風爐煮石鐺,瓦瓶磦碗注寒漿。啜來習習涼風起,不數松蘿顧渚香。

荒榛宿莽帶雲鋤,巖後巖前選奥區。無力種田來蒔茗,宦家何事亦徵租。

山勢高低地不齊,開園須擇帶沙泥。要知風味何方美,陷石堂前鼓子西。

丘文舉寄金井坑茶用蘇子由煎茶韻答謝

連旬梅雨苦不堪,酷思奇茗餐香甘。武夷地仙素習我,嗜茶有癖深能諳。建溪盈盈隔一水,蒻葉封緘得真味。三十六峯岩嶂高,身親採摘寧辭勞。上品旗槍誰復有,未及烹嘗香滿口。我生不識逃醉鄉,煮泉卻疾如神方。銅鐺響雷爐掣電[56],瓦甌浮出琉璃光。窗前檢點《清異録》,斟酌十六仙芽湯。

閔道人寄武夷茶與曹能始烹試有作

幔亭仙侣寄真茶,緘得先春粟粒芽。信手開封非白絹,籠頭煎喫是烏紗。秋風破屋盧仝宅,夜月寒泉陸羽家。野鶴避煙驚不定,滿庭飄落古松花。

試武夷新茶作建除體貽在杭犀

建溪粟粒芽,通靈且氛馥。除去竈上塵,活火烹苦竹。滿注清泠泉,旗槍鼎中熟。平生羡玉川,雅志慕王肅。定知茗飲易,更愛七碗速。執扇熾燃炭,童子供不足。破屋煙靄青,古鐺香色緑。危磴相對坐,共啜盈數斛。成筥酌未盡,蕭然豁心目。收拾盂碗具,送客下山麓。開襟納涼颸,林深失炎燠。閉門推枕眠,一夢到晴旭。

在杭喬卿諸君見過試武夷鼓山支提太姥清源諸茶分賦

北苑清源紫筍香,長溪労崱盛旗槍。洞天道士分筠筥,福地名僧贈絹囊。蟹眼煮泉相續汲,龍團别品不停嘗。盡傾雲液清神骨,猶勝酕醄入醉鄉。

試武夷茶　明　佘渾然

百草未排動,靈芽先吐芬。旗槍衝雨出,巖壑見春分。採處香連霧,烹時秀結雲。野臣雖不貢,一啜敢忘君。

試武夷茶　明　閔齡

啜罷靈芽第一春,伐毛洗髓見元神。從今澆破人間夢,名列丹臺侍玉晨。

鼓山採茶曲　明　謝肇淛

半山别路出茶園,雞犬桑麻自一村。石屋竹樓三百口,行人錯認武陵源。

布穀春山處處聞,雷聲二月過春分。閩南氣候由來早,採盡靈源一片雲。

郎採新茶去未迴,妻兒相伴户長開。深林夜半無驚怕,曾請禪師伏虎來。

緊炒寬烘次第殊,葉粗如桂嫩如珠。癡兒不識人生事,環遶薰床弄雉雛。

雨前初出半巖香,十萬人家未敢嘗。一自尚方停進貢,年年先納縣官堂。

兩角斜封翠欲浮,蘭風吹動緑雲鈎。乳泉未瀉香先到,不數松蘿與虎丘。

雨後集徐興公汗竹齋烹武夷太姥支提鼓山清源諸茗各賦

疏篁過雨午陰濃,添得旗槍[57]翠幾重。稚子分番誇茗戰,主人次第啟囊封。五峯雲向杯中瀉,百和香應舌上逢。畢竟品題誰第一,喊泉亭畔緑芙蓉。

候湯初沸瀉蘭芬,先試清源一片雲。石鼓水簾香不定,龍墩鶴嶺色難分。春雷聲動同時採,晴雪濤飛幾處聞。佳味閩南收拾盡,松蘿顧渚總輸君。

茶洞

折筍峯西接水鄉,平沙十里緑雲香。如今已屬平泉業,採得旗槍未敢嘗。

草屋編茅竹結亭,薰床瓦鼎黑磁瓶。山中一夜清明雨,收却先春一片青。

芝山日新上人自長溪歸惠太姥霍童二茗賦謝四首

三十二峯高插天,石壇丹竈霍林煙。春深夜半茗新發,僧在懸崖雷雨邊。

錫杖斜挑雲半肩,開籠五色起秋煙。芝山寺裏多塵土,須取籠腰第一泉。

白絹斜封各品題,嫩知太姥大支提。沙彌剥啄客驚起,兩陣香風撲馬蹄。

瓦鼎生濤火候諳,旗槍傾出緑仍甘。蒙山路斷松蘿遠,風味如今屬建南。

夏日過興公[19]緑玉齋啜新茗同賦建除體

建州瓷甌浮新茗,除盡煩憂夢初醒。滿園枯竹根槎枒,平頭小奴支石鼎。定知此味勝河朔,執杯勸君須飽酌。破屋依山帶遠鐘,危峯吐雲來虛閣。成都不數緑昌明,收卻春雷第一聲。開口大笑各歸去,閉門臥聽松風生。

邢子愿惠蜀茗至東郡賦謝

一角緑昌明,知君寄遠情。香分雪嶺秀,色奪錦江清。松火山僮構,瓷甌侍女擎。只愁風土惡,何處覓中泠。

武夷試茶　明　陳勳

歸客及春遊,九溪泛靈槎。青峯度香靄,曲曲隨桃花。東風發仙蕣,小雨滋初芽。採掇不盈襜,步屧窮幽遐。瀹之松澗水,泠然漱其華。坐超五濁界,飄舉凌雲霞。仙經閟大藥,洞壑迷丹砂。聊持此奇草,歸向幽人誇。

武夷試茶因懷在杭　明　江左玄

新採旗槍踏亂山,茶煙青繞萬松關。香浮雨後金坑品,色奪峯前玉女顔。仙露分來和月煮,塵愁消盡與雲閒。獨深天際真人想,不共銜杯木石間。

山中烹茶

東風昨夜放旗槍,帶露和雲摘滿筐。瓢汲石泉烹活水,鼎中晴沸雪濤香。

雨中集徐興公汗竹齋烹武夷太姥支提鼓山清源諸茗　明　周千秋

乍聽涼雨入疏欞,亭畔簫簫萬竹青。掃葉呼童燃石鼎,開函隨地品《茶經》。靈芽次第浮雲液,玉乳更番注瓦瓶。笑殺盧仝徒七碗,風回幾簟夢初醒。

江仲譽寄武夷茶　明　鄭邦霑

龍團九曲古來聞,瑶草臨波翠不分。一點寒煙松際出,卻疑三十六峯雲。

春來欲作獨醒人,自汲寒泉煮茗薪。滿飲清風生兩腋,盧仝應笑是前身。

清明試茶　明　費元禄[20]

空林柘火動新煙，試煮金沙石竇泉。瀹處風生蒙嶺外，戰來雲落幔亭巔。蒼頭詎可奄稱酪，博士何勞更給錢。春暮倍愁花鳥困，不妨頻傍瓦爐煎。

詞類

阮郎歸　宋　黄庭堅

摘山初製小龍團，色和香味[58]全。碾聲初斷夜將闌，烹時鶴避煙。消滯思，解塵煩，金甌雪浪翻。只愁啜罷水流天，餘清攪夜眠。

黔中桃李可尋芳，摘茶人自忙。月團兩銙鬥圓方，研膏入焙香。　青箬裹，絳紗囊，品高聞外江。酒闌傳碗舞紅裳，都濡春味長都濡，地名。

西江月・茶[59]

龍焙頭綱春早，谷簾第一泉香。已醺浮蟻嫩鵝黄，想見翻成[60]雪浪。　兔褐金絲寶碗，松風蟹眼新湯。無因更發次公狂，甘露來從仙掌。

品令・〔茶詞〕[61]

鳳舞團團餅，恨分破，教孤令。金渠體浄，隻輪慢碾，玉塵光瑩。湯響松風，早減了三分酒病。　味濃香永，醉鄉路，成佳境。恰如燈下故人，萬里歸來對影。口不能言，心下快活自省。

看花迴・〔茶詞〕[62]

夜永蘭堂醺飲，半倚頹玉。爛熳墜鈿墮履。是醉時風景，花暗燭殘，歡意未闌，舞燕歌珠成斷續。催茗飲，旋煮寒泉，露井瓶竇響飛瀑。　纖指緩，連環動觸。漸泛起，滿甌銀粟。香引春風在手，似粤嶺閩溪，初采盈掬。暗想當時，探春連雲尋篁竹。怎歸得，鬢將老，付與杯中緑。

浪淘沙二首茶園即景　**明　陳仲溱**

絶壁翠苔封，芳荈危峯。半山雲氣織芙蓉，怪鳥啼春聲不斷，躑躅花紅。茅屋掛巃嵸，十里青松。茶園深處拄孤笻，知得清明今欲到，茗緑東風。

鳥道界岧嶤，日暖煙消。鷓鴣啼過蹴鼇橋，望到海門山斷處，練束春潮。收拾舊茶寮，筐筥輕挑，旗槍新採白雲苗，竹火焙來聊一畝，仙路非遥[63]。

〔**茶集續補**〕[64]

茶事詠有引**温陵**[65]　**蔡復一**[21]**詠温陵**

古今澆壘塊者，圖書外，惟茶、酒二客。酒，養浩然之氣；而茶，使人之意也消。功正未分勝劣。天津造樓，顧渚置園，玄領所寄，各有孤詣。酒和中取勁，勁氣類俠；茶香中取淡，淡心類隱。酒如春雲籠日，草木宿悴，都化愷容；茶如晴雪飲月，山水新光，頓失塵貌。醉鄉道廣，人得狎遊，而茗格高寒，頗以風裁禦物。譬則夷惠清和，山、嵇通簡，雖隔代而興，絶交有激，繼踵均足標聖，把臂何妨入林矣。莊生有云，時爲帝者也。西方以醍醐代麴蘗，避酒如仇，獨於茶無迕，豈非御時輪抽教籥，塵夢方酣，則飲醇難救，熱中欲解，則濯冷倍宜，所以革彼爛腸，薦兹苦口乎。

僕野人也，雅沐温風，終存介性，病眼數月，山居泬寥，不能效蘇子美讀《漢書》，以斗酒爲率。惟一與茶客酒徒[66]，既專且久，振爽滌煩，間有會心，便覺陸季疵輩去人不遠，銜口而發，隨命筆吏得小詩若干[67]首。前人所述，其品、其法、其事，今俱略焉。至神情離合之際，蓋有味乎？言之裁編，次於短韻，括揚搉於微吟，雖核悳董狐而契追鮑子矣。必曰樹茗幟以囚酒星，焚醉日則不平。謂何夫阮步兵之達也，陶徵士之高也，皆前與麴生莫逆，僕素交亦復不淺，豈可判疏親於鴻濛，立輪墨於浄土，使仙醽[22]譏其隙末，靈草畏其易涼哉。曠睽者思，習晤者篤，感獨醒之悠邈，嘉静對之綢繆。賞歎兼深，物候偏合，故籟亦專鳴焉。酒德之頌，以俟他日。

春林過雨浄，春鳥帶雲來。夢餘茶火熟，一酌山花開。

雨前槍穎[68]抽，石鏄星珠寫。何處試芽泉，露井桃花下。

病去醉鄉隔，閒來茶苑行。持杯猶未飲，黄鳥一聲鳴。

滌器傍松林，風鐺作人語。微颸相獻酬，聞聲已無暑。

山月正依人,罏聲初戰茗。幽谷淡微雲,謖謖松風冷。

霜瓶餉雷荚,露碗潑雲腴。人愛蒼苔上,吾憐碧蕊敷。

照面素濤起,真風入肺清。世間何物擬,秋色動金莖。

露下水雲清,疏林如墮髮。試茗石泉邊,一甌醮秋月。

泉鳴細雨來,風静孤煙直。遥看林氣青,知有臥雲客。

雪是穀之精,卻與茶同調。洗瓶花片來,茶色欣然笑。

泉山憶雪遥,得雪茶神足。無雪使茶孤,不孤賴有竹。

漸冷香消篆,無絃月照琴。聲希味亦淡,此客是知音。

寒巖隱奇品,何必遠山英。耳食千金子,噉茶惟□名。

沆瀣滴生根,月神與雲魄。是故日山顛,往往得佳客。

收芽必初火,非爲鬥奇新。緼藉一年力,神全在蚤春。

海印湧珠泉,在山已蟹眼。依然雲石風,頓使茶鄉遠。余鄉浯嶼海印巖頂,有蟹眼泉,風味在慧山以上。

泉品競毫釐,戰茶堪次第。慚愧山中人,調符供水遞。隔海,每月致蟹眼泉數瓿。

煎水不煎茶,水高發茶味。大都瓶杓間,要有山林氣。

茶雖水策勳,火候貴精討。焙取熟中生,烹嫌稺與老。

白石含雲潤,丹砂出火凝。今時無石鼎,托客覓宜興。

柴桑托於酒,臨酌忽忘天。而我亦如是,玄心照茗泉。

酒德泛然親,茶風必擇友。所以湯社事,須經我輩手。

酒韻美如蘭,茶神清如竹。花外有真香,終推此君獨。

焦革何人者,範金配杜康。茶鄉有湯沐,桑苧自蒸嘗。

營糟築樂邦,轉與睡鄉際。忽到茗甌中,别開一天地。

茶品在塵外,何須人出塵。茫茫塵眼醉,誰是啜茶人。

宋法盛龍團,探春歸聖主。清風灑九州,天韻高千古。

團餅乳花巧,卷芽雲氣深。將芽來作餅,隱士耀朝簪。

馬國厭腥膻,酪奴空見辱。將茶作主人,呼奴不到酪。

仙掌露乾後,文園賦渴餘。當時無一盞,乞與病相如。

湯沸寫甌香,褁花兼飣果。肉涴虎跑泉,此事君豈可。

世氛損靈骨，何物仗延年。吾是煙霞癖，君稱草水仙。
賓來手自潑，入口羨孤絶。自是韻相同，非關精水法。
好友蘭言密，奇書玄義析。此意不能傳，茶甌荅以默。
漱酣驅睡魔，衆好非真賞。微啜御風行，泠泠天際想。
據梧微詠際，隱几坐忘時。真味超甘苦，陶王韋孟[23]詩。

附烹茶圖集 吴趨 唐寅 書[24]

山芽落磑風回雪，曾爲尚書破睡來。勿以姬姜棄顦顇，逢時瓦釜亦鳴雷。（風爐小鼎不須催）

長洲 文徵明

分得春芽穀雨前,碧雲開裹帶芳鮮。瓦瓶新汲三泉水,紗帽籠頭手自煎。

小院風清橘吐花,牆陰微轉日斜斜。午眠新覺詩無味,閒倚欄干噉苦茶。

吴興 莊懋循

桐陰竹色領閒人,長日煙霞傲角巾。煮茗汲泉松子落,不知門外有風塵。

(坐來石榻水雲清)

李光祖繩伯父書[25]

萬曆癸卯伏日,過同年喻職方正之齋中,出所藏唐伯虎畫陸羽烹茶圖,韻遠景閒,澹爽有致,時煩暑鬱蒸,颯然入清涼之境界。自昔評茶出之產,水之味,器之宜,焙碾之法,好事者無不極意所至。然俗韻清賞,時有乖合,乃高人不呈一物,而能以妙理寄於吹雲潑乳之中,大都其地宜深山流泉,紙窗竹屋。其時宜雪霽雨冥,亭午丙夜。其侶宜蒼松怪石,山僧逸民。伯虎此圖,可謂有其意矣。余素負草癖而介然,茗柯嘗謂讀書之暇,茶煙一縷,真快人意而亦不欲以口腹累人。吾鄉厭原雲霧,品味殊勝,間一試之,大似無弦琴、直鈎釣也。有同此好者,約法三章,勿談世事,勿雜腥穢,勿溷逋客,正之素心,玄尚眉宇間有煙霞氣。與余品茶,每有折衷。余謂不能遍嘗名山之茶,要得茶之三昧而已。

〔**《煎茶七類》**〕[26]

山陰 王思任[27]

正醉思茶,而正之年兄,攜所得伯虎卷至,坐間偶檢華亭陸宗伯《七類》[28],録以呈之。述而不作,信而好古,何必爲蛇足哉?余方謫官候令,而正之儼然天風海濤長矣。異日坐我百尺庭下而一留茶,安知此蛇足者,遽不化爲龍團也耶?

晉安 謝肇淛

山僮晚起挂荷衣,芳草閒門半掩扉。滿地松花春雨裏,茶煙一縷鶴驚飛。

瓦鼎斜支旁藥欄,松窗白日翠濤寒。世間俗骨應難换,此是雲腴九轉丹。

吾嘗笑綦毋旻[69]之論茶曰:“釋滯消壅,一日之利暫佳[70],瘠氣耗精,終身之害斯大。”嗟嗟,人不飲茶,終日昏昏於大酒肥肉之場,即腯若太牢,壽逾彭聃,將安用之?況陸羽、盧仝未聞短命,東都茶僧年越百歲,其功未常不敵參苓也。喻正之先生酷有酪奴[71]之耆,動攜此卷自隨,雖真贋未可知,而其意超流俗遠矣。先生時新拜,命守吾郡。郡有鼓山靈源洞,緑雲、香乳甲於江南。公事磬折之暇,命侍兒擎建瓷一甌啜之,不覺兩腋習習清風生耳。

金沙[29] 于玉德潤父父跋

三山太守正之喻先生,豫章人豪也。余不佞,承乏建州倅,間獲追隨杖屨,辱不鄙夷,偶出示唐伯虎《烹茶圖》,圖顧渚山中陸羽也。羽恥一物不盡其妙,伯虎亦恥妙不盡其圖。正之因圖見伯虎,因伯虎而得羽之味茶也。自以爲可貴如此。客曰:“是不過助韻人逸士之傳玩爾。以爲芬香甘辣乎?圖也。釋憒悶乎?解酲乎[72]?漱滌消縮、脱去膩乎?圖也。”曰:“否,否!夫飲酒者,一飲一石,此不知酒者也。飲茶者,飲至七碗,則亦不得。夫有形之飲,不過滿腹,傳玩之味,淡而幽,永而適。忘焉仙也,怡焉清也。無輕汗,亦無枯腸;無孤悶,亦無喉吻,安知風吹不斷白花之妙,不浮光凝滿圖乎。夫正之固亦醉翁意耳,志不在荈,我知之矣。正之開朗坦洞,略無城府。不言而飲,人以和,可醉,可醒,可寐,可覺,可歌,可和。余以是謂正之善飲茶也,是真善飲者矣。南山有嘉木焉,其名爲檟、爲蔎、爲荈,春風啜焉。正之即不以其所啜,易其所不必啜,於遊有獨曠焉。故乎豈以尺上之華,而湛湛釋滯消壅如陸羽者乎?陸羽以啜茶盡妙,正之以不啜茶盡妙。陸羽以圖見正之,正之以無圖收陸羽。若正之者,殆翩翩然仙也。”客嗒然曰:“有味哉,吾子之言之也。”以告正之。正之洒然頷之,庸作詩曰:"顧渚有嘉卉,圖吴設未嘗。非關饑與渴,那得蔕如香。逸士供清賞,高人觸味長。逍遥天際外,賓至懶搜腸。"

閔有功

瓦鐺松火短�鑪,縹沫輕浮蟹眼珠。不獨冰紘能解愠,任他谷鳥唤提壺。九難著論才知陸,七碗通靈獨羡盧。但取清閒消案牘,衙齋堪比卧浮圖。

清湘[30] 文尚賓

茗飲之尚,從來遠矣。乃世獨稱陸羽、盧仝,豈獨其品藻之精,烹啜之宜,抑亦其清爽雅適之致,與真常虚静之旨,有所契合耶?故意之所向,不著於物,不留於情,不徒爲嗜好之癖,乃足尚耳。使君喻正之先生,於物理無不精研,復有味於陸山人之《茶經》,一日出《烹茶圖》一卷示余,其意遠而超,其致閑而適,時郡齋新創光儀堂,對坐其中,瓷甌各在手。余謂伯虎所寫,雖真贋未分,卻是使君寔際妙理。使君繕性經世之術,所調適於一身,與奏功於斯世,實於此君得三昧焉?使君復不私其圖,指堂之東西壁間,欣然曰:"是不可刻石,摹其圖,以寄此意耶。則兹卷又當爲行卷以傳矣。"鴻漸、伯虎地下有知,當爲吐氣。

吴興 吴汝器

使君清興在冰壺,茗戰猷堪入畫圖。自見長孺帷卧治,何妨陸羽屬吾徒。焙分雀舌晴含霧,鐺煮龍腰晝迸珠。鎮日下官無水厄,幾迴嘗啜俗懷驅。

嶺南 古時學

石闌瓦釜博山鑪,卧閣香清展畫圖。採得龍團雲並緑,噴來蟹眼雪爲珠。能消五濁凌仙界,坐令私懷擊唾壺。寥落衙齋無底事,願從破睡一相呼。

西陵 周之夫

庚戌除日,喻正之使君與余倏然相對,甚快也。向曾語余以《烹茶圖》,因出見示。余不佞,忝使君忘分之交污,不至阿其所好,便謂此圖有遠體而無遠神,以爲伯虎真筆,不敢聞命。使君笑曰:"吾豈爲圖辨真贋哉,吾以寄吾趣耳。昔人彈無絃琴,自稱醉翁,而意固不在酒。刻舟求劍,達人必不然,且天下事無大小,凡外執而成癖者,皆中距而爲障者也。障則操慄而舍,悲世必有窮吾癖者。即如陸鴻漸著《茶經》,非不明晰,後更有《毀茶論》。"儻亦其稍稍癖也,自貽伊戚耳,余聞其言,知使君精禪理焉。余觀宦省會者,大吏而下,拜跪五之,簿書三之,應酬二之。每皇皇苦不足,而使君栩栩若有餘,本蕭然出塵之韻,運其劃然,立解之才以禪事作吏事,所從來遠矣。歐陽公方立朝,自稱六一居士。夫心有所著,即纖毫累也。心無所著,即目前,何不可寄吾趣而何拘拘於六也。余不佞,請因《烹茶圖》而益廣博寄之,使君其以爲然否?

江大鯤

喜得驚雷莢,聊支折脚鐺。頻搴青桂爨,旋汲玉泉烹。擎觸霞紋碎,斟翻雪乳生。避煙雙白鶴,歸夢不勝清。

誰擅清齋賞,題來烹茗圖。香宜蘭作友,味叱酪爲奴[73]。竹月晴窺碾,松風夜拂爐。相如方肺濁,披對病應蘇。

川南 郭繼芳

閩風之巔産靈芽,移來海上仙人家。松濤瑟瑟瓦鼎沸,清煙一道凌紫霞。

冰肌幾歷峨眉雪,筠籠猶生顧渚雲。一白香風迴郡閣,龍團小品總輸君。

喻使君品高山斗,清映冰壺,大雅玄度,望之爲神仙中人。入含雞舌,出分虎符,方高譚雲臺之業,而居恆賞此圖,何哉?蓋亮節遠識,獨空獨醒,超然紅塵世氛之表,而寄趣於緑雲香乳間也,意念深矣。

晉安　陳勳[31]

蘇長公云，寓意於物，雖微物足以爲適。茗飲之適，在世間鮮肥醲釃之外，豈徒旨於味哉？陸山人《經》，可謂體物精研，然他日又爲《毀茶論》何也？將無猶涉伎倆，有時而不自適歟？今吴越間人，沿其風尚，往往净几名香，品嘗細啜，豈必盡關妙理。正之君侯，玉壺冰心，迥出塵表，雖廊廟鐘鼎之間，迢迢有天際真人想，其愛此圖，蓋以寓其澹泊蕭遠之意。真得此中三昧，非必緑雲香乳習習風生而後爲適也。不敏作如是觀，以諗在伉水部當爲解頤耳。

題唐伯虎《烹茶圖》爲喻使君正之賦　辛亥十一月長至日[32]　**王穉登**

太守風流嗜酪奴㉔，行春常帶煮茶圖。圖中傲吏依稀似，紗帽籠頭對竹罏。

靈源洞口採旗槍㉕，五馬來乘穀雨嘗。從此端明《茶譜》上，又添新品緑雲香。

伏龍十里盡香風，正近吾家别墅東。他日干旄能見訪，休將水厄笑王濛。

東海　徐𤊹

魚眼波騰活火紅，蠆絲輕颺煮茶風。紗巾短褐無人識，此是苕溪桑苧翁。

清風長繞竟陵山，千載茶神去不還。寧獨範形煬突上，更留圖像在人間。

穀雨才過紫筍新，竹爐香裊月團春。雁橋古井生秋草，無復當年茗戰人。

東園先生無姓名，品茶常汲石泉清。羽衣挈具真奇事，俗殺江南李季卿。

建溪門人　江左玄

吴趨伯虎工臨摹，傳來陸羽《烹茶圖》。桐陰匝地松影亂，呼童餉客燃風爐。一縷清煙透書幌,瓦鼎晴翻雪濤響。生平清嗜幾人知,千古高風誰與兩。使君論治比淮陽,退食時烹紫筍香。朝向堂前憑畫軾,暮從花下試旗槍。涼臺浄室明窗几,披圖時對東岡子。清修不識漢龐參,爲郡數年唯飲水。

三山門人　鄭邦霑

夫子冰爲操,庭閒日試茶。芽寧殊玉壘,泉不讓金沙。火活騰波候,雲飛遶碗花。品嘗重註譜,清味遍幽遐。

跋

余所藏《烹茶圖》,賞鑒家多以爲伯虎真蹟,言之娓娓,而余未能深解其所以。然昔人問王子敬[33]云:“君書何如君家尊?”答曰:“固當不同。”既又云:“外人那得知。”夫評書畫者,既已未深知矣。即三人占,從二人之言,其誰曰不可。圖之後,舊附有贊説數首。來守福州,稍益之,一時寅僚多儁才,促更余刻之石甚力。余逡巡謝,已而思之,余性孤僻,寡交游,即如曩者,盤桓金臺白下,亦復許時而曾不能廣謁名流,博求篇詠,以侈大吾圖而彰明,吾好則與夫守其俊語,矜慎不傳,而自娱於笥中之珍也。無寧託寒山之片石,而使觀者謂温子升可與共語耶。嘻!余實非風流太守,而謬負茶癖,以有此舉也。後之君子,未必無同然焉。抑或謂三山之長,未能貞峯功令懸之國門,而爲此不急之務,不佞亦無所置對。知我罪我,其惟此《烹茶圖》乎。時三十九年季冬南昌喻政書于三山之光儀堂。

注　釋

1　此處删節,見明代高元濬《茶乘》。

2　此處删節,見明代高元濬《茶乘》。

3　此處删節,見明代胡文焕《茶集・六安州茶居士傳》。

4　此處删節,見明代胡文焕《茶集》。

5 此處删節,見明代徐𤊹《蔡端明别紀・茶癖》。

6 縣官:此指皇帝。

7 六品無沉柤(zhā 或 zù):柤(zù),同"俎"。柤(zhā),指木欄,或同"楂",此作通"渣"用。即"六品無沉渣"。

8 麥粒:《元豐類稿》在詩題下自注:"丁晉公北苑新茶詩序云,'茶芽採時如麩麥之大者'。"

9 謝邁:邁,疑爲"薖"之誤。謝薖(?—1116),宋撫州臨川人,字幼槃,號竹友。工詩文,老死布衣,有《竹友集》。《全宋詩》亦作謝薖。

10 鄧肅(1091—1132):初字志宏,改德恭,號栟櫚。南劍州(今福建南平)沙縣人。欽宗時,使金營五十日而回,擢右正吉。不久李綱罷相,也被涉罷歸。有《栟櫚集》。

11 趙若槸,字白木,號霽山,建州崇安(今福建武夷山)人。度宗咸淳十年(1274)進士,入元不仕,有《澗邊集》。

12 白玉蟾(1194—?):本名葛長庚,字白叟、以閱、衆甫,號海瓊子、海南翁、瓊山道人、武夷山人、紫青真人。閩清人。有《武夷集》《海瓊集》《上清集》等。

13 劉子翚(1101—1147):字彦冲,號病翁,建州崇安(今福建武夷山)人。

14 藍靜之:即藍仁,静之是其字。元明間崇安(今福建武夷山)人。元末與弟藍仁智俱往武夷師杜本,受四明任士林詩法,遂弃科舉,專意爲詩。遷邵武尉,不赴。入明例徙鳳陽,居瑯邪數月放回,以壽終。有《藍山集》。

15 杜本(1276—1350):字伯原,號清碧。清江人。博學,善屬文。隱居武夷山中,文宗即位,聞其名,以幣徵之,不赴。順帝時,以隱士薦,召爲翰林待制,兼國史院編修官,稱疾固辭。爲人湛静寡欲,篤於義。天文、地理、律曆、度數,無不通究,尤工於篆隸。有《四經表義》《清江碧嶂集》。

16 蘇伯厚(?—1411):名坤(或作堃),福建建安(今建甌)人,號履素。洪武初以明經薦,授建寧府訓導,有政績,永樂初擢翰林侍書,預修

《太祖實録》《永樂大典》。有《履素集》。

17 徐熥：字惟和。閩縣（今福建福州）人，徐𤊹兄。萬曆四十六年（1618）舉人，肆力詩歌，以詞采著稱，有《幔亭集》。

18 鄧原岳：字汝高，福建閩縣人。萬曆二十年（1592）進士，授户部主事，官至湖廣按察副使。工詩，編有《閩詩正聲》，另有《西樓集》。

19 興公：徐𤊹，字興公。

20 費元禄：字無學，一字學卿。江西鉛山人。諸生，建屋於鼂采湖上。有《鼂采館清課》《甲秀園集》。

21 温陵蔡復一（1576—1625）：温陵，歷史上福建泉州的别稱。蔡復一，字敬夫。萬曆二十三年（1595）進士，由刑部主事，遷兵部郎中多年。天啟四年（1624），貴州巡撫討安邦彦敗死，以復一代之，巡進總督貴州、雲南、湖廣軍務，屢有戰功，但後以“事權不一”致敗解任俟代，卒於軍中。謚清憲。有《遯庵全集》。

22 醽（líng）：底本原書作“醽”，一書作“醽”，美酒名。

23 陶王韋孟：指陶潛、王維、韋應物及孟浩然，取其詩風恬淡，以詩喻茶之意境。

24 喻政所見爲唐寅之書法。兩詩作者爲北宋黄庭堅。

25 喻政所見爲李光祖繩伯父之書法。原文作者不詳。

26 此處删節，見明代陸樹聲《茶寮記·煎茶七類》。

27 王思任（1576—1646）：字季重，號遂東。萬曆二十三年（1595）進士，先後知興平、當涂、青浦三縣，後爲九江僉事時罷歸。魯王監國時，起爲禮部侍郎。清兵入紹興後，居孤竹庵中絶食死。工畫。有《律陶》《避園擬存》等。

28 陸宗伯《七類》：陸宗伯，指陸樹聲。宗伯，指族中輩分。《七類》，爲《茶寮記》中的《煎茶七類》。

29 金沙：疑指今福建南平市茶洋一帶。南宋淳祐中置金沙驛，元改名茶洋驛，明于玉德於此係采用古稱。

30 清湘：即清湘縣，五代晉置，明洪武九年（1376）廢，治所位今廣西全州縣。

31 陳勳(1560—1617):字元凱,號景雲,福建閩縣人。萬曆二十九年(1601)進士,授南京武學教授,南京工部和户部主事,户部郎中,出知紹興府。能詩,工字畫。有《元凱集》《堅臥齋雜著》。

32 長至日:也稱長日,指冬至日。冬至後,白天一天比一天長。《禮記》:"郊之祭也,迎長日之至也。"夏至,亦稱"長至"。

33 王子敬:即王獻之(344—386),子敬是其字。王羲之子,東晉著名書法家。起家州主簿,遷吴興太守,官至中書令,時稱王大令。工草書,善丹青。

校　記

① 卷之一:"卷"字前,底本還冠有書名"茶集"兩字,本書編時删。"卷之二"同。

② 論茶:文出《東坡雜記》而有异,"論茶"爲本文輯者喻政和徐𤊹所加。

③ 益不償損也:底本無"益"字,據《蘇軾文集》徑增。

④ 常自珍之:底本作"當自修之",當、修,爲"常""珍"之形誤,據《蘇軾文集》改。

⑤ 脾胃不知:底本脱一"知"字,據《蘇軾文集》徑補。

⑥ 主者封莞:莞,《武夷山志》作"完"。

⑦ 大德己亥:己,底本作"巳",徑改,以下不再出校。

⑧ 泉弗竇:弗,日本文化刻本作"不"。

⑨ 粟粟芽:粟,作"粒"。

⑩ 誚崔石使君:誚,底本作"請",據《全唐詩》改。

⑪ 鄭容:容,底本作"容",據《全唐詩》改。

⑫ 乞錢穆父新賜龍團:父,《全宋詩》作"公給事丈"四字。

⑬ 葉紓貺建茶:《全宋詩》題作《太博同年葉兄紓以詩及建茶爲貺家有蜀牋二軸輒敢繫詩二章獻於左右亦投桃報李之意也》。本文收録的爲其第一首。

⑭ 送龍茶與許道人:龍,底本原無,據《文忠集》加。

⑮ 李仲求寄建溪洪井茶七品:"品"字下《全宋詩》等還有"云愈少愈佳未知嘗何如耳因條而答之"16字。

⑯ 嘗茶:《全宋詩》等,題作《嘗茶和公儀》。

⑰ 寄茶與王和甫平甫:此題爲本集編成。下録兩首,爲王安石分别"寄茶與""和甫"及"平甫"兩詩,輯者將之合在一起時所加。王安石詩無"王"字,《王文公文集》本題作《寄茶與和甫》。

⑱ 此首詩題,喻政、徐𤊹收録時,并入上題。《王文公集》原詩作《寄茶與平甫》。

⑲ 茶園十二韻:在"韻"字下,《全宋詩》有小字注"揚州作"三字。

⑳ 文同:底本無。疑脱,一般即誤作和上首詩一樣,爲王禹偁所作。徑加。

㉑ 蹇蟠翁寄新茶:《全宋詩》在"茶"字下有"二首"兩字。

㉒ 吕殿丞寄新茶:《全宋詩》在"吕"字之前有"閏正月十一日"六字。

㉓ 錢安道寄惠建茶:"錢"字前,《蘇軾詩集》有一"和"字。

㉔ 仙山靈雨濕行雲:雨,《蘇軾詩集》等作"草"。

㉕ 人間風日不到處:日,《宋詩鈔》等作"月"字。

㉖ 烹茶懷子瞻:《宋詩鈔》作《省中烹茶懷子瞻用前韻》。

㉗ 以潞公所惠揀芽送公擇:此題下,本集收録時,實際還兼收相關的另兩首詩。本詩在是題"公擇"之下,《全宋詩》有"次舊韻"三字。

㉘ 慶雲十六升龍餅:餅,《全宋詩》作"樣"。

㉙ 此詩本集編録時題略,《宋詩鈔》等作《奉同公擇作揀芽詠》。

㉚ 風爐小鼎不須催:此詩爲《奉同六舅尚書詠茶碾煮烹》三首之二。本集收録時,是喻政删去原題將之編入《以潞公所惠揀芽送公擇》題下的。

㉛ 許少卿寄卧龍山茶:在"許"字前,《全宋詩》有"次謝"兩字。

㉜ 朔齋惠龍焙新茗用鐵壁堂韻:在"韻"字下,《全宋詩》有"賦謝一首"四字。

㉝ 謝吴帥分惠乃弟所寄廬山新茗次吴帥韻:《全宋詩》作《用珍字韻謝吴帥分惠乃弟山泉所寄廬山新茗一首》。

㉞ 相對幽亭致清話:幽,底本作"出",據《全宋詩》改。

㉟ 龍鳳茶寄照覺禪師:師,底本無"師"字,據《全宋詩》補。

㊱ 茶苑:《全宋詩》作《茶苑二首》。

㊲ 謝道原惠茗:《全宋詩》等題作"道原惠茗以長句報謝"。

㊳ 煎茶:《全宋詩》有的版本《茶聲》,亦作《茶瓶湯候》。

㊴ 武夷茶:《全宋詩》爲一首,不見前首,僅收録後面的"石乳沾餘潤"一首。前首"和氣滿六合"是否屬"武夷茶"詩? 存疑。

㊵ 武夷茶:《全宋詩》作《九曲櫂歌》。本首詩爲《九曲櫂歌》十首中之第六首。

㊶ 武夷茶竈:《晦庵集》簡作《茶竈》。《全宋詩》作《武夷精舍雜詠茶竈》。

㊷ 雲谷茶坂:《晦庵集》簡作《茶坂》。《全宋詩》作《雲谷二十六詠·茶坂》。

㊸ 建守送小春茶:《全宋詩》題作《知宗示提舶贈新茶詩某未及和偶建守送到小春分四餅因次其韻》。

㊹ 宋丘密:"宋",本文原稿作"元",疑誤。丘密(1135—1208),字宗卿,宋江陰軍(今江蘇江陰市)人。孝宗隆興元年(1163)進士,光宗時,擢焕章閣直學士、四川安撫使兼知成都府,後以江淮制置大使兼知建康府,拜同知樞密院事。卒謚忠定。

㊺ 元袁樞:"元",疑誤。查有關史志此袁樞,似應是南宋袁樞(1131—1205),字機仲,建寧建安人。孝宗隆興元年(1163),試禮部詞賦第一,授温州判官。寧宗接位,知江陵府,尋爲刻罷,奉祠家居。有《通鑒紀事本末》《易傳解義》《辨易》《童子問》等。

㊻ 臣子勤拳奉至尊:勤,日本文化本作"勒"。

㊼ 封題上品須天府:須,《藍山集》作"輸"。

㊽ 謝人惠白露茶:《藍山集》作《謝盧石堂惠白露茶》。

㊾ 元明間:底本"元"字,確切説,應是元明間人,徑改。

㊿ 試吴大本所寄茶:《文徵明集》原詩作《是夜酌泉試宜興吴大本所寄茶》。

51 小窗春色已醒然：色,《文徵明集》作“夢”。

52 聞寂空堂坐此身：聞,疑“闃”字之誤。闃寂,即寂静,徑改。

53 醉茶軒歌爲詹翰林作：在“林”字和“作”字之間,《弇州續稿》有“東圖”兩字。

54 卻薦此物甘沈冥：冥,底本作“冥”,近出一些中國茶書,將“寘”認作“寘”,改作“置”;有的作“冥”,書作“冥”。本文從後者,認爲似應作“冥”。

55 七碗初移糟粕腸：腸,《弇州續稿》作“觴”字。

56 銅鐺響雷爐掣電：雷,本文底本作“雪”,據日本文化本改。

57 旗槍：槍,底本作“搶”,徑改。

58 香味：香,底本作“春”,據《全宋詞》改。

59 西江月：《全宋詞》作《西江月・茶》。

60 翻成：成,底本作“匙”,據《全宋詞》徑改。

61 品令・茶詞：底本無“茶詞”兩字,據《全宋詞》加。

62 看花迴・茶詞：底本無“茶詞”兩字,據《全宋詞》加。

63 以上爲喻政《茶書・茶集》初編或初刻本所刊内容。文前《目録》除《茶集》外,還寫明“附烹茶圖集”;但文中内容不載。與之相反,隨後重印的增補本,目録上同樣載明收《茶集》和《附烹茶圖集》兩文,但文中内容却不見初編所載内容,只收蔡復一《茶事詠》和《烹茶圖集》。不知萬曆喻政《茶書・茶集》初編和增補本内容有何不同。

64 茶集續補：底本無以上四字,此爲與喻政《茶書・茶集》初編所列“卷一”“卷二”體例相一致,本書編校時加。

65 下録《茶事詠》及引,爲喻政《茶書》初編《茶集》所未收,亦爲本重印本《附烹茶圖集》所列之於外,顯然是喻政或徐𤊹在初版後所發現,在重印時和前遺《附烹茶圖集》一起補收入《茶集》的。本篇和下録的《烹茶圖集》,也即構成喻政《茶書》重印本《茶集》的兩部分内容之一。

66 酒徒：徒,底本作“旋”,疑“徒”字之誤。日本文化本作“徒”,徑改。

67 若干：干,底本作“而”,據日本文化本改。

⑱ 槍穎:槍,底本作"搶",徑改。

⑲ 綦毋旻:底本從《大唐新語》作"綦毋旻"。《全唐文紀事》作"毋煚"。近出有的茶書擅改作"綦毋煚",又無注明更改依據,似不妥。

⑳ 一日之利暫佳:暫,底本作"蹔";佳,底本作"洼",徑改。

㉑ 酪奴:酪,底本作"酩",徑改。

㉒ 釋憒悶乎? 解酲乎:酲,底本作"醒",徑改。

㉓ 味叱酪爲奴:酪,底本作"酩",徑改。

㉔ 酪奴:酪,底本作"酩",徑改。

㉕ 旗槍:槍,底本作"搶",徑改。

茶書

◇明　喻政　輯

喻政，生平事迹見《茶集・題記》。

喻政《茶書》，一稱《茶書全集》，是我國最早的一本茶書專輯或曰茶書彙編，係喻政知福州時，由當地名士徐𤊹幫助收集、編校的。如謝肇淛爲本書所作序中提到：自陸羽撰《茶經》以來，高人墨客，轉相紹述，"至於今日，十有七種"，"合而訂之，名曰《茶書》"。周之夫序稱：喻政"今來福州，復取古人談茶十七種，合爲《茶書》"。喻政自序也説："爰與徐興公（𤊹）廣羅古今之精於譚茶者，合十餘種爲《茶書》。"

《茶書》又稱《茶書全集》，大概是清末民初的事情。因爲現存咸豐時錢塘丁丙加跋的八千卷樓刻本，仍題作《茶書》，而最早稱其爲《茶書全集》的，是民國三年（1914）江西南城李之鼎編的《叢書書目舉要》。所以《茶書全集》之名的出現，最早也不會超過光緒、宣統年間。

至於《茶書》的卷數，上述各篇序中一致指爲"十七種"或"十餘種"，但是今人所見，多是二十七種本，因此有人懷疑它的子目頗有錯誤，不可信。這一懸案，因 1987 年日本布目潮渢《中國茶書全集》的出版而得到澄清。

布目潮渢指出喻政《茶書》有萬曆壬子（四十年，1612）和癸丑（四十一年，1613）兩個不同的版本。壬子本即初刻本，從日本國立公文書館内閣文庫藏本來看，僅有謝肇淛壬子元旦的題序，書目分元、亨、利、貞四部，元部收《茶經》等六種，亨部收《茶譜》等八種，利部收《茗笈》等三種，合計十七種。而貞部收録喻政自編《茶集》和《烹茶圖集》，是附録性質。翌年所刻癸丑本，實際是壬子本的增補重印，它增加了周之夫和喻政的兩篇序言，并將目録改爲仁、義、禮、智、信五編，以仁部對應初編本的元部，以義部對應初編本亨部,以禮部對應初編本利部,智部收入明代《茶録》等八篇,全部爲新收,信部則對應於初編本的貞部。我們估計,壬子本很可能是一種試印本,因爲周之夫的序也是壬子孟春就寫好的,而壬子本却只印了謝肇淛一篇序。另外,在此後的書目裏也很少看到十七種本。

萬國鼎對於喻政《茶書》,曾作這樣幾句客觀的評述:《茶書全集》收録了幾種他書所未載的茶書,使之"因而賴以流傳至今",這是它的功績。但是,有些如《荈茗録》等,是從《清異録》等書中抽取出來的,冠以新題目,亦未加説明。另外,它的校勘也不很精,這是它的缺點。

本文以布目潮渢編《中國茶書全集》爲底本。

一、初編序目

茶書序

夫世競市朝,則煙霞者賞矣;人耽粱肉,則薇蕨者貴矣。飲食者,君子之所不道也。麴糵沈心,淳母爽口,古之作者,猶或譜之。矧於茶,其色香風味,既迥出塵俗之表,而消壅釋滯,解煩滌燥之功,恃與芝术頡頏。故自桑苧翁作《經》以來,高人墨客,轉相紹述,互有拓充,至於今日,十有七種。其於栽培、製造之法,煎烹取舍之宜,亦既搜括無漏矣。

蓋嘗論之,三代之上,民炊藜而羹藿,七十食肉,口腹之欲未侈,故茶之功用隱而弗章,然谷風之婦已歌之矣。誰謂茶苦,其甘如薺而堇荼如飴,周原所以紀膴也。近世鼎食之家,效尤淫靡,庖宰之手,窮極滋味。一切胾炙之珍奇,皆伐腸裂胃之斧斤,若非雲鉤露芽之液,沃其炎熾,而滋其清涼,疾癘夭札踵踵相望矣。故茶之晦於古,著於今,非好事也,勢使然也。吾郡侯喻正之先生,自拔火宅,大暢玄風,得唐子畏烹茶卷[1],動以自隨。入閩期月,既已勒之石矣。復命徐興公裒鴻漸以下《茶經》《水品》諸編,合而訂之,命曰《茶書》,間以示余。余歎謂使君一舉而得三善焉。存古決疑,則嵇含狀草木,陸機疏蟲魚之旨也;齊民殖圃,則葛顥記種植,贊寧譜竹筍之意也;遠謝世氛,清供自適,則陳思譜海棠,范成大品梅花之致也。昔蔡端明先生治吾郡,風流文采,千古罕儷,而於茶尤惓惓焉。至製龍團以進天子,言者以爲遺恨,不知高賢之用意固深且遠也。九重乙夜,前後左右,惟是醍醐膏薌,誰復以清遠之味相加遺者?且也不猶愈於曲江之獻荔支賦乎?正之治行,高操絶出倫表,所好與端明合,而是書之傳世,不勞民,不媚上,又高視古人一等矣。正之笑謂余:"吾與若皆水曹也,夫唯知水者,然後可與辨茶,請與子共之。"余謝不敏,遂次其語以付梓人。

萬曆壬子元旦晉安謝肇淛書於積芳亭

初編書目

元部	茶經	茶録	東溪試茶録	北苑貢茶録
	北苑别録	品茶要録		
亨部	茶譜	茶具圖贊	茶寮記	荈茗録
	煎茶水記	水品	湯品	茶話
利部	茗笈上	茗笈下	茗笈品藻	煮泉小品
貞部	茶集	附烹茶圖集		

茶書序

余向讀陸鴻漸《茶經》,而少之以爲處士出而茗功章徹,一洗酪奴之誚聲,施榮華至今,誠於此道爲鼻祖。顧後來好事之彦,羽翼鼓吹,散在羣書,往往而是,而編緝無聞,統紀未一,使人惜碎金而笥片玉。大觀之,謂何夫千金之裘,非一狐之腋;然不索胡獲,不庀胡紉。我實未嘗謀諸野,而徒詑孟嘗之倖。得於秦宫者以爲獨貴,非裘難也,所以成裘者則難矣。喻正之不甚嗜茶,而澹遠清真,雅合茶理。方其在留京[2]爲司馬曹郎,握庫筦鑰,盡以其例羨,付之殺青。所刊正諸史志,辨魯魚,訂亥豕,列在學宫,彼都人士,直將尸而祝之。今來福州,復取古人談茶十七種,合爲《茶書》。正煙雖非茶僻,抑誠書淫矣。其書以《茶經》爲宗,譬則泰山之丈人峯乎?餘若徂徠日觀之屬羅列,不啻兒孫脈絡常貫,而峭菁各成洋洋乎。美哉!暢韻士之幽懷,作詞埸之佳話,功不在陸處士之下,更何待言。乃余不佞,則充有私賴焉。余素喜茶,初意入閩,嗽𠝹當俱屬佳品,而事大謬不然,所市皆辛澀穢惡。想嘗草之帝[3],遇七十二毒,必居一於此,彼一時也;畏濕薪之束,遂無敢詰責。買者二三兄弟,偶致斜封,極稱無害。又自思不受魚,始能常得魚;亦惟是不敢視而璧之以成。吾志早晚啜熟水數合,饔飧則恃粥而行,久之良便無所事。彼建州之後,過友人署中,娓娓羅峅烹點之法。余謂空言不如實事,姑取試之。其僮以武夷應客,余亦亟賞其清香,不知有異。蓋疏絶既久,故易喜易眩如此。乃今閲正之之書,幽絶沉快,芳液輒溢,無煮陽羨,畝中泠之跡,而收其功益,復無所事,彼其利賴一。余不佞,棲遲一官,五年不調,留滯約結之慨,豈緊異人,徼天之幸日,侍正之左右,覺名利之心都盡退,而披其所纂集若此書之言。言玄箸無論其凡,即如"不羨朝拜省""不羨夕入臺"之二語,謂非吾人之清涼散不可也,其利賴二。於是正之嬲余以爲子之言誠辨,但津津感余不置。竊恐編緝統紀之譽,皆一人之臆戴,非實録也。余亦還對使君謂感誠有之,亦未肯忘。觀昔人云:書值會心讀卻易盡,請使君再廣爲搜故事。太守與丞倅,李官名爲僚,而實無敢以雁行,進常會一茶而退,鄭重不出聲。即不然,亦聊啟口而嘗之。又不然,漫造端而駢之,而使君質任自然心無適,莫合刻《茶書》以發舒其澹遠清真之意,遂使不受世網如余者,淂以闚見微指作寥曠之談,破矜莊之色,無亦非所宜乎,請使君自今引於繩。使君欣然而笑曰:有是哉。廣搜之,請敢不子從何謂引繩不敢聞命。我與二三子游於形骸之外,而子索我於形骸之内,子其猶有蓬之心也。夫余而後知使君之澹遠清真,雅合茶理不虛也。

壬子孟春西陵周之夫書於妙香齋中

茶書自敘

余既取唐子畏所寫《烹茶圖》而珉纁之,一時寅彥勝流[4],紛有賦詠,楮墨爲色飛矣。而自念幸爲三山長,靈源雲英,往往澆燥脾而迴清夢,蓋與桑苧翁千載神狎也。爰與徐興公廣羅古今之精於譚茶若隸事及之者,合十餘種,爲《茶書》。茶之表章無稍掛,而桑苧之《經》則仍《經》之;諸翊而綴者,亦猶内典金剛之有論與頌耳。方付殺青,而客有過余者,曰茶之尚於世誠鉅,而子獨津津焉。若茗之茗而筆之,庶幾夫能知味者乎?尼山復起,未必不以爲知言。而若石隱溪剡之摻姑舍。是客又難余善易者不論易。吾猶以竟陵之舌爲鐃也。矧逸少之毫[5],誠懸不能用;廷珪之墨[6],子昂不能研，而規規於之器、之法、之候、之人，詎直記杜而彈疏越，且也日亦不足矣。余囅然曰幸哉。客之有以振我也，顧使我以清課而落吾事，則不敢使我以俗韻而巇是編，則不甘夫襄陽之於石也，至廢案牘，且衣冠而旦夕拜，彼誠興味曠寥，風流，嵇鍛阮屐，杜之傳而王之馬也。此猶第癖耳。至剔幽攬隱爲茗苑中一大摠持，無乃煩乎。余無以難客，已而曰：潁箕潔蹈，瓢響猶厭[7]，其聲洙泗，真樂水飲，偏歸於適，明有待之未冥而無礙之合漠也。夫啜茗之於飲水煩矣，品茗之於去瓢尤煩矣。余則何辭？抑余於嵇、阮諸君子竊有畸焉。蓋彼之趣，藉物以怡；而余之腸，得此而滌，固非勞吾生爲所嗜，後津津而不止者也。然則飲食亦在外歟，子其勿以四人者方幅我，雖然水而映帶，然微獨嚴密者，所弗善即疏懶，如余亦不願效之也。若茶寧塊石埒，而余又未至爲顛米之癡[8]有所以處此矣。唐史稱，韋翁在郡時，恆掃地焚香，默坐竟日，故其詩沖閒玄穆，迴出塵表，卒不聞以廢事爲病也。是時，竟陵《經》當已著，令韋得讀之，當必不以李御史禮待陸先監，且恐水遞接監惠山，雲芽童於虎丘耳。余詩格謝此公而茗緣似勝之，客得無謂福州使君漫驕穉蘇州刺史哉。客乃大噱。余呼童子斢龍腰泉，煮鼓山茶，如法進之。客更爽然。起謝謂：沐浴玆編，恨晚也。客退，聊次問答語爲《茶書》敘云。

萬曆癸丑涂月[9]哉生明[10]鼓山主人洪州喻政譔

增補本書目

仁部　茶經
茶録
東溪試茶録
北苑貢茶録
北苑別録
品茶要録

義部　茶譜
茶具圖贊
茶寮記

注　釋

1　唐子畏烹茶卷：唐子畏，即明著名畫家唐寅，子畏是其字，一字伯虎。烹茶卷，疑指其所畫的陸羽烹茶圖。

2　留京：指南京，明成祖朱棣移都燕京後，在南京形式上還保留一套朝廷機構。

3　嘗草之帝：指神農氏，中國上古傳説中的三皇五帝之一。

4 寅彦勝流：寅，古時稱“同官”爲“同寅”；彥，舊時美士之稱。寅彥勝流，用現在的話説，即一批飽學和口碑較好的著名學者及官員。

5 逸少之毫：逸少，即王羲之（303—361），東晉著名書法家。逸少之毫，即指王羲之之筆。

6 廷珪之墨：五代時徽州製墨名家奚廷珪所生産之墨。

7 潁箕潔蹈，瓢響猶厭：與上文“嵇鍛阮屐杜之傳而王之馬也”相呼應，猶借用《莊子·逍遥遊》“掛瓢洗耳”之典。講唐堯時高士許由，隱居山林之中，以手捧水而飲，人贈其瓢，許由飲畢掛樹，嫌其有聲而弃之。堯想把天下讓給他，許由不就，以爲聞惡聲，而臨河洗耳。終身隱居潁水之南，箕山之下。後以此典表現或反映隱士志行之高潔。

8 顛米之癡：疑指米芾。字元章，號海嶽外史，又號鹿門居士。宋襄陽人，世稱爲米襄陽。倜儻不羈，舉止顛狂，故世稱爲米顛。爲文奇險，妙於翰墨，畫山水人物，亦自成一家，愛金石古器，尤愛奇山，世有元章拜石之語。官至禮部員外郎，或稱爲米南宫。著有寶晉英光集、書史、畫史、硯史等書。

9 涂月：指陰曆十二月。

10 哉生明：哉，通“才”。才生明，指一月的某兩天。才生魄，即指陰曆的初二和初三。

茶箋

◇明　聞龍　撰[①]

聞龍,原名繼龍,初字仲連,後字隱鱗,號飛遯,晚號飛遯翁,浙東四明(今浙江寧波)人。爲嘉靖時歷官應天、順天府尹,累官至吏部尚書聞淵(1480—1563)之孫。博通經史,善詩古文,精書法,慕高逸,終不一試。萬國鼎《茶書總目提要》稱他"崇禎時舉賢良方正,堅辭不就"恐不確。查《鄞縣志》,崇禎時"選貢·薦辟",確有一位聞姓者"辭疾不應",但其名"聞世選",無根據即爲聞龍。另外由聞淵生年來看,聞龍即使活到崇禎以後,起碼也已過古稀之年,此時再舉賢良方正,可能性似亦不大。據記載,聞龍八十一歲卒。

聞龍《茶箋》,是一篇茶事心得筆記。屠本畯在《茶解敘》中稱:"予友聞隱鱗,性通茶靈,早有季疵之癖,晚悟禪機,正對趙州之鋒。"説明聞龍嗜茶,也精於茶事。萬國鼎評《茶箋》"談論茶的採製方法、四明泉水、茶具及烹飲等。有一些親身經驗"。所以,儘管内容簡略,但仍與《茶録》《茶解》同爲明代後期三部以實踐經驗爲基礎撰成的重要茶業專著。

本文撰寫時間,因無序跋,清以前無人涉及,萬國鼎可能據"崇禎時舉賢良方正"這一綫索,定在"1630年(崇禎三年)前後"。此後,《中國茶葉歷史資料選輯》《中國古代茶葉全書》等,奉爲定論,以訛傳訛,以致現在各書均稱撰於"1630年前後"。本書作編時經查考,發現其早在屠本畯《茗笈》中便已有引述,這表明本文不是在崇禎,而至遲在萬曆三十八年(1610)《茗笈》編刻前即已撰成。

聞龍《茶箋》,清以前刻本,現僅存《説郛續》本、《古今圖書集成》本兩種。本書以《説郛續》本作録,以《古今圖書集成》本和有關文獻作校。

茶初摘時，須揀去枝梗老葉，惟取嫩葉；又須去尖與柄，恐其易焦。此松蘿法也。炒時須一人從傍扇之，以祛熱氣。否則黄色，香味俱減，予所親試。扇者色翠，不扇色黄。炒起出鐺時，置大磁盤中，仍須急扇，令熱氣稍退，以手重揉之；再散入鐺，文火炒乾入焙。蓋揉則其津上浮，點時香味易出。田子藝[1]以生曬、不炒、不揉者爲佳，亦未之試耳。

《經》云："焙，鑿地深二尺，闊二尺[②]五寸，長一丈。上作短牆，高二尺，泥之。""以木構於焙上，編木兩層，高一尺，以焙茶。茶之半乾，升下棚；全乾，升上棚。"愚謂今人不必全用此法。予嘗構一焙，室高不踰尋[2]；方不及丈，縱廣正等，四圍及頂，綿紙密糊，無小罅隙。置三四火缸於中，安新竹篩於缸内，預洗新麻布一片以襯之。散所炒茶於篩上，闔户而焙。上面不可覆蓋。蓋茶葉尚潤，一覆則氣悶罨黄，須焙二三時，俟潤氣盡，然後覆以竹箕。焙極乾，出缸待冷，入器收藏。後再焙，亦用此法，免香與味不致大減。

諸名茶，法多用炒，惟羅岕宜於蒸焙。味真藴藉，世競珍之。即顧渚、陽羨、密邇、洞山，不復倣此。想此法偏宜於岕，未可概施他茗。而《經》已云蒸之、焙之，則所從來遠矣。

吴人絶重岕茶，往往雜以黄黑箬，大是闕事。余每藏茶，必令樵青入山採竹箭箬，拭净烘乾，護罌四週，半用剪碎，拌入茶中。經年發覆，青翠如新。

吾鄉四陲皆山，泉水在在有之，然皆淡而不甘，獨所謂它泉者，其源出自四明潺湲洞，歷大闌、小皎諸名岫，迴溪百折，幽澗千支，沿洄漫衍，不舍晝夜。唐鄞令王公元偉，築埭它山，以分注江河，自洞抵埭，不下三數百里。水色蔚藍，素砂白石，粼粼見底，清寒甘滑，甲於郡中。余愧不能爲浮家泛宅，送老於斯，每一臨泛，浹旬忘返。攜茗就烹，珍鮮特甚，洵源泉之最，勝甌犧之上味矣。以僻在海陬，圖、經是漏，故又新之記罔間，季疵之杓莫及，遂不得與谷簾諸泉齒，譬猶飛遁[③]吉人，滅影貞士，直將逃名世外，亦且永託知稀矣。

山林隱逸，水銚用銀，尚不易得，何況鍑乎？若用之恆[④]，而卒歸於鐵也。

茶具滌畢，覆於竹架，俟其自乾爲佳。其拭巾只宜拭外，切忌拭内。蓋布帨雖潔，一經人手，極易作氣。縱器不乾，亦無大害。

吴興姚叔度言:"茶葉多焙一次,則香味隨減一次。"予驗之良然。但於始焙極燥,多用炭箬,如法封固,即梅雨連旬,燥固自若。惟開壜頻取,所以生潤,不得不再焙耳。自四五月至八月,極宜致謹;九月以後,天氣漸肅,便可解嚴矣。雖然,能不弛懈,尤妙、尤妙。

東坡云:蔡君謨嗜茶,老病不能飲,日烹而玩之。可發來者之一笑也。孰知千載之下,有同病焉。余嘗有詩云:"年老耽彌甚,脾寒量不勝";去烹而玩之者,幾希矣。因憶老友周文甫,自少至老,茗碗薰爐,無時暫廢。飲茶日有定期,旦明、晏食、禺中、餔時、下舂、黄昏,凡六舉。而客至[⑤]烹點,不與焉。壽八十五無疾而卒。非宿植清福,烏能畢世安享?視好而不能飲者,所得不既多乎。嘗畜一龔春壺[⑥],摩抄寶愛,不啻掌珠,用之既久,外類紫玉,内如碧雲,真奇物也。後以殉葬。

按《經》云,第二沸,留熱以貯之,以備育華救沸之用者,名曰雋永。五人則行三碗,七人則行五碗,若遇六人,但闕其一。正得五人,即行三碗,以雋永補所闕人。故不必别約碗數也。

注　釋

1　田子藝:即田藝蘅,子藝是其字。

2　高不踰尋:尋,此指古代長度單位,八尺爲一尋。

校　記

①　底本原署作"四明聞龍"。

②　二尺:二,底本和集成本作"一",據《茶經》改。

③　飛遁:集成本作"肥遁"。肥,通"飛"。

④　若用之恆:恆,底本作"恒",據集成本改。

⑤　而客至:集成本作"其僮僕"。

⑥　嘗畜一龔春壺:嘗畜一,集成本作"家中有"。

茶略

◇明　顧起元　輯

顧起元(1565—1628),字太初,一作璘初,明應天府江寧(今江蘇南京)人。萬曆戊戌(二十六年,1598)會試第一,殿試一甲第三名,由翰林院編修,累官至吏部左侍郎。當時諸秉政者屢欲引以大用,起元避居遯園,七徵不起。爲官清正,多有政績。如爲杜絶衛官科索,奏請將兵部快船改馬船,軍民兩便。學問淵博,知古今成敗人物臧否以至諸司掌故,指畫歷然可據。稱述先輩,接引後學,孜孜不倦。精金石之學,工書法,好收藏圖書,其藏書室有“爾雅堂”“歸鴻館”。著有《金陵古金石考》《客座贅語》《説略》《蟄庵日記》《懶真草堂集》等。卒謚文莊。

本篇引自顧起元的《説略》,雖其内容與其他茶書大多相同,但記各地名茶和茶書,尚有异於他書的,可作參考。

顧起元在萬曆癸丑年(1613)作《説略》序中説,《説略》的編纂主要在萬曆甲午(1594)和乙未(1595)兩年,初分爲二十卷。後交友人審訂,而“浙門張君”更將校訂抄寫好的稿子交給了顧起元。可惜乙巳年(1605),起元由京師告歸,途經南陽時遇到河决舟覆,書稿因之亡佚,但張君此時也已故去。直到後來張君家人在敝笥中檢出,顧氏才得以重新整理成三十卷。數年後,新安秘書吴德聚“捐資爲之繕寫刻既”。本篇《茶略》即在其中。

《茶略》除新安吴德聚萬曆癸丑刻本外,還有《四庫全書》本等。本文以《文淵閣四庫全書》本作底本,參校其他有關引文作校。

古人以飲茶始於三國時。《吴志・韋昭傳》:“孫皓每飲羣臣,酒率以七升爲限。昭飲不過二升,或爲裁減,或密賜茶茗以當酒。”[①]據此爲飲茶之證。按《趙飛燕别傳》“成帝崩後,后一夕寢中驚啼甚久,侍者呼問方覺。

乃言曰:'吾夢中見帝,帝賜吾坐,命進茶。左右奏帝云:向者侍帝不謹,不合啜此茶'。"云云。然則西漢時,已嘗有啜茶之説矣。

建州之北苑先春龍焙,洪州之西山白露,鶴嶺雙井白芽,穆州[1]之鳩坑,東川之獸目,綿州之松嶺,福州之柏巖、方山生芽,雅州之露芽,南康之雲居,婺州之舉巖碧乳,宣城之陽坡横紋,饒池之仙芝、福合、禄合、蓮合、慶合,蜀州之雀舌、鳥嘴、片甲②、蟬翼,潭州之獨行靈草,彭州之仙崖石花③,臨江之玉津,袁州之金片緑英,龍安之騎火,涪州之賓化,建安之青鳳髓,岳州之黄翔毛,建安之石巖白④,岳陽之含膏冷,南劍之蒙頂石花,湖州之顧渚紫筍,峽州之碧澗明月,壽州之霍山黄芽,越州之日注,此唐宋時産茶地及名也。[2]

《南部新書》云:湖州造茶最多,謂之顧渚貢焙,歲造一萬八千餘斤⑤。按此則唐茶不重建,以建未有奇産也。至南唐初造研膏,繼造蠟面,既又佳者號曰京挺。宋初置龍鳳模,號石乳,又有的乳、白乳,而蠟面始下矣。丁晉公進龍鳳團,至蔡君謨又進小龍團。神宗時復製密雲龍,哲宗改爲瑞雲翔龍,則益精,而小龍團下矣。徽宗品茶,以白茶第一,又製三色細芽,而瑞雲翔龍下矣。宣和庚子,漕臣鄭可聞始創爲銀絲水芽⑥,蓋將已揀熟芽再剔去,衹取其心一縷,用清泉漬之,光瑩如銀絲。方寸新胯,小龍蜿蜒其上,號龍團勝雪,去龍腦諸香,遂爲諸品之冠。今建茶碾造雖精,不去龍腦,以爲奩閤中味亦不用入瀹。而茶品獨貴者虎丘,其次天池,又其次陽羡;羡之佳者岕,而龍井、六安之類皆下矣。

蜀蒙山頂茶,多不能數斤,極重於唐,以爲仙品。今之蒙茶乃青州蒙陰山産石上,若地衣,然味苦而性涼,亦不難得也。

陸羽《茶經》三卷,《茶記》一卷,周絳《補茶經》一卷,皎然《茶訣》一卷,又《茶苑雜録》一卷(不知名),陸魯望《茶品》一篇,温庭筠《採茶録》三卷,張又新《煎茶水記》一卷,蜀毛文錫《茶譜》⑦一卷,丁謂《北苑茶録》三卷,劉異《北苑拾遺》一卷,蔡宗顔《茶山節對》一卷,又《茶譜遺事》一卷,又《北苑煎茶法》一卷,曾伉《茶苑總録》十四卷,《茶法易覽》⑧十卷,蔡襄有進《茶録》一卷,建安黄儒有《茶品要録》⑨,熊蕃有《宣和北苑貢茶録》一卷,熊客有《北苑别録》⑩,吕惠卿有《建安茶用記》二卷,章炳文有《壑源茶録》一卷,宋子安有《東溪試茶録》一卷,徐獻忠有《水品》二卷,又不知名氏有《湯品》一卷,田藝蘅有《煮泉小品》一卷。

注　釋

1　穆州:也即睦州(今浙江建德)。

2　本段唐宋茶産地和茶名,疑據明陳繼儒《茶董補》摘抄。

校　記

① 此并非照《三國志》原文直録,而是據大義摘録。

② 鳥嘴、片甲:在"嘴"字和"片"字之間,有些書中,如《茶董補》有"麥顆"兩字。

③ 仙崖石花:花,底本作"蒼",據原文徑改。

④ 建安之石巖白:白,底本作"臼",徑改。

⑤ 歲造一萬八千餘斤:《南部新書》卷戊作"一萬八千四百八斤"。此後"按"以下的内容,與《南部新書》無關,全由顧起元據《宣和北苑貢茶録》和他書有關内容摘編而成。

⑥ 鄭可聞始創爲銀絲水芽:聞,一作"簡";水,底本作"冰",據《宣和北苑貢茶録》改。

⑦ 蜀毛文錫《茶譜》:文,底本作"主",徑改。

⑧ 《茶法易覽》:宋沈立撰,此疑顧起元疏漏作者。

⑨ 《茶品要録》:現存本書,一般俱作《品茶要録》。

⑩ 熊客有《北苑别録》:"熊客"訛,應作"趙汝礪"。

茶説

◇明　黄龍德　撰①

黄龍德,字驤溟,號大城山樵。生平事迹不詳。由本文前胡之衍"序"以及自號"大城山樵"等綫索來看,他生活於晚明的江南,和盛時泰等隱居南京城東大城山的一批士子來往。他們在一起賦詩作文,但和留戀秦淮風月的復社成員不同,除愛好詩文書畫之外,并不貪戀聲色。由於他們嗜茶,如盛時泰和朱日藩便著有茶書,在明代茶學和茶文化的發展上,留下了濃重的一筆。

黄龍德《茶説》,如胡之衍序文所講,仿照唐陸羽《茶經》、宋黄儒《品茶要録》體裁,專談明代茶藝、茶事。具體反映晚明茶葉種植、製造及品賞的實際情況,在明代茶書著述中,是值得推崇的一種。至於本文的撰寫時間,萬國鼎大概根據《徐氏家藏書目》有録這點,推定爲"1630 年左右以前"。但從胡之衍所題前序,可清楚看到,本文係撰於萬曆"乙卯歲"(四十三年,1615)。

本文僅見程百二《程氏叢刻》本,并以北京中國國家圖書館所藏孤本作録,《中國古代茶葉全書》亦録有此本。

序

茶爲清賞,其來尚矣。自陸羽著《茶經》,文字遂繁,爲譜、爲録,以及詩、歌、詠、贊,雲連霞舉,奚啻五車。眉山氏有言:"窮一物之理,則可盡南山之竹",其斯之謂歟。黄子驤溟著《茶説》十章,論國朝茶政;程幼輿搜補逸典,以艷其傳[1]。鬥雅試奇,各臻其選,文葩句麗,秀如春煙,讀之神爽,儼若吸風露而羽化清涼矣。書成,屬予忝訂,付之剞劂。夫鴻漸之《經》也以唐,道輔之《品》[2]也以宋,驤溟之《説》、幼輿之《補》也以明。三代異治,茶政亦差,譬寅丑殊建,烏得無文。噫!君子之立言也,寓事而論其理,後人法之,是謂不朽,豈可以一物而小之哉!

歲乙卯天都[3]逸叟胡之衍題於棲霞之試茶亭

總論

茶事之興,始於唐而盛於宋。讀陸羽《茶經》及黄儒《品茶要録》,其中時代遞遷,製各有異。唐則熟碾細羅,宋爲龍團金餅,鬥巧炫華,窮其製而求耀於世,茶性之真,不無爲之穿鑿矣。若夫明興,騷人詞客,賢士大夫,莫不以此相爲玄賞。至於曰採造,曰烹點,較之唐、宋,大相徑庭。彼以繁難勝,此以簡易勝;昔以蒸碾爲工,今以炒製爲工。然其色之鮮白,味之雋永,無假於穿鑿,是其製不法唐、宋之法,而法更精奇,有古人思慮所不到。而今始精備茶事,至此即陸羽復起,視其巧製,啜其清英,未有不爽然爲之舞蹈者。故述國朝《茶説》十章,以補宋黄儒《茶録》之後。

一之産

茶之所産,無處不有,而品之高下,鴻漸載之甚詳。然所詳者,爲昔日之佳品矣,而今則更有佳者焉。若吴中虎丘者上,羅岕者次之,而天池、龍井、伏龍則又次之。新安松蘿者上,朗源滄溪次之,而黄山磻溪則又次之。彼武夷、雲霧、雁蕩、靈山諸茗,悉爲今時之佳品。至金陵攝山所産,其品甚佳,僅僅數株,然不能多得。其餘杭浙等産,皆冒虎丘、天池之名,宣池等産,盡假松蘿之號。此亂真之品,不足珍賞者也。其真虎丘,色猶玉露,而泛時香味,若將放之橙花,此茶之所以爲美。真松蘿出自僧大方所製,烹之色若緑筠,香若蘭蕙,味若甘露,雖經日而色、香、味竟如初烹而終不易。若泛時少頃而昏黑者,即爲宣池僞品矣。試者不可不辨。又有六安之品,盡爲僧房道院所珍賞,而文人墨士,則絶口不談矣。

二之造

採茶,應於清明之後,穀雨之前。俟其曙色將開,霧露未散之頃,每株視其中枝穎秀者取之。採至盈籯即歸,將芽薄鋪於地,命多工挑其筋脈,去其蒂杪。蓋存杪則易焦,留蒂則色赤故也。先將釜燒熱,每芽四兩作一次下釜,炒去草氣。以手急撥不停,睹其將熟,就釜内輕手揉捲,取起鋪於箕上,用扇扇冷。俟炒至十餘釜,總覆炒之。旋炒旋冷,如此五次。其茶碧緑,形如蠶鈎,斯成佳品。若出釜時而不以扇,其色未有不變者。又秋後所採之茶,名曰秋露白;初冬所採,名曰小陽春。其名既佳,其味亦美,製精不亞於春茗。若待日午陰雨之候,採不以時,造不如法,籯中熱氣相蒸,工力不遍,經宿後製,其葉會黄,品斯下矣。是茶之爲物,一草木耳。其製作精微,火候之妙,有毫厘千里之差,非紙筆所能載者。故羽云:"茶之臧否,存乎口訣",斯言信矣。

三之色

茶色以白、以緑爲佳,或黄或黑,失其神韻者,芽葉受奄之病也。善别茶者,若相士之視人氣色,輕清者上,重濁者下,瞭然在目,無容逃匿。若唐宋之茶,既經碾羅,復經蒸模,其色雖佳,決無今時之美。

四之香

茶有真香,無容矯揉。炒造時,草氣既去,香氣方全,在炒造得法耳。烹點之時,所謂"坐久不知香在室,開窗時有蝶飛來"。如是光景,此茶之真香也。少加造作,便失本真。遐想龍團金餅,雖極靡麗,安有如是清美?

五之味

茶貴甘潤,不貴苦澀,惟松蘿、虎丘所産者極佳,他産皆不及也。亦須烹點得應,若初烹輒飲,其味未出,而有水氣;泛久後嘗,其味失鮮,而有湯氣。試者先以水半注器中,次投茶入,然後溝注。視其茶湯相合,雲腳漸開,乳花溝面。少啜則清香芬美,稍益潤滑而味長,不覺甘露頓生於華池。或水火失候,器具不潔,真味因之而損,雖松蘿諸佳品,既遭此厄,亦不能獨全其天。至若一飲而盡,不可與言味矣。

六之湯

湯者，茶之司命，故候湯最難。未熟，則茶浮於上，謂之嬰兒湯，而香則不能出。過熟，則茶沉於下，謂之百壽湯，而味則多滯。善候湯者，必活火急扇，水面若乳珠，其聲若松濤，此正湯候也。余友吴潤卿，隱居秦淮，適情茶政，品泉有又新之奇，候湯得鴻漸之妙，可謂當今之絶技者也。

七之具

器具精潔，茶愈爲之生色。用以金銀，雖云美麗，然貧賤之士，未必能具也。若今時姑蘇之錫注，時大彬之砂壺，汴梁之湯銚，湘妃竹之茶竈，宜、成窯之茶盞，高人詞客，賢士大夫，莫不爲之珍重。即唐宋以來，茶具之精，未必有如斯之雅致。

八之侣

茶竈疏煙，松濤盈耳，獨烹獨啜，故自有一種樂趣，又不若與高人論道、詞客聊詩、黄冠談玄、緇衣講禪、知己論心、散人説鬼之爲愈也。對此佳賓，躬爲茗事，七碗下嚥而兩腋清風頓起矣。較之獨啜，更覺神怡。

九之飲

飲不以時爲廢興，亦不以候爲可否，無往而不得其應。若明窗净几，花噴柳舒，飲於春也；涼亭水閣，松風蘿月，飲於夏也；金風玉露，蕉畔桐陰，飲於秋也；暖閣紅爐，梅開雪積，飲於冬也。僧房道院，飲何清也；山林泉石，飲何幽也；焚香鼓琴，飲何雅也；試水斗茗，飲何雄也；夢迴卷把，飲何美也。古鼎金甌，飲之富貴者也；瓷瓶窯盞，飲之清高者也。較之呼盧浮白[4]之飲，更勝一籌。即有“瓷中百斛金陵春，當不易吾爐頭七碗松蘿茗”。若夏興冬廢，醒棄醉索，此不知茗事者，不可與言飲也。

十之藏

茶性喜燥而惡濕，最難收藏。藏茶之家，每遇梅時，即以箬裹之②，其色未有不變者。由濕氣入於内，而藏之不得法也，雖用火時時温焙，而免於失色者鮮矣。是善藏者,亦茶之急務,不可忽也。今藏茶當於未入梅時,將瓶預先烘暖,貯茶於中,加箬於上,仍用厚紙封固於外。次將大瓮一隻,下鋪穀灰一層,將瓶倒列於上,再用穀灰埋之。層灰層瓶,瓮口封固,貯於樓閣,濕氣不能入内。雖經黄梅,取出泛之,其色、香、味猶如新茗而色不變。藏茶之法,無愈於此。

注　釋

1　程幼輿搜補逸典,以艷其傳:指程幼輿補黄儒的《品茶要録》。

2　道輔之《品》:指宋代黄儒的《品茶要録》。

3　天都:此爲黄山天都峯的略稱。黄山在歙縣西北,歷史上歙縣人一度流行以"天都"爲歙縣代稱。

4　呼盧浮白:呼盧,賭博之一種,借代爲賭時的呼喊。浮白,即開懷暢飲。合指舉止粗魯,大吟大喝。

校　記

①　明黄龍德撰:底本之前,原署作"明大城山樵黄龍德著",另於下兩行,并列的還有"天都逸叟胡子衍訂"和"瓦全道人程輿校"兩行,本書作編時删改如上。

②　以箬裹之:裹,底本作"裏",徑改。

品茶要録補

◇明　程百二　編

程百二,原名程輿,字幼輿,號瓦全道人。自稱歙郡人,《四庫全書總目提要》説是新安,指的即是徽州一帶。明萬曆時刻書家,生平事迹不詳。他刻印的書籍,現存的有《程氏叢刊》九種:宋杜綰《雲林石譜》三卷,宋朱翼中《酒經》三卷,明袁宏道《觴政》一卷,唐王績《醉鄉記》一卷,宋黄儒《品茶要録》一卷,明陸樹聲《茶寮記》一卷,自撰《品茶要録補》一卷,明黄龍德《茶説》一卷,宋湯垕《畫鑑》一卷。此外,還另輯刊過《方輿勝略》十八卷,《外夷》六卷等。

本文之所以定名《品茶要録補》,緣於程百二發現一直未爲前人注意的宋代黄儒《品茶要録》珍本,在决定將其收入"叢刊"時,又臨時從一些茶書中,雜抄了一些故事、傳説,編作一卷,附在《品茶要録》之後。由於抄録内容大多集中在當時新刊的如《茶董》《茶董補》幾種茶書裏,所以本篇的價值,還不及《程氏叢刊》收録《品茶要録》和黄德龍《茶説》兩書,使之能够傳存下來的價值。

《程氏叢刊》刊印於萬曆四十三年(1615),本篇當編在此際或稍前。此次整理,以程百二自編自刻的這個版本爲底本。

是録爲宋黄道輔[1]所輯,澹園焦夫子[2]已鑑定之,又何庸於補也。邇者目董玄宰[3]、陳眉公[4]讚夏茂卿[5]爲茶之董狐[6],不揣撮諸致之勝者,以公亟賞,如兀坐高齋,遊心羲皇。時披閱之,不惟清風生兩腋,端可爲盡塵土腸胃矣。

歙郡程百二幼輿氏識

山川異産[①]

劍南有蒙頂石花……而浮梁商貨不在焉。《國史補》

建州之北苑先春龍焙……岳陽之含膏冷。[7]

茶之别種

茶之别者……性温而主疾。《本草》[8]

片散二類

凡茶有二類……總十一名。《文獻通考》[9]

御用茗目

上林第一　乙夜清供　承平雅玩　宜年寶玉　萬春銀葉　延年石乳　瓊林南金　雲英雪葉　金錢玉華　玉葉長春　蜀葵寸金　政和曰"太平嘉瑞",紹聖曰"南山應瑞"。

至性不移

凡種茶樹,必下子,移植則不復生。故俗聘婦,必以茶爲禮,義固有所取也。《天中記》

畏香宜温

藏茶宜箬葉而畏香藥[②];喜温燥而忌濕冷。故收藏之家,以蒻葉封裹入焙,三兩日一次。用火常如人體温温然,以御濕潤;若火多,則茶焦不可食。蔡襄《茶録》

味辨浮沉

候湯最難,未熟則沫浮,過熟則茶沉[③]。前世謂之蟹眼者[④],過熟湯也。況瓶中[⑤]煮之不可辨,故曰候湯最難。同上

輕身換骨

陶弘景《雜録》：芳茶輕身換骨[⑥]，丹丘子、黄山君嘗服之。

潰悶常仰

劉琨，字越石。《與兄子南兗州刺史演書》曰："吾體中潰悶，恆假真茶，汝可信致之[⑦]"。

腦痛服愈

隋文帝微時，夢神人易其腦骨，自爾腦痛。忽遇一僧云："山中有茗草，服之當愈。"進士權紓讃曰："窮《春秋》，演河圖，不如載茗一車。"

志崇三等

覺林院釋志崇，收茶三等。待客以驚雷莢，自奉以萱草帶，供佛以紫茸香。

高人愛惜

龍安有騎火茶，唐僧齊己詩：高人愛惜藏崖裏[⑧]，白甀封題寄火前。

芳茶可娛

張孟陽《登成都樓》詩云　（借問楊子舍）

甘露

新安王子爲、豫章王子尚，詣曇濟道人於八公山。道人設茶茗，子尚味之曰："此甘露也，爲言茶茗。"

聖陽花

雙林大士爲自往蒙頂結庵種茶。凡三年，得絶佳者，號聖陽花，持歸供獻。

龍團鳳髓

東坡嘗問……且盡盧仝七碗茶。[10]

久食益意思

華佗,字元化。《食論》云:"苦茶久食,益意思。"又《神農食經》: 茶茗宜久服,令人有力悦志。

嘗味少知音

王禹偁,字元之。《過陸羽茶井》⑨詩云:"甃石苔封百尺深,試茶嘗味少知音⑩。惟餘半夜泉中月,留得先生一片心。"

蕃使亦有之

常魯使西蕃,烹茶帳中。蕃使問何物⑪? 魯曰:"滌煩消渴,所謂茶也。"蕃使曰:"我亦有之。"命取出以示曰: 此壽州者,此顧渚者,此蘄門者。

未遭陽侯之難

蕭衍子西豐侯蕭正德歸降。時元乂[11]⑫欲爲設茗。先問卿於水厄多少,正德不曉乂意,答曰: 下官生於水鄉,立身以來,未遭陽侯之難[12]。坐客大笑。

王濛水厄

晉司徒長史王濛,字仲祖,好飲茶,客至輒飲之。士大夫甚以爲苦,每欲候濛,必云:"今日有水厄。"

瀹茗必用山泉,次梅水。梅雨如膏,萬物滋生,其味獨甘。《仇池筆記》云: 時雨[13]甘,潑煮茶,美而有益,梅後便劣。至雷雨最毒,令人霍亂。秋雨、冬雨俱能損人。雪水尤不宜,令肌肉消鑠⑬。爲河水自西北建瓴而東,支流雜聚,何所爲有。舟次無名泉,取之充用可耳。謂其源,從天上來,不減惠泉,未是定論。

余少侍家漢陽大夫，聆許文穆、汪司馬過談溪上。謂新安爲水，以潁上爲最，味超惠泉，令汲煮茶爲毋雜烹點，慮奪水茶之韻。

近過考功趙高邑，值時雨如注。令銀鹿向荷池取蓮花葉上水，烹茶飲客，味品殊勝。

李大司徒，當玫瑰盛開時，令豎子清晨收花上露水煮茶，味似歐邏巴國人利西泰所製薔薇露。

蘇才翁與蔡君謨鬥茶，蔡用惠泉，蘇以天台竹瀝水勝之。不知對今日二公之水孰佳。

陶穀學士謂：湯者，茶之司命，水爲急務。漫紀見聞數則，果爲水厄耶？抑爲茶知已耶？試參之。

茶厄

茶内投以果核及鹽、椒、薑、橙等物，皆茶厄也。至倪雲林點茶用糖，尤爲可笑。

茶宴

錢起，字仲文。與趙莒茶宴，又嘗過長孫宅，與郎上人作茶會。

冰茶

逸人王休，每至冬時，取冰敲其精瑩者，煮建茶以奉客。《開元遺事》

素瓷芳氣

顔魯公《月夜啜茶聯句》："流華净爲骨，疏瀹滌心源[14]。素瓷傳静夜，芳氣滿閒軒。"

玉塵香乳

楊萬里，號誠齋，《謝傅尚書茶》："遠餉新茗，當自攜大瓢，走汲溪泉，束澗底之散薪，燃折腳之石鼎。烹玉塵，啜香乳，以享天上故人之意。愧無胸中之書傳，但一味攪破菜園耳。"

名别茶荈

郭璞云:"茶者,南方佳木,早取爲茶,晚取爲荈。"

茶須色、香、味三美具備:色以白爲上,青緑次之,黄爲下;香如蘭爲上,如蠶豆花次之;味以甘爲上,苦澀斯下矣。

怎得黄九[14]不窮

黄魯直論茶:建溪如割,雙井如霆,日鑄如㓶。所著《煎茶賦》:"洶洶乎如澗松之發清吹,皓皓乎如春空之行白雲。"一日以小龍團半鋌,題詩贈晁無咎:"曲几蒲團聽煮湯,煎成車聲繞羊腸。雞蘇胡麻留渴羌⑮,不應亂我官焙香。"東坡見之曰:黄九恁地怎得不窮?

以爲上供

張舜民,號芸叟,云:有唐茶品,以陽羨爲上供,建溪北苑未著也。貞元中,常衮爲建州刺史,始蒸焙而研之,謂研膏茶。

白鶴茶

《岳陽風土記》:爲肇所謂爲湖之含膏也,今惟白鶴僧園有千餘本,一歲不過一二十兩。⑯

乳妖

吴僧文了,善烹茶。遊荆南,高保勉白於季興[15]⑰,延置紫雲庵,日試其藝,奏授華亭水大師〔上人〕⑱,目曰乳妖。

百碗不厭

唐大中三年,東都進一僧,年一百三十歲。宣宗問:"服何藥致然?"對曰:"臣少也賤,不知藥性,本好茶,至處惟茶是求,或飲百碗不厭。"因賜茶五十斤,令居保壽寺。

草木仙骨

丁晉公[16]言:“嘗謂石乳出壑嶺斷崖缺石之間,蓋草木之仙骨。”又謂:“鳳山高不百丈,無危峯絶巘,而岡阜環抱,氣勢柔秀,宜乎嘉植靈卉之所發也。”

茗飲酪奴

王肅仕南朝,好茗飲蒓羹。及還北地,又好羊肉酪漿。人或問之:茗何如酪?肅曰:茗不堪與酪爲奴。

茶果素業

陸納爲吴興太守時,衛將軍謝安常欲詣納。納兄子俶,怪納無所備,不敢問之,乃私蓄十數人饌。安既至,所設唯茶果而已。俶遂陳盛饌,珍羞必具。及安去,納杖俶四十,云:汝既不能光益叔父,奈何穢吾素業?

以茶代酒

吴韋爲飲酒不過二升,孫皓初禮異,密賜茶荈以代酒。

嬌女

左思《嬌女詩》(吾家有嬌女)

茗賦

鮑昭爲令暉,著《香茗賦》。

老姥鬻茗

晉元帝時,有老姥每旦獨提一器茗,往市鬻之。市人競買[19],自旦至夕,其器不減。所得錢,散路傍孤貧乞人。

緑華紫英[20]

同昌公主,上每賜饌。其茶有緑華、紫英之號。

瓦盂盛茶

《晉四王起事》: 惠帝蒙塵還洛陽,黄門以瓦盂盛茶上至尊。

茗祀獲錢

剡縣陳務妻……從是禱饋愈甚。[17]

苦茶羽化

壺居士《爲忌》: 苦茶久爲羽化,與韭同食令人體重。

苦口師

謝氏論茶[18]曰:"此丹丘之仙茶,勝爲程之御荈。不止味同露液,白況霜華,豈可以酪蒼頭㉑,便應代酒從事。"杜牧之詩:"山實東南秀㉒,茶稱瑞草魁。"皮日休詩:"石盆煎皋盧。"曹鄴詩:"劍外九華美。"施肩吾詩:"茶爲滌煩子,酒爲忘憂君。"胡嶠詩:"沾牙舊姓餘甘氏,破睡當封不夜侯。"陶彝[19]詩:"生涼好喚雞蘇佛,回味宜稱橄欖仙。"皮光業[20]詩:"未見甘心氏,先迎苦口師。"《清異録》名森伯,又名晚甘侯。《爲氏説楛》

松風桂雨㉓

李南金云:"《茶經》以魚目、湧泉、連珠爲候,未若辨聲之易也。故爲詩曰;'砌蟲唧唧萬蟬催,忽有千車捆載來。聽得松風並澗水,急呼縹色緑瓷杯。'"羅景綸爲詩補之云:"松風桂雨到來初,急引銅瓶離竹爐。待得聲聞俱寂後,一甌春雪勝醍醐。"《焦氏説楛》

在茶助風景

唐人以對花啜茶爲殺風景,故王介甫詩:"金谷看花莫漫煎"㉔,其意在花非在茶也。余則以金谷花前信不宜矣。若把一甌對山花,啜之當更助風景,又信何必羔兒酒也。《清紀》

好相

山谷云：相茶瓢與相邛竹同法，不欲肥而欲瘦，但須飽風霜耳。《清紀》[21]

茶夾銘

李卓吾曰："我老無朋，朝倚惟汝。世間清苦，誰能及予。逐日子飯，不辨幾鐘。每夕子酌，不問幾許。夙興夜寐，我願與子終始。子不姓湯，我不姓李。總之一味，清苦到底。"

從來談誇

茶如佳人，此論雖妙，但恐不宜山林間耳。昔蘇子瞻詩云："從來佳爲似佳人"，曾茶山詩："移人尤物衆談誇"是也。若欲稱之山林，當如毛女麻姑，自然仙風道骨，不爲霞可也。必若桃臉柳腰，宜亟屏之銷金帳中，無俗我泉石㉕。《清紀》

可喜

茶熟香清，有客到門；可喜鳥啼，花落無人，亦是悠然。《清紀》

茗戰

和凝在朝，率同列遞日以茶相飲，味劣者有罰，號爲湯社。建人亦以鬥茶爲茗戰。

《清紀》曰：則何益矣。茗戰有如酒兵，試妄言之，談空不若説鬼。

茶政

馮祭酒精於茶政，手自料滌，然後飲客，不經茶童之手。袁吏部謂："茶有真味，非甘苦也。"二公調同。欲空凡俗之味，一精賞論，一快躬操，俱有世外趣。適園[22]云："煎茶非漫浪，須要其人與茶品相得，故其法每傳於高流隱逸、有雲霞泉石，磊塊胸次間者。"

茶竈疏煙

竹風一陣,飄颺茶竈疏煙。梅月半彎,掩映書窮殘雪。真使人心骨俱冷,體氣欲仙。

祭酒湯睡庵,詠閒尋鹿跡。偶遊此乍聽,松風亦爽然。

樂天六班

白樂天入關,劉禹錫正病酒。禹錫乃饋菊苗虀、蘆菔鮓,換樂天六班茶二囊,煮以醒酒。

蘇廙十六湯品入夫品之佳者

第一得一湯……可建湯勛。

第七富貴湯……墨之不可捨膠。

第八秀碧湯……未之有也。

第九壓一湯……然勿與誇珍衒豪臭公子道。[23]

諺曰:茶瓶用瓦,如秉折腳駿登高,好事者幸志之。不入湯品,具於左:嬰湯二爲百壽湯三;中湯四;斷脈湯五;大壯湯六;纏口湯十;減價湯十一;法律湯十二;一面湯十三;宵人湯十四;賊湯十五,一名賤湯;魔湯十六。

茗香

豆花棚下嗅雨,清矣茗香。蘆荻岸中御風,冷然挾纊。

水遞

唐李德裕任中書,愛飲無錫爲山泉。自錫至京,置遞鋪,號水遞。有一僧謁見曰:相公欲飲惠山泉爲當在京師昊天觀常住庫後取。德裕大笑其荒唐,乃以惠山一罌,昊天一罌,雜以他水一罌,暗記之,遣僧辨析。僧爲啜嚐,止取惠山、昊天二罌。德裕大奇之,即停水遞。《鴻書》

茶名

紫筍顧渚,黃芽霍山,神泉東川,碧澗峽山,綠昌明劍南,明月寮[26]、茱萸寮峽州。

以上爲昔日之佳品。垂今，則珍賞虎丘、松蘿、天池、龍井、羅岕、雲霧諸品勝也。

茶經要事

苦節君湘竹風爐，建城藏茶箬籠，湘筠焙焙茶箱，雲屯泉缶[27]，烏府盛炭籃，水曹滌器桶，鳴泉煮茶罐，品司編竹爲籠收貯各品茶葉[28]，沉垢古茶洗，盆盈水勺，執權準茶秤，合香藏日支茶瓶以貯司品者，歸潔竹筅帚，用以滌壺，漉塵洗茶籃，商象古石鼎，遞火銅火斗[29]，降紅銅火箸，不用連索，團風[30]湘竹扇，注春茶壺，静沸竹架，即《茶經》支腹，運鋒饞果刀，啜香茶甌，受污[31]拭抹布，都統籠。陸羽置盛以上茶具。《王十岳山人集》

茶有九難

陸羽《茶經》言茶有九難：陰採夜焙，非造也；嚼味嗅香，非别也；膏薪庖炭[32]，非火也；飛湍壅潦，非水也；外熟内生，非炙也；碧粉縹塵，非末也；摻艱攪遽[33]，非煮也；夏興冬廢，爲飲也；膩鼎腥甌[34]，非器也。《升庵先生集》

茶訣

陸龜蒙自云嗜茶，作《品茶》一書，繼《茶經》《茶訣》之後。龜蒙置茶園顧渚山下，歲取租茶，自判品第。自註云：《茶經》，陸季疵[35]撰，《茶訣》，釋皎然撰。疵即陸羽也；羽字鴻漸，季疵或其别字也。《茶訣》今不傳。予又見《事類賦注》，多引《茶譜》，今不見其書。《升庵先生集》

茶夾銘

程宣子曰：石筋山脈，鍾異於茶。馨含雪尺，秀起雷車。採之擷之，收英斂華。蘇蘭薪桂，雲液露芽。清風兩腋，玄浦盈涯。

茶譜

毛文錫《茶譜》云：茶樹如瓜蘆，葉如梔子，花如薔薇，實如栟櫚，蒂如丁香，根如胡桃。[24]

酒龍於茶何關韻殊勝

陸龜蒙《詠茶詩》:"思量爲海徐劉輩,枉向人間號酒龍。"北海謂孔融、徐邈及劉伶也。

張陸奇語

張又新《煎茶水記》:粉槍末旗,蘇蘭薪桂;陸羽《茶經》:"育華救沸";皆奇俊語。

荼茶

荼即古茶字也。《周詩》記荼苦[36],《春秋》書齊荼,《漢志》書荼陵,至陸羽《茶經》、玉川《茶歌》、趙贊《茶禁》以後,遂以荼易茶。

澄碧似中泠

郡丞凌元孚,紀遊黄山云:芙蓉駐車,一望天都而下,諸峯盡在襟帶間。青龍潭巨石横亙,其後爲水潺潺出石罅中,下注潭底。其中積翠可摘,璀璨奪目,欲染人衣。視之一蹄涔耳,以綆約之,深且倍尋。予乃新其名曰澄碧水際。盤石延邪數丈許,平衍如席,依然跏趺坐。亟取囊中松蘿茶,烹潭水共啖。味沖甘,酷似揚子中泠[37],或謂過之。《黄海》

甘草癖

宣城何子華,邀客於剖金堂,慶新橙。酒半,出嘉陽嚴峻畫陸鴻漸像。子華因言:"前世惑駿逸者爲馬癖,泥貫索者爲錢癖,蓋於褒貶者爲《左傳》癖。若此叟者,溺於茗事,將何以名其癖?"楊粹仲曰,"茶至珍,蓋未離乎草也。草中之甘,無出茶上者。宜追目陸氏爲甘草癖。"

生成盞

沙門福全生於金鄉,長於茶海,能注湯幻茶,成一句詩,並點四甌,共一絶句,泛乎湯表。小小物類,唾手辦耳。檀越日造門求觀湯戲,全自詠曰:"生成盞裏水丹青,巧盡工夫學不成。卻笑當時陸鴻漸,煎茶贏得好名聲。"

水豹囊

豹革爲囊，風神呼吸之具也。煮茶啜之，可以滌滯思而起清風。每引此義，稱茶爲"水豹囊"。《清異録》

採茗遇仙

《神異記》：餘姚人虞洪入山採茗，遇一道士，牽三青牛，引洪至瀑布山曰："予丹丘子也。聞子善飲，常思見惠。山中有大茗可以相給。祈子他日有甌犧之餘，乞相遺也。"因立奠祀。

食脱粟飯茗

《晏子春秋》：嬰相齊景公時，食脱粟之飯，炙三戈、五卵、茗菜而已。

茶子

傅巽《七誨》："峘陽黄梨，巫山朱橘，南中茶子，西極石蜜。"茶子，觸處竹之，而永昌者味佳。乃知古人已入文字品題矣。

所餘茶蘇

《藝術傳》：敦煌[38]人單道開，不畏寒暑，常服小石子。所服藥有松、桂、蜜之氣，所餘茶蘇而已。

療瘻

《枕中方》療積年瘻，苦茶、蜈蚣並炙，令香熟，等分擣篩，煮甘草湯洗，以末傅之。

小兒驚蹶

《孺子方》：療小兒無故驚蹶，以苦茶、葱須煮服之。

茶效

人飲真茶，能止渴消食，除痰少睡，利水道，明目益思出《本草拾遺》，除煩去膩。人固不可一日無茶,然或有忌而不飲,每食已,輒以濃茶漱口,煩膩既去而脾胃不損。凡肉之在齒間者,得茶漱滌之,乃盡消縮,不覺脱去,不煩刺挑也,而齒性便苦,緣此漸堅密,蠹毒自已矣。然率用中下茶。坡仙集

擇果

茶有真香,有佳味,有正色。烹點之際,不宜以珍果香草雜之。奪其香者,松子、柑橙、蓮心、木瓜、梅花、茉莉、薔薇、木樨之類是也;奪其味者,牛乳、番桃、荔枝、圓眼、枇杷之類是也;奪其色者,柿餅、膠棗、火桃、楊梅、橙橘之類是也。凡飲佳茶,去果方覺清絶,雜之則無辨矣[39]。若欲用之,所宜核桃、榛子、瓜仁、杏仁、欖仁、栗子、雞頭、銀杏之類,或可用也。

論水

田子藝曰[25]:山下出泉,爲蒙也。物稚則天全,水稚則味全。

故鴻漸曰:山水上。其曰乳泉,石池慢流者,蒙之謂也。其曰瀑湧湍激者,則非蒙矣。故戒人勿食。

混混不舍,皆有神以主之,故天神引出萬物。而《漢書》三神,山岳其一也。

源泉必重,而泉之佳者尤重。餘杭徐隱翁嘗言[40],以鳳皇爲泉,較阿姥墩百花泉,便不及五泉[41]。可見仙源之勝矣。

山厚者泉厚,山奇者泉奇,山清者泉清,山幽者泉幽,皆佳品也。不厚則薄,不爲則蠢,不清則濁,不幽則喧,必無佳泉。

泉非石出者,必不佳。故《楚辭》云:"飲石泉兮蔭松柏。"皇甫曾《送陸羽》詩:"幽期山寺遠,野飯石泉清。"梅堯臣《碧霄峯茗》詩:"蒸處石泉嘉",又云:"小石冷泉留早味"。誠可爲賞鑑者矣。

流遠則味淡,須爲潭停蓄,以復其味,乃可食。

泉不流者,食之有害爲。《博物志》曰:山居之民多瘿腫疾,由於飲泉之不流者。

《拾遺記》:蓬萊山冰水,飲者千歲。

《拾遺記》:蓬萊山沸水,飲者千歲,此又仙飲。《圖經》云:黄山舊名

黟山，東峯下有朱砂湯泉，可點茗。春色微紅，此則自然之丹液也。

有黄金處，水必清；有明珠處，水必媚；有子鮒處，水必腥腐；有蛟龍處，水必洞黑。微惡不可不辯也[42]。

味美者曰甘泉，氣芳者曰香泉。所在間有之，亦能養人。然甘易而香難，未有香而不甘者也。

《拾遺記》：員嶠山北，甜水繞之，味甜如蜜。《十洲記》：元洲玄澗，水如蜜漿，飲之與天地相異。又曰：生洲之水，味如飴酪。

水中有丹者，不惟其味異常，而能延年卻疾。葛玄少時爲臨沅令，此縣廖氏家世壽，疑其井水殊赤，乃試掘井左右，得古人埋丹砂數十爲。

露者，陽氣勝而所散也。色濃爲甘露，凝如脂，美如飴，一名膏露，一名天酒是也。

雪者，天地之積寒也。《氾勝書》：雪爲五穀之精。《拾遺記》：穆王東至大攕之谷，西王母來進嵰州甜雪，是靈雪也。

雨者，陰陽之和，天地之施，水從雲下輔時生養者也。和風順雨，明雲甘雨。《拾遺記》："香雲遍潤，則成香雨"，皆靈雨也，固可食。若夫秋之暴雨[43]，及檐霤者，皆不可食。

揚子固江也，其南零則夾石渟淵，特入首品。若吴淞江，則水之最下者也，亦復入品，甚不可解。若杭之水，山泉以虎跑爲最，龍井、真珠寺二泉亦甘。北山葛仙翁井水，食之味厚。城中之水，以吴山第一泉首稱。品之不若施公井、郭婆井，二水清洌可茶。若湖南近二橋中水，清晨取之，烹茶妙甚，無伺他求。養水取白石子入瓮，雖養其味，亦可澄水不淆。

煮茶得宜而飲非其人，猶汲乳泉以灌蒿萊，罪莫大焉。飲之者一吸而盡，不暇辨味，俗莫甚焉。

文火

顧況論茶云：煎以文火細煙，小鼎長泉。《茶録》

茶神

竟陵僧有於水濱得嬰兒者，育爲弟子。稍長，自筮遇蹇之漸，繇曰：鴻漸於陸,羽可用爲儀。乃姓陸,字鴻漸,名羽。嗜茶,注《茶經》三篇,言茶之原、之法、之具尤備,天下益知爲茶矣。時鬻茶者,陶羽以爲茶神[44]。《陸羽傳》

茶品上中下

《茶經》云:茶,上者生爛石,中者生礫壤,下者生黄土。

縷金

茶之品莫貴於龍鳳團,凡八餅重一斤。慶曆間,蔡君謨爲福建運使,始造小片龍茶。其品絶精,謂之小龍團,凡二十餅重一斤。其價直金二兩,然金可有而茶不可得。每因南郊致齋,中書樞密院各賜一餅,四人分之。宫人往往縷金其上,其貴重如此。《歸田録》龍團始於丁晉公,成於蔡君謨。歐陽永叔嘆曰:"君謨士人也,何至作此事?"

寒爐烹雪

五代鄭愚茶詩[45] (嫩芽香且靈)

破樹驚雷

文書滿案惟生睡,夢裏鳴鳩唤雨來。乞得降魔大員鏡,真成破樹作驚雷。

茗粥

《茶録》云[46]:茶,古不聞,晉宋以降,吴人採葉煮之,謂之茶茗粥。

仙人掌

李白詩集序云[47] (荆州玉泉寺)

雲覆濛嶺

《東齋紀事》:蜀雅州蒙頂[48]産茶最佳,其生最晚,常在春夏之交方茶生。常有雲霧覆其上,若有神物護持之。

盧仝走筆

莫誇李白仙人掌,且作盧仝走筆章[26]。梅聖俞

毁茶論

常伯熊因陸羽論,復廣煮茶之功。李季卿宣論江西,知伯熊善煮茶,召伯熊執器,季卿爲再舉杯。至江南,有薦羽者,召之。羽衣野服,挈具入,季卿不爲禮。茶畢,命取錢三十文,酬煎茶博士。羽愧之,更著《毁茶論》。《陸羽傳》[49]

斛二瘕

有人喜飲茶,飲至一斛二斗。一日過量,吐如牛肺一物。以茗澆之,容一斛二斗。客云:此名斛二瘕。《太平御覽》

茗飲

汲澗供煮茗,浣我雞黍腸。蕭然緑陰下,復此甘露嘗。愾彼俗中士,噂喈聲利場。高情屬吾黨,茗飲安可忘。《謝幼槃》

辯煎茶水

贊皇公李德裕居廟廊,日有親知奉使於京口。李曰:還日,金山下揚子江南零水,輿取一壺來。其人舉棹,日醉而忘之。泛舟上石城方憶,乃汲一瓶於江中,歸京獻之。李公飲後嘆訝非常,曰:"江表水味,有異於頃歲矣,此水頗似建業石頭城下水。"其人謝過不隱。

煎茶辯候湯

李約,汧公子也,一生不近粉黛。性嗜茶,嘗曰:茶須緩火炙,活火煎。謂炭火之有焰者,當使湯無妄沸,庶可養茶。始則魚目散佈,微微有聲,中則四邊泉湧,纍纍連珠。終則騰波鼓浪,水氣全消,謂之老湯。三沸之法,

非活火不能成也。《因話録》[50]

清人樹

僞閩甘露堂前,有茶樹兩株婆娑,宫人呼清人樹。

張又新《煎茶水記》

元和九年春……遇有言茶者,即示之。[27]

歐陽修《大明水記》

世傳陸羽《茶經》其論水云……惟此説近物理云。[28]

注　釋

1　黄道輔:即黄儒。見宋《品茶要録》題記。

2　焦夫子:即焦竑(1541—1620),字弱侯,號澹園。明應天府江寧(今南京)人。萬曆十七年(1589)殿試第一,授翰林修撰。二十五年(1597)主順天鄉試,遭誣貶福寧州同知,未幾弃官歸。與李卓吾善。博極群書,精熟典章,工古文。有《澹園集》《國朝獻徵録》《國史經籍志》《焦氏筆乘》等。

3　董玄宰:即董其昌(1555—1636),玄宰是其字,號思白,香光居士。明松江府華亭(今屬上海市)人。萬曆十七年(1589)進士,授編修。天啟時,累官南京禮部尚書。以閹黨柄政,請告歸。工書精畫。卒謚文敏。有《畫禪室隨筆》《容臺文集》《畫旨》《畫眼》等。

4　陳眉公:即陳繼儒。見明《茶話》題記。

5　夏茂卿:即夏樹芳。見明《茶董》題記。

6　董狐:春秋時晉國的史官,以寫史無所避忌,敢於秉筆直書名著於時,流芳後世。

7　此處删節,見明代陳繼儒《茶董補》。

8　此處删節,見明代陳繼儒《茶董補》。

9　此處删節,見明代陳繼儒《茶董補》。

10　此處删節,見明代夏樹芳《茶董》。

11　元叉(？—525):北魏宗室,鮮卑族。字伯儁,小字夜叉。宣武帝時,拜員外郎。胡太后臨朝,以叉爲妹夫,遷散騎常侍、尋遷侍中、總禁兵,自是專權。後孝明帝與胡太后合謀,先解其兵權,後殺之。

12　陽侯之難:典出《楚辭》屈原《九章・哀郢》:"凌陽侯之氾濫兮,忽翱翔之焉薄。"上古傳説,凌陽國侯,其邑近水,溺水而死,變成水神,能興波作浪,以水爲患。"陽侯之難",即受水之難。

13　時雨:時,舊時江浙一帶對黄梅季節的一種俗稱。王充《論衡・調時》:"積日爲月,積月爲時,積時爲年。"江南梅雨天氣,差不多一月,故也稱時雨。入梅,亦稱入時;出梅,稱出時。

14　黄九:即黄庭堅,兄弟輩排行第九,故親近者也有戲呼"黄九"之稱。

15　高保勉:高季興子。　季興:即高季興(858—928),五代時陝州硤石人,字貼孫。本名季昌,少爲汴州賈人李讓家僮。後歸朱温,温建後梁,仕爲宋州刺史、荆南節度使。因後梁日衰,季興阻兵自固,割據一方,史稱荆南國。後唐莊宗時,受封爲南平王,故荆南又稱南平。後唐明宗立,攻之,不克,南平王又臣於吴,册爲秦王,在位五年。卒謚武信。

16　丁晉公:即丁謂,詳宋《北苑茶録》題記。

17　此處删節,見本書唐代陸羽《茶經・七之事》。

18　謝氏論茶:謝氏,即謝宗。夏樹芳《茶董・丹丘仙品》,即録有下兩句"謝宗論茶"内容。

19　陶彝:宋陶穀(詳《茗荈録》題記)的姪子。穀在《清異録》中載:"猶子彝年十二歲,予讀胡嶠茶詩,愛其新奇,令效法之,近晚成篇,有云'生凉好唤雞蘇佛,回味宜樂橄欖仙'"等云云。

20　皮光業:皮日休子,字文通。五代錢鏐辟爲幕府,累署浙西節度推官,曾奉使於後梁。及吴越建國,拜丞相。卒年六十七歲,謚貞敬。

21　《清紀》:查古今圖書書目,不見此書名,不知爲何書簡稱。此出處,程百二和内容一起,也是抄自他書。

22　適園:查無果。下面所録材料,與陸樹聲《茶寮記・煎茶七類》、徐渭《煎茶七類》、高叔嗣《煎茶八要》内容同。但上述幾人甚至明以前都未見以適園爲號或書室者。

23　此處删節,見唐代蘇廙《十六湯品》。

24　此是對茶樹生物形態的描述,見於陸羽《茶經》,不見於宋以後各書中毛文錫《茶譜》的引文。即便毛文錫《茶譜》有載,也當是録自陸羽《茶經》。

25　論水　田子藝曰:田子藝,田藝衡的字。論水,當指《煮泉小品》,本題下的各條内容,均從《煮泉小品》中,零散輯録和拼集組合有關資料而成,難以删除,故保留。

26　此聯出自宋代梅堯臣《嘗茶和公儀》一詩。

27　此處删節,見唐代張又新《煎茶水記》。

28　此處删節,見宋代歐陽修《大明水記》,所删文句與原文略有差异。

校　記

① 本文按黄儒《品茶要録》體例,在每段輯引内容之前,均冠一小標題,有的是照録原書,如本題《山川異産》,即連文帶題,均録自陳繼儒《茶董補》。但多數爲程百二所補加,哪些原有,哪些補加,不出校。

② 而畏香藥:藥,底本作"葉",據蔡襄《茶録》改。又本段引文,如首句"藏茶宜箬葉",原書爲"藏茶　茶宜箬葉"等,有幾處個别文字之不同,作引請查核《茶録》原文。

③ 未熟則沫浮,過熟則茶沉:沫、茶,底本作"味",據《茶録》原文改。

④ 蟹眼者:者,底本作"煮",據《茶録》改。

⑤ 沉瓶中:沉,蔡襄《茶録》原文作"沉"。

⑥《雜録》:芳茶輕身换骨:《雜録》,一作《新録》;芳茶,《太平御覽》卷867引文作"茗茶"。

⑦ 恆假真茶,汝可信致之:恆假,底本作"常仰";信致,底本作"置"。據

《太平御覽》卷 867 引文改。

⑧ 高人愛惜藏崖裏：裏，底本作“裹”，徑改。

⑨ 《過陸羽茶井》：《全宋詩》題作《陸羽泉茶》。

⑩ 試茶嘗味少知音：茶，底本作“令”，據《全宋詩》改。

⑪ 蕃使問何物：物，底本作“爲”，據《唐國史補》卷下改。

⑫ 元乂：乂，底本作“義”，徑改。

⑬ 雪水尤不宜，令肌肉消鑠：尤，底本疑帶髒印成“龍”字狀，據文義定作“尤”。本句以上本條内容，似摘抄自《茶解·水》。

⑭ 流華浄肌骨，疏瀹滌心源：此爲此聯句的第五句，也是顔真卿所聯唯一的一句。後句爲陸士修所聯的最後一句。在顔、陸兩句之間，原文還有釋清晝所聯的“不似春醪醉，何辭緑菽繁”一句。此誤原出夏樹芳《茶董》，本文是條抄自《茶董》。

⑮ 雞蘇胡麻留渴羌：留，底本作“當”，據《宋詩鈔》改。

⑯ 上録《岳陽風土記》内容，與原文不全同，係選摘。

⑰ 高保勉白於季興：白於，底本無此兩字，僅作“子”。誤，高保勉爲季興子，故據涵芬樓説郛本《清異録》原文改作“白於”。

⑱ 奏授華亭水大師上人：此句奏字前，《清異録》有“保勉父子呼爲湯神”一句八字，底本省或脱。另底本無“上人”兩字，據《清異録》原文補。

⑲ 市人競買：競，底本作“兢”，徑改。

⑳ 緑華紫英：底本作“緑葉紫莖”，據《杜陽雜編》卷下“咸通九年”記載改。下同，不再出校。不過，有的《杜陽雜編》也作“緑葉紫莖”。

㉑ 豈可以酪蒼頭：以，底本作“爲”，據有關引文改。

㉒ 山實東南秀：實，底本作“是”，據《全唐詩》改。

㉓ 松風桂雨：桂，底本作“檜”。此段内容是《焦氏説楛》據羅大經《鶴林玉露》摘抄。桂，也據《鶴林玉露》改。下同，不出校。

㉔ 金谷看花莫漫煎：看，底本作“千”，據《王文公文集》卷 41 原詩改。

㉕ 無俗我泉石：無俗，陸廷燦《續茶經》作“毋令污”。

㉖ 明月寮：寮，底本作“芳”，徑改。

㉗ 泉缶: 近出《中國古代茶葉全書》等本作"缶泉"。本文所謂《茶經要事》内容,與屠隆《茶箋・茶具》基本相同,但略有省簡。

㉘ 編竹爲籠收貯各品茶葉: 籠,底本作"撞";茶葉,底本作"葉茶",據屠隆《茶箋》改。

㉙ 銅火斗: 銅,底本作"相",據屠隆《茶箋》改。

㉚ 團風: 團,底本作"國",據屠隆《茶箋》改。

㉛ 受污:"受"字前,本文較《茶箋》省去"甘鈍""納敬""易持"及其注釋三物。在"受污"之後,較《茶箋》又多"都統籠"一器。

㉜ 靑薪庖炭: 陸羽《茶經》在本句"靑"字前,以次爲本文排在最後的"膻鼎腥甌,非器也"。本段内容雖全部轉引陸羽《茶經》,但開頭和"九難"排列稍异,注明和删去,用字相差不多,故不作删。

㉝ 摻艱攪遽: 摻,陸羽《茶經》作"操"。

㉞ 膩鼎腥甌: 膩,陸羽《茶經》作"膻"。

㉟ 季疵: 疵,本文底本作"庇"。下同,不出校。

㊱ 《周詩》記荼苦: 荼,底本作"茶",徑改。

㊲ 揚子中泠: 揚,本文底本作"楊";泠,作"冷"。古時"揚子驛"書作"楊子",但"泠"與"冷"此不能通。

㊳ 敦煌: 煌,底本作"煼",徑改。

㊴ 雜之則無辨矣: 辨,底本大都作"辯"。辨,通"辯",下同,不出校。

㊵ 餘杭徐隱翁嘗言: 嘗言,田藝蘅《煮泉小品》作"嘗爲予言"。

㊶ 便不及五泉: 泉,《煮泉小品》作"錢"。

㊷ 微惡不可不辯也: 微,底本作"嫩",編改。《煮泉小品》無"微"字。

㊸ 若夫秋之暴雨:《煮泉小品》原文爲:"若夫所行者,暴而霆者,旱而凍者,腥而墨者。"

㊹ 時鬻茶者,陶羽以爲茶神: 底本在"陶"字和"羽"字之間有一"潛"字,衍,編時删。

㊺ 五代鄭愚茶詩: 鄭愚,一作"鄭遨"。

㊻ 《茶録》云: 似應作唐楊華《膳夫經手録》云。"茶,古不聞食之,近晉、宋以降,吴人捋其葉煮,是爲茗粥",是文獻中《膳夫經手録》最先提

及的。

㊼ 李白詩集序云：應是指李白《答族侄僧中孚贈玉泉仙人掌茶》詩序。

㊽ 雅州蒙頂：底本作"雅洲濛嶺",《東齋記事》作"雅州之蒙頂",據改。本段爲據原文節選而成。

㊾ 《陸羽傳》：當指《新唐書・陸羽傳》,文字與《新唐書》義同但每句都略有出入。

㊿ 這段内容,底本注出《因話録》。查《因話録》原文,出入較大,似據夏樹芳《茶董・山林性嗜》摘抄而成。

茗史

◇明　萬邦寧　輯

萬邦寧，字惟咸，自號鬚頭陀。以竹林書屋爲書室名。《四庫全書存目提要》稱其爲天啟壬戌（二年，1622）進士，四川奉節（今重慶）人。但關於他的籍貫，他在書尾《贅言》中，又題作"甬上萬邦寧"，表明他又是鄞縣（今浙江寧波）人；兩地不知何是祖籍，何是其居住地。待考。

《茗史》，清乾隆年間編《四庫全書》時，傳存即不多，由江蘇巡撫采進。因《四庫全書》僅作存目未予收録，至20世紀80年代前，僅知南京圖書館獨存清抄本一册。對於《茗史》，《四庫全書》在存目提要中指出："是書不載焙造、煎試諸法，惟雜採古今茗事，多從類書撮録而成，未爲博奥。"其實是撮録《茶董》《茶董補》等同類茶書。

本文撰寫日期，萬國鼎《茶書總目提要》推斷爲"1630（崇禎三年）前後"。《中國古代茶葉全書》據萬邦寧《茗史小引》落款題"天啟元年（1621）二月"指出，"故知該書始自1620年，輯成於1621年"。說得都不準確。萬邦寧在"引言"中寫得清清楚楚，是書是在"辛酉春"，也即天啟元年（1621）春天"積雨凝寒"的幾天之中，從書"架上殘編一二品"裏"輒采"而成的。

本文只有南京圖書館收藏的清抄本一個版本，《續修四庫全書》和《中國古代茶葉全書》均是據南京圖書館藏本影印或校印。本文亦以南京圖書館抄本爲底本，參校其他有關茶書引文和原書。

小引[①]

鬚頭陀邦寧，諦觀陸季疵《茶經》、蔡君謨《茶譜》[②]，而採擇收製之法、品泉嗜水之方咸備矣。後之高人韻士相繼而說茗者，更加詳焉。蘇子瞻云“從來佳茗似佳人”,言其媚也,程宣子云“香唧雪尺,秀起雷車”,美其清也,蘇廙著“十六湯”,造其玄也。然媚不如清,清不如玄,而茗之旨亦大矣哉。黄庭堅云:“不慣腐儒湯餅腸”,則又不可與學究語也。余癖嗜茗,嘗艤舟接它泉,或抱瓮貯梅水。二三朋儕,羽客緇流,剥擊竹户,聚話無生,余必躬治茗碗,以佐幽韻。固有“煙起茶鐺我自炊”之句。

時辛酉春,積雨凝寒,偃然無事,偶讀架上殘編一二品,凡及茗事而有奇致者,輒采焉,題曰《茗史》,以紀異也。此亦一種閒情,固成一種閒書。若令世間忙人見之,必攢眉俯首,擲地而去矣。誰知清涼散,止點得熱腸漢子,醍醐汁,止灌得有緣頂門,豈能盡怕河衆而皆度耶?但願蔡、陸兩先生千載有知,起而曰:“此子能閒,此子知茗。”或授我以博士錢三十文,未可知也。復願世間好心人,共證《茗史》,並下三十棒喝,使鬚頭陀無愧。

天啟元年閏二月望日萬邦寧惟咸撰

惟咸著《茗史》,羽翼陸《經》,鼓吹蔡《譜》,發揚幽韻,流播異聞,可謂善得水交茗戰之趣矣。浸假而鴻漸再來,必稱千古知己;君謨重遘,詎非一代陽秋乎?

點茶僧圓後識

茗史評

惟咸有茗好,纔涉犇菝嘉話,輒裒綴成編。腹中無塵,吻中有味,腕中能採,遂足情致。置一部几上,取佐清談,不待乳浮鐺沸,已兩腋習習生風,何復須縹醪酒水晶鹽。

嵛海董大晟題

茗,仙品也,品品者亦自有品。固雲林市朝,品殊不齊,醲鮮清苦,品品政自有别。惟咸鍾傲煙蘿,寄情篇什,饒度世輕,舉志深知茗理,精於點瀹世外品也。爰製《茗史》,摭其奇而抉其奥,用爲枕石漱流者助。余謂即等鴻漸之《經》、君謨之《譜》,奚其軒輊。

社弟李德述評

《茗史》之作,千古餘清,不第爲鴻漸功臣已也。且韻語正不在多,可無求備,佳敘閒情,逸韻飄然雲霞間,想使史中諸公讀一過,沁發茶腸,當不第七甌而止。

全天駿

茗品代不乏人,茗書家自有製。吾友惟咸,既文既博,亦玄亦史,常令茶煙繞竹,龍團泛甌,一啜清談,以助玄賞,深得茗中三昧者也。因築古之諸茗家,或精或幻,或癖或奇,彙成一編。俾風人韻士,了然寓目,不逮於今懼濫觴也。君其泠泠仙骨,翩翩俊雅,非品之高,烏爲書之潔也哉。屠豳叟著《茗笈》,更不可無《茗史》。披閱並陳,允矣雙璧。

友弟蔡起白

夫史以紀載實事,補綴缺遺。茗何以有史也?蓋惟咸嗜好幽潔,尤愛煮茗,故彙集茗話,靡事不載,靡缺不補,實寫自己沖襟,表前人逸韻耳。名之曰史有以哉。昔仙人掌茶一事,述自青蓮居士,發自中孚衲子,以故得傳,今惟咸著史於兹鼎足矣。

社弟李　桐封若甫

卷上[③]

收茶三等

覺林院志崇,收茶三等。待客以驚雷荚,自奉以萱草帶,供佛以紫茸香。蓋最上以供佛,而最下以自奉也。客赴茶者,皆以油囊盛餘瀝而歸。

換茶醒酒

樂天方入關,劉禹錫正病酒。禹錫乃餽菊苗虀、蘆菔鮓,取樂天六斑茶二囊,炙以醒酒。

縛奴投火

陸鴻漸採越江茶,使小奴子看焙。奴失睡,茶燋爍。鴻漸怒,以鐵繩

縛奴,投火中。《蠻甌志》

都統籠

陸鴻漸嘗爲茶論,説茶之功效並煎炙之法;造茶具二十四事,以都統籠貯之。遠近傾慕④,好事者家藏一副。

漏卮

王肅初入魏,不食⑤羊肉酪漿,常飯鯽魚羹,渴飲茶汁。京師士子見肅一飲一斗,號爲漏卮。後與高祖會,食羊肉酪粥,高祖怪問之。對曰:"羊是陸産之最,魚是水族之長,所好不同,並各稱珍。羊比齊魯大邦,魚比邾莒小國,惟茗與酪作奴。"高祖大笑,因此號茗飲爲酪奴。

載茗一車

隋文帝微時,夢神人易其腦骨。自爾腦痛。忽遇一僧云:"山中有茗草,煮而飲之,當愈。"服之有效。由是人競採掇,讚其略曰:窮春秋,演河圖,不如載茗一車。

湯社

五代時,魯公和凝,字成績,率同列遞日以茶相飲,味劣者有罰,號爲湯社。

石巖白

蔡襄善别茶。建安能仁院有茶,生石縫間,僧採造得茶八餅,號石巖白。以四餅遺蔡,以四餅密遣人走京師,遺王内翰禹玉[1]。歲餘,蔡被召還闕,訪禹玉。禹玉命子弟於茶笥中選精品者以待蔡。蔡捧甌未嘗,輒曰:"此極似能仁石巖白,公何以得之?"禹玉未信,索貼驗之,乃服。

斛茗瘕

桓宣武有一督將,因時行病後虚熱,便能飲複茗,必一斛二斗乃飽,裁減升合,便以爲大不足。後有客造之,更進五升,乃大吐。有一物出,如斗大,有口形,質縮縐,狀似牛肚。客乃令置之於盆中,以斛二斗複茗澆之,此物噏之都盡而止。覺小脹,又增五升,便悉混然從口中湧出。既吐此物,病遂瘥。或問之此何病?答曰:此病名斛茗瘕。

老姥鬻茗

晉元帝時,有老姥每日擎一器茗往市鬻之,市人競買,自旦至暮,其器不減,所得錢散路傍孤貧乞人。人或執而繫之於獄,夜擎所賣茗器,自牖飛出。

漁童樵青

唐肅宗賜高士張志和奴、婢各一人,志和配爲夫婦,名之曰漁童、樵青。人問其故,答曰:漁童使捧釣收綸,蘆中鼓枻;樵青使蘇蘭薪桂,竹裏煎茶。

胡鉸釘

胡生者以鉸釘爲業,居近白蘋洲,傍有古墳,每因茶飲,必奠酹之。忽夢一人謂之曰:"吾姓柳,平生善爲詩而嗜茗,感子茶茗之惠,無以爲報,欲教子爲詩。"胡生辭以不能,柳強之曰:"但率子意言之,當有致矣。"生後遂工詩焉,時人謂之胡鉸釘詩。柳當是柳惲也。

茶茗甘露

新安王子鸞、豫章王子尚詣曇濟上人於八公山。濟設茶茗,尚味之曰:"此甘露也,何言茶茗。"

三戈五卵

《晏子春秋》:嬰相齊景公時,食脱粟之飯,炙三戈五卵茗菜而已。

景仁茶器

司馬温公偕范蜀公游嵩山,各攜茶往。温公以紙爲貼,蜀公盛以小黑合。温公見之驚曰：景仁乃有茶器。蜀公聞其言，遂留合與寺僧。《邵氏聞見録》云：温公與范景仁共登嵩頂，由轘轅道至龍門，涉伊水，坐香山憩石，臨八節灘，多有詩什。攜茶登覽，當在此時。

真茶

劉琨字越石，與兄子南兗州刺史演書云：吾體中潰悶，常仰真茶，汝可致之。

大茗

餘姚人虞洪，入山採茗。遇一道士，牽三青牛，引洪至瀑布山，曰："吾丹丘子也，聞子善具飲，常思見惠，山中有大茗可以相給，祈子他日有甌犧之餘，乞相遺也。"洪因祀之，獲大茗焉。

療風

瀘州有茶樹，夷獠常攜瓢置側，登樹採摘。芽葉必先啣於口中，其味極佳，辛而性熱。彼人云：飲之療風。

益蠶

江浙間養蠶，皆以鹽藏其繭而繰絲，恐蠶蛾之生也。每繰畢，煎茶葉爲汁，搗米粉搜之篩於茶汁中，煮爲粥，謂之洗甌粥，聚族以啜之，謂益明年之蠶。

入山採茗

晉孝武世，宣城人秦精，常入武昌山採茗。忽見一人，身長一丈，遍體生毛。率其腰至山曲聚茗處⑥，放之便去。須臾復來，乃探懷中橘與精。甚怖，負茗而歸。

趙贊[2]典稅

唐貞元，趙贊典茶稅，而張滂[3]繼之。長慶初，王播[4]又增其數。大中裴休[5]立十二條之利。

張滂請税

貞元[⑦]中,先是鹽鐵張滂奏請税茶,以待水旱之闕賦。詔曰可。是歲,得錢四十萬。

鄭注[6]榷法

鄭注爲榷茶法,詔王涯[7]爲榷茶使,益變茶法,益其税以濟用度,下益困。

甌犧之費

陸龜蒙魯望,嗜茶荈,置小苑於顧渚山下。歲嗜茶入薄爲甌犧之費,自爲品第書一篇,繼《茶經》《茶訣》。

雪水烹茶

陶穀買得党太尉故妓,取雪水烹團茶,謂妓曰:"党家應不識此。"妓曰:"彼粗人安得有此。但能銷金帳中淺斟低唱,飲羊羔兒酒。"陶愧其言。

榷茶

張詠令崇陽,民以茶爲業。公曰:"茶利厚,官將榷之。"命拔茶以植桑,民以爲苦。其後榷茶,他縣皆失業,而崇陽之桑已成。其爲政知所先後如此。

七奠

桓温爲揚州牧,性儉,每讌飲,唯下七奠柈茶果而已。

好慕水厄

晉時給事中劉縞,慕王肅之風,專習茗飲。彭城王謂縞曰:"卿不慕王侯八珍,好蒼頭水厄,海上有逐臭之夫,里内有學顰之婦,卿即是也。"

靈泉供造

湖州長洲縣啄木嶺金沙泉……無沾金沙者。[8]

官焙香

黄魯直一日以小龍團半鋌,題詩贈晁無咎⑧:“曲兀⑨蒲團聽煮湯,煎成車聲繞羊腸⑩。雞蘇胡麻留渴羌,不應亂我官焙香。”東坡見之曰:“黄九[9]怎得不窮。”

蘇蔡鬥茶

蘇才翁與蔡君謨鬥茶,蔡用惠山泉,蘇茶小劣,用竹瀝水煎,遂能取勝。竹瀝水,天台泉名。

品題風味

杭妓周韶有詩名,好畜奇茗,嘗與蔡君謨鬥勝,品題風味,君謨屈焉。

啾茗孤吟

宋僧文瑩[10],博學攻詩,多與達人墨士相賓。主堂前種竹數竿,畜鶴一隻,遇月明風清,則倚竹調鶴,啾茗孤。

吾與點也

劉曄嘗與劉筠飲茶。問左右:“湯滚也未?”衆曰:“已滚。”筠曰:“僉曰鯀哉。”曄應聲曰:“吾與點也。”

清泉白石

倪元鎮[11],性好潔,閣前置梧石,日令人洗拭。又好飲茶,在惠山中用核桃、松子肉和真粉成小塊如石狀,置茶中,名曰清泉白石茶。

茶庵

盧廷璧嗜茶成癖,號曰茶庵。嘗畜元僧詎可庭茶具十事,時具衣冠拜之。

香茶

江參,字貫道,江南人,形貌清癯,嗜香茶以爲生。

殺風景

唐李義府[12],以對花啜茶爲殺風景。

陽侯難

侍中元乂爲蕭正德設茗,先問:"卿於水厄多少?"正德不曉乂意,答:"下官雖生水鄉,立身以來,未遭陽侯之難。"舉座大笑。

清香滑熱

李白云……人人壽也。[13]

仙人掌茶

李白遊金陵,見宗僧中孚示以茶數十片,狀如手掌,號仙人掌茶。

敲冰煮茶

逸人王休,居太白山下,日與僧道異人往還。每至冬時,取溪冰敲其精瑩者,煮建茗共賓客飲之。

鋌子茶

顯德初,大理徐恪嘗以龍團鋌子茶貽陶穀,茶面印文曰"玉蟬膏"。又一種曰"清風使"。

他人煎炒

熙寧中,賈青字春卿,爲福建轉運使,取小龍團之精者,爲密雲龍。自玉食外,戚里貴近丐賜尤繁。宣仁一日慨嘆曰:建州今後不得造密雲龍,受他人之煎炒不得也。此語頗傳播縉紳。

卷下[11]

滌煩療渴

党魯使西蕃,烹茶帳中,謂蕃人曰:“滌煩療渴,所謂茶也。”蕃人曰:“我此亦有。”命取以出,指曰:“此壽州者,此顧渚者,此蘄門者。”

水厄

晉王濛,好飲茶,人至輒命飲之,士大夫皆患之。每欲往,必云“今日有水厄”。

伯熊善茶

陸羽著《茶經》,常伯熊復著論而推廣之。李季卿宣尉江南,至臨淮,知伯熊善茶,乃請伯熊。伯熊著黄帔衫、烏紗幘,手執茶器,口通茶名,區分指點,左右刮目。茶熟,李爲歠兩杯。既到江外,復請鴻漸。鴻漸衣野服,隨茶具而入,如伯熊故事。茶畢,季卿命取錢三十文酬博士。鴻漸夙遊江介,通狎勝流,遂收茶錢茶具,雀躍而出,旁若無人。

玩茗

茶可於口,墨可於目。蔡君謨老病不能飲,則烹而玩之。

素業

陸納爲吴興太守時,衛將軍謝安嘗欲詣納。納兄子俶怪納無所備,不敢問,乃私爲具。安既至,納所設唯茶果而已,俶遂陳盛饌,珍羞畢具。及安去,納杖俶四十。云:“汝既不能光益叔父,奈何穢吾素業。”

密賜茶茗[12]

孫皓每宴席,飲無能否,每率以七升爲限,雖不悉入口,澆灌取盡。韋曜飲酒不過二升,初見禮異,密賜茶茗以當酒。至於寵衰,更見逼強,輒以爲罪。

獲錢十萬

剡縣陳務妻,少寡,與二子同居。好飲茶,家有古塚,每飲必先祀之。二子欲掘之,母止之。但夢人致感云:"吾雖潛朽壤,豈忘翳桑之報。"及曉,於庭中獲錢十萬,似久埋者,惟貫新耳。

南零水

御史李季卿刺湖州,至維揚,逢陸處士。李素熟陸名,即有傾蓋之雅。因之,赴郡抵揚子驛,將飲,李曰:"陸君善於茶,蓋天下聞名矣,況揚子南零水又殊絶,可命軍士深詣南零取水。"俄而水至,陸曰:"非南零者。"既而傾諸盆,至半,遽曰:"止,是南零矣。"使者大駭曰:"某自南零齎至岸,舟蕩覆半,挹岸水增之,處士神鑒,其敢隱焉。"李與賓從皆大駭愕,李因問歷處之水。陸曰:"楚水第一,晉水最下。"因命筆口授而次第之。

德宗煎茶

唐德宗,好煎茶加酥、椒之類。

金地茶

西域僧金地藏,所植名金地茶,出煙霞雲霧之中,與地上産者,其味夐絶。

殿茶

翰林學士,春晚人困,則日賜成象殿茶。

大小龍茶

大小龍茶,始於丁晉公而成於蔡君謨。歐陽永叔聞君謨進龍團,驚歎曰:"君謨士人也,何至作此事。"今年閩中監司乞進鬥茶,許之;故其詩云:"武夷谿邊粟粒芽,前丁後蔡相籠加。争買龍團[13]各出意,今年鬥品充官茶。"則知始作俑者,大可罪也。

茶神

鬻茶者,陶羽形置煬突間,祀爲茶神。沽茗不利,輒灌注之。

爲熱爲冷

任瞻,字育長。少時有令名,自過江失志,既下飲,問人云:"此爲茶、爲茗?"覺人有怪色,乃自申明曰:"向問飲爲熱爲冷耳。"

卍字

東坡以茶供五百羅漢,每甌現一卍字。

乳妖

吴僧文了善烹茶,游荆南高季興,延置紫雲庵,日試其藝,奏授華亭水大師,目曰乳妖。

李約嗜茶

李約性嗜茶,客至不限甌數,竟日爇火執器不倦。曾奉使至陝州硤石縣東,愛渠水清流,旬日忘發。

玉茸

僞唐徐履,掌建陽茶局。涕復治海陵鹽政鹽檢,烹煉之亭,榜曰金鹵。履聞之,潔敞焙舍,命曰玉茸。

茗戰

孫可之送茶與焦刑部,建陽丹山碧水之鄉,月澗雲龕之品,慎勿賤用之。時以鬥茶爲茗戰。

茶會

錢仲文與趙莒茶宴,又嘗過長孫宅,與郎上人作茶會。

龍坡仙子

開寶初,竇儀以新茶餉客,奩面標曰"龍坡山子茶"。

苦口師

皮光業最耽茗飲。中表請嘗新柑,筵具甚豐,簪紱藂集。纔至,未顧樽罍而呼茶甚急。徑進一巨觥,題詩曰:"未見甘心氏,先迎苦口師。"衆噱曰:"此師固清高,難以療饑也。"

龍鳳團

歐陽永叔云……至今藏之。[14]

甘草癖

宣城何子華……一坐稱佳。[15]

結菴種茶

雙林大士,自往蒙頂結菴種茶。凡三年,得絶佳者,號聖陽花、吉祥蕊各五斤,持歸供獻。

攪破菜園

楊廷秀《謝傅尚書茶》:遠餉新茗,當自攜大瓢,走汲溪泉,束澗底之散薪,燃折腳之石鼎。烹玉塵,啜香乳,以享天上故人之意。愧無胸中之書傳,但一味攪破菜園耳。

御史茶瓶

會昌初,監察御史鄭路,有兵察廳掌茶。茶必市蜀之佳者,貯於陶器,以防暑濕。御史躬親監啟,謂之"御史茶瓶"。

湯戲

饌茶而幻出物象於湯面者,茶匠通神之藝也。沙門福全,長於茶海,能注湯幻茶成將詩一句。並點四甌,共一絶句,泛乎湯表。檀越日造其門求觀湯戲。

百碗不厭

唐大中三年,東都進一僧,年一百三十歲。宣宗問:“服何藥致然?”對曰:“臣少也賤,不知藥性,本好茶,至處惟茶是求,或飲百碗不厭。”因賜茶五十斤,令居保壽寺。

恨帝未嘗

《杜鴻漸與楊祭酒書》云:顧渚山中紫筍茶兩片,一片上太夫人,一片充昆弟同歡。此物但恨帝未得嘗,實所歎息。

天柱峯茶

有人授舒州牧……衆服其廣識。[16]

進茶萬兩

御史大夫李栖筠,字貞一。按義興山僧有獻佳茗者,會客嘗之,芬香甘辣冠於他境,以爲可薦於上,始進茶萬兩。

練囊

韓晉公滉,聞奉天之難,以夾練囊緘茶末,遣使健步以進。

漸兒所爲

竟陵大師積公嗜茶,非羽供事不鄉口。羽出遊江湖四五載,師絶於茶味。代宗聞之,召入供奉,命宫人善茶者餉師,師一啜而罷。帝疑其詐,私訪羽召入。翼日,賜師齋,密令羽煎茶。師捧甌,喜動顔色,且賞且啜,曰:“有若漸兒所爲也。”帝由是歎師知茶,出羽見之。

麒麟草

元和時,館閣湯飲待學士,煎麒麟草。

白蛇啣子

義興南岳寺,有真珠泉。稠錫禪師嘗飲之,曰此泉烹桐廬茶,不亦可乎!未幾,有白蛇銜子墮寺前,由此滋蔓,茶味倍佳。土人重之。

山號大恩

藩鎮潘仁恭,禁南方茶,自擷山爲茶,號山曰大恩,以邀利。

自潑湯茶

杜豳公悰,位極人臣,嘗與同列言,平生不稱意有三:其一爲澧州刺史;其二貶司農卿;其三自西川移鎮廣陵。舟次瞿唐,爲駭浪所驚,左右呼唤不至。渴甚,自潑湯茶喫也。

止受一串

陸贄,字敬輿。張鎰餉錢百萬,止受茶一串,曰:敢不承公之賜。

緑葉紫莖

同昌公主,上每賜饌,其茶有緑葉紫莖之號。

三昧

蘇廙作《仙芽傳》,載《作湯十六法》:以老嫩言者,凡三品;以緩急言者,凡三品;以器標者,共五品;以薪論者,共五品。陶穀謂:"湯者,茶之司命",此言最得三昧。

茗史贅言

鬒頭陀曰:展卷須明窗净几,心神怡曠,與史中名士宛然相對,勿生怠我慢心,則清趣自饒。得趣代枕、挾刺、覆瓿、粘窗、指痕、汗跡、墨瘕,最是惡趣。昔司馬温公讀書獨樂園中,翻閱未竟,雖有急務,必待卷束整齊,然後得起。其愛護如此,千亟萬軸,至老皆新,若未觸手者。愛護

聞前人平生有三願,以讀盡世間好書爲第二願。然此固不敢以好書自居,而游藝之暇,亦可以當鼓吹。静對

朱紫陽云:漠吴恢欲殺青以寫漢書,晁以道欲得公穀傳,遍求無之。後獲一本,方得寫傳。余竊慕之,不敢秘焉。廣傳奇正幻癖,凡可省目者悉載。鮮韻致者,亦不盡録。削蔓

客有問於余曰,云何不入詩詞?恐傷濫也。客又問云,何不紀點瀹?懼難盡也。客曰然。客辯

獨坐竹窗,寒如剥膚,眠食之餘,偶於架上殘編寸楮,信手拈來,觸目輒書,因記代無次。隨喜

印必精簾,裝必嚴麗。精嚴

文人韻士,泛賞登眺,必具清供,願以是編共作藥籠之備。資遊

贅言凡九品,題於竹林書屋。

甬上萬邦寧惟咸氏

注 釋

1 王内翰禹玉:即王珪(1019—1085),北宋華陽(今四川成都雙流區)人。慶曆二年(1042)進士,慶曆六年(1046)召試,授太子中允,官翰林學士兼侍讀。

2 唐德宗建中三年(782)納趙贊議,徵收茶税,於興元元年(784)終止。復於貞元九年(793)准張滂所奏重課。

3 張滂(725—800):字孟博,唐貝州清河人。代宗大曆初,以大理司直充河運使判官。十四年(779),改庫部員外郎,充監倉庫使。貞元八年(792),遷户部侍郎兼諸道鹽鐵轉運使。

4 王播(759—830):字明揚。貞元進士,曾任鹽鐵轉運使。長慶二年

(822),出任淮南節度使,復任鹽鐵轉運使。

5　裴休(？—約860):字公美,唐孟州濟源(今河南濟源)人。穆宗長慶時進士,能文善書,宣宗大中時,累除兵部侍郎,充諸道鹽鐵轉運使。六年(852),拜同中書門下平章事、中書侍郎。時漕法大壞,休著新法十條,又立稅茶十二法,人以爲便。

6　鄭注(？—835):唐絳州翼城人,本姓魚,後改姓鄭,時號魚鄭。初以醫術交結襄陽節度使,任爲節度衙推,復爲監軍賞識,薦於文宗進榷茶法爲富民之術。

7　王涯(？—835):字廣津,唐太原人。貞元進士,初爲藍田尉,召充翰林學士,拜右拾遺。穆宗時,任劍南東川節度使,後又任鹽鐵轉運使、江南榷茶使。文宗時,封代國公,拜司空,仍兼領江南榷茶使。

8　此處删節,見明代陳繼儒《茶董補》。

9　黄九:即黄庭堅,"九"爲其弟兄排行。

10　文瑩:吴郡(今江蘇蘇州)高僧,多聞博識,通宗明教。有《湘山野録》行世。

11　倪元鎮:即倪瓚(1301—1374),元明間常州無錫(今江蘇無錫)人,《明史》有傳。

12　李義府(614—666):唐瀛州饒陽(今河北饒陽)人,遷居永泰。善屬文,太宗時以對策入第,授門下省典儀。以文翰見知。與許敬宗等支持立武后,擢拜中書侍郎,同中書門下三品,累官至吏部尚書。貌狀温公,而褊忌陰賊,時人號爲"笑中刀"。後以罪流巂州,憤而卒。

13　此處删節,見明代夏樹芳《茶董・還童振枯》。

14　此處删節,見明代夏樹芳《茶董・珍賜一餅》。

15　此處删節,見明代夏樹芳《茶董・甘草癖》。

16　此處删節,見明代夏樹芳《茶董・天柱峯數角》。

校　記

①　底本作"《茗史》小引"。

② 《茶譜》：譜，當爲"録"之誤。下同，不出校。

③ 卷上：底本作"《茗史》卷上"。

④ 頃慕：頃，原作"領"，據《封氏聞見記》改。

⑤ 不食：不，原作"好"，據《洛陽伽藍記》卷二"報德寺"改。

⑥ 山曲聚茗處：聚，疑"藂"之誤，參見陸羽《茶經·八之事》。

⑦ 貞元：貞，原作"正"，徑改。

⑧ 晁無咎：晁，原作"趙"，徑改。

⑨ 曲兀：兀，《宋詩鈔》作"几"。

⑩ 羊腸：羊，原作"芊"，此據《宋詩鈔》改。

⑪ 卷下：原作"《茗史》卷下"。

⑫ 密賜茶茗：賜，原作"賜"，徑改。下同，不出校。

⑬ 爭買龍團：《全宋詩》作"爭新買寵"。

竹嬾茶衡

◇明　李日華　撰

李日華(1565—1635),明檇李(今浙江嘉興)人,字君實,號竹嬾,又號九疑;尚道,還自號道人。萬曆二十年(1592)進士,由九江推官,授西華縣知縣,崇禎元年(1628),遷太僕寺少卿。爲人恬淡仕進,與物無忤。工書畫,精鑒賞。其書評文精言要,有"博物君子"之譽。著述甚豐,詩亦纖艷可喜。主要著作有《恬致堂集》《檇李叢書》《官制備考》《紫桃軒雜綴》《紫桃軒又綴》《六研齋筆記》等。

《竹嬾茶衡》,收在《紫桃軒雜綴》一書,是一篇評述明末江東各地名茶的文字。陸廷燦在其所撰《續茶經·九之略》中,將《竹嬾茶衡》第一次和陸羽《茶經》等書一起,列進中國古代的"茶事著述名目"。之後,在萬國鼎的《茶書總目提要》和《中國古代茶葉全書·存目茶書》中,也都提及是書。

本書以明刊李日華《紫桃軒雜綴》的《竹嬾茶衡》作録,以清康熙《李君實雜著·竹嬾茶衡》和《説郛續》本、民國《國學珍本文庫》本等作校。

《竹嬾茶衡》曰:處處茶皆有自然勝處,未暇悉品,姑據近道日御者。虎丘氣芳而味薄,乍入碗,菁英浮動,鼻端拂拂,如蘭初拆,經喉吻亦快然,然必惠麓水,甘醇足佐其寡[①]。龍井味極腆厚,色如淡金,氣亦沈寂,而咀啖[②]之久,鮮腴潮舌,又必藉虎跑,空寒熨齒之泉發之,然後飲者領雋永之滋,而無昏滯之恨耳。

天目清而不醨,苦而不螫,正堪與緇流漱滌。笱蕨石瀨則太寒儉,野人之飲耳。松蘿極精者,方堪入供,亦濃辣有餘,甘芳不足,恰如多財賈人,縱復蘊藉,不免作蒜酪氣。

顧渚,前朝名品。正以採摘初芽加之法製,所謂罄一畝之入,僅充半環[1];取精之多,自然擅妙也。今碌碌諸葉茶中,無殊菜瀋[2],何勝括目。

埭頭[3],本草市溪菴施濟之品,近有蘇焙者,以色稍青,遂混常品③。

分水貢芽[4],出本不多。大葉老梗,潑之不動,入水煎成,番有奇味。薦此茗時,如得千年松柏根作石鼎薰燎,乃足稱其老氣。

昌化[5]大葉④,如桃枝柳梗,乃極香。余過逆旅,偶得手摩其焙甑,三日龍麝氣不斷。

羅山廟後岕[6]精者,亦芬芳,亦回甘,但嫌稍濃,乏雲露清空之韻,以兄虎丘則有餘,以父龍井則不足。

天池[7]通俗之才,無遠韻,亦不致嘔噦。寒月諸茶晦黯無色,而彼獨翠緑媚人,可念也。

普陀老僧貽余小白巖茶一裹,葉有白茸,瀹之無色,徐引覺涼透心腑。僧云,本巖歲止五六斤,專供大士,僧得啜者寡矣。

金華仙洞,與閩中武夷俱良材,而厄於焙手。

匡廬絶頂産茶,在雲霧蒸蔚中,極有勝韻,而僧拙於焙。既採,必上甑蒸過。隔宿而後焙,枯勁如槁秸,瀹之爲赤滷,豈復有茶哉?余同年楊澹中遊匡山,有"笑談渴飲匈奴血"之誚,蓋實録也。戊戌春,小住東林[8],同門人董獻可、曹不隨、萬南仲手自焙茶,有"淺碧從教如凍柳,清芳不遣雜飛花"之句。既成,色香味殆絶,恨余焙不多,不能遠寄澹中,爲匡盧解嘲也。

天下有好茶,爲凡手焙壞;有好山水,爲俗子妝點壞;有好子弟,爲庸師教壞,真無可奈何耳。

雞蘇佛、橄欖仙,宋人詠茶語也。雞蘇即薄荷,上口芳辣。橄欖久咀,回甘不盡。合此二者,庶得茶藴。顧着相求之,仍落魔境。世有以姜桂糖蜜添入者,求芳甘之過耳。曰佛曰仙,當於空玄虛寂中嘿嘿證入,不具是舌根者,終難與説也。

賞名花,不宜更度曲;烹精茗,不必更焚香。恐耳目口鼻互牽,不得全領其妙也。

生平慕六安⑤茶,適一門生作彼中守⑥,寄書托求數兩,竟不可得,殆絶意乎。

精茶不惟不宜潑飯,更不宜沃醉。以醉則燥渴,將滅裂吾上味耳。精茶豈止當爲俗客吝,倘是日汩汩塵務,無好意緒,即烹就,寧俟冷以灌蘭蕙,斷不以俗腸污吾茗君也。

注　釋

1　半環:環,即"環幅",舊時常用的廣袤相等正方形的巾帕。半環,形容所采茶芽不及半小包。

2　菜瀋:菜,指蔬菜,瀋,是汁或湯;菜瀋,意即菜湯。皮日休在《茶中雜詠》中所云:在陸羽之前所謂飲茶,"必渾以烹之,與夫瀹蔬而啜者無異"。"菜瀋"和"瀹蔬"義同。

3　埭頭:土茶名,出今浙江湖州埭溪草市。埭溪即原施渚鎮,以唐施肩吾居其地而名。元置巡檢,明改名埭溪鎮。以莫干山之水直瀉溪灘,築石埭以阻故名。市廛殷闐,山貨交匯,土茶"埭頭"所謂"本草市溪菴施濟之品",是即反映此地的情況。

4　分水貢芽:分水,舊浙江縣名。唐析桐廬縣置,約當今桐盧南部和建德、淳安毗鄰之區。據《分水縣志》記載,其"天尊巖産茶",宋時即"充貢"。

5　昌化:浙江舊縣名。唐置唐山縣,宋改昌化,明清皆屬杭州府,舊治在今浙江臨安境内。

6　廟後岕(jiè):江蘇宜興、浙江長興方言稱"楷",指兩山或數山之間谷地。廟後岕及其對應的廟前岕,位宜興、長興交界的茗嶺山(長興稱互通山)羅岕,故亦統稱羅岕。

7　天池:位於今江蘇蘇州;産茶,明末清初,與蘇州名茶虎丘相伯仲。

8　東林:此指唐人詩文中常見的匡山東林寺。晉代建。匡山,一般也作"匡廬",即今江西九江市南廬山的别稱。寺位廬山西北麓。

校　記

① 足佐其寡:《説郛續》本等"寡"之下,多一"薄"字。

② 啖:《李君實雜著》、《説郛續》本作"嚥"。嚥,通"咽"。

③ 品:《説郛續》本等作"價"。

④ 昌化大葉:《説郛續》本"昌化"下,多一"茶"字。

⑤ 六安:六,底本及康熙《李君實雜著》和《説郛續》本作"陸"。此地名,一般都作"六",不用"陸",徑改。

⑥ 彼中守:《説郛續》本等作"守彼中"。

運泉約[1]

◇明[2]　李日華　撰

李日華，生平見《竹嬾茶衡》。《運泉約》，顧名思義，指運送泉水的契約；具體是運送天下第二泉——惠山泉的契約。全文分兩部分：前面是李日華撰寫的序言或契文；後面爲"松雨齋主人"——平顯所擬的契約條文或格式。本文收存於李日華《紫桃軒雜綴》第三卷，後來《續説郛》在約文類作了收録，清陸廷燦《續茶經》及20世紀抗戰前後北京大學民俗學會《民俗叢書·茶書編》、《國學珍本文庫》等書，也都作了引録。將《運泉約》首先正式收作茶書的，還是上述北京大學婁子匡教授主編的《民俗叢書·茶書編》。這部書1951年、1975年曾兩次在臺灣重印再版。從性質上説，很清楚，這是一份運泉的契約，不是茶書。但鑒於此篇與飲茶及辨水的品味有關，是現存唯一的一份運泉文獻，所以本書也姑予收録。

本文約撰於萬曆四十八年(1620)或稍前。主要刊本有李日華編《李竹嬾先生説部》天啟、崇禎間刻本，康熙《李君實先生雜著》八種李瑂據上書重修本及《説郛續》本等。本書以明末《李竹嬾先生説部》本作底本，以康熙重修本、中國民俗學會《民俗叢書》本和《説郛續》本等作校。

吾輩竹雪神期，松風齒頰，暫隨飲啄人間，終擬消摇①物外。名山未即，塵海何辭。然而搜奇煉句，液瀝易枯；滌滯洗蒙，茗泉不廢。月團百片，喜折魚緘[3]。槐火一篝，驚翻蟹眼。陸季疵之著述，既奉典刑[4]；張又新之編摩[5]，能無鼓吹。昔衛公[6]宦達中書，頗煩遞水[7]。杜老[8]潛居夔峽，險叫濕雲[9]。今者環處惠麓，踰二百里而遥；問渡淞②陵[10]，不三四日而致。登新捐舊，轉手妙若轆轤；取便費廉，用力省於桔槔。凡吾清士，咸赴嘉盟。

竹嬾居士題③

運惠水,每罈償舟力費銀三分。

罈精者,每個價三分,稍粗者,二分。罈蓋或三厘或四厘,自備不計。

水至,走報各友,令人自擡。

每月上旬斂銀,中旬運水。月運一次,以致清新。

願者書號於左,以便登册,併開罈數,如數付銀。

尊號　用水　罈　月　日付④

松雨齋主人[11]謹訂

注　釋

1　本篇名《運泉約》前,除《説郛續》和《民俗叢書》等少數版本外,均題作"松雨齋運泉約"。"松雨齋"是李日華的書齋名,"運泉約"才是文名。本書從《説郛續》等人名、書齋名一般不入題的原則,將篇名徑改作《運泉約》,省"松雨齋"三字。

2　李日華題名前的朝代名,爲本書編者所加。明末原刻本和《説郛續》等,一般均不署朝代而署籍貫"檇李"。"檇李"爲古聚落名,又作"醉李""就李",因其地産佳李故名。舊址在今浙江嘉興桐鄉,因此過去也曾將"檇李"引作嘉興的别稱。婁子匡《民俗叢書》本在李日華名前加朝代名"宋"字,把李日華和《運泉約》定作宋人、宋書,誤。

3　魚緘:指書信。蕭統《南吕八月啟》:"或刀鳳念,不黜魚緘。"

4　典刑:刑,同"型",指成規。《詩經·大雅·蕩》:"雖無老成人,尚有典刑。"鄭玄箋:老成人謂若伊尹、臣扈等名臣。"雖無此臣,猶有常事故法可專用。"此喻指陸羽的《茶經》被後人奉爲典型。

5　編摩:指編著、編纂之意。摩,此處作琢磨、研究,含義較一般編輯猶深一層。如元劉壎《隱居通議·雜録》載:"其編摩之勤,意度之新,誠爲苦心。"

6　衛公:指唐代李德裕(787—850),字文饒,李栖筠孫。武宗時由淮南節度使入相。

7　遞水：也作"水遞"。李德裕嗜茶，尤講求飲茶用水，在京爲相時，每每通過驛遞從江南無錫、潤州(今江蘇鎮江)用瓶灌惠山和中冷泉水至京供烹茶用。

8　杜老：指唐大詩人杜甫。安史亂時，杜甫流離入蜀，在嚴武幕下過幽居生活，構草堂於浣花溪，人稱其草堂爲杜甫或杜老草堂。

9　濕雲：指濕度大的雲。唐李頎《宋少波東溪泛舟》詩："晚葉低衆色，濕雲帶繁暑。"宋朱淑真菩薩蠻詞："濕雲不渡溪橋冷，娥寒初破東風影。"

10　淞陵：應作"松陵"，江蘇吴江之别稱。五代吴越建縣前，吴江爲吴縣松陵鎮地，故有此稱。

11　松雨齋主人：即明代平顯，字仲微。錢塘(今浙江杭州)人，博學多聞，以松雨齋爲書室名。嘗知滕縣事，後謫雲南，黔國公沐英重其才，辟爲教讀。著有《松雨齋集》。

校　記

①　消摇：康熙李琄重修本、清陸廷燦《續茶經・五之煮》、《説郛續》本等亦作"逍遥"。舊時消摇與逍遥通用。

②　淞：康熙李琄重修本，陸廷燦《續茶經・五之煮》等半數版本亦作"松"。

③　竹嬾居士題：李竹嬾先生説部本、《説郛續》本、民俗叢書本等不另行，接排在上行"咸赴嘉盟"句下。又陸廷燦《續茶經》，則無或删此五字，僅存全文最後"松雨齋主人謹題"一落款。

④　陸廷燦《續茶經》等一些版本，在尊號、用水和月、日間，接排不空字。民俗叢書本則不僅空字，而且將月、日與字號、用水分開另行。

茶譜

◇明　曹學佺　撰

曹學佺(1574—1647),字能始,號雁澤,又號石倉,侯官(今福建閩侯)人。萬曆二十三年(1595)進士,授户部主事,後出任四川按察使。天啟間任廣西右參議時,因撰《野史記略》,直言"梃擊獄興"本末,爲劉廷元所劾,被削籍。崇禎初,起用爲廣西副使,辭不就。其學廣識博,在賦閑家居的二十年中,築"汗竹齋",有藏書數萬卷,讀書編撰不輟,著述甚多。主要著作有《石倉集》《石倉歷代詩選》《石倉三稿》《詩經質疑》《春秋闡義》《書傳會衷》《明詩選存》《輿地名勝志》《廣西名勝志》《湖廣》《蜀漢地理補》《蜀中廣記》等一二十種。清軍入關後,明宗室唐王在閩自立稱帝,他應召復出,授太常卿,遷禮部尚書。清軍入閩,唐王潰散,學佺入山投繯而亡。

學佺《茶譜》,由《蜀中廣記·方物記》中輯出。《蜀中廣記》記風土人物等,包羅甚廣。《四庫全書總目提要》稱其"蒐採宏富"。曹學佺所寫《茶譜》,收録於《蜀中方物記》中。經查,《蜀中廣記》中的《蜀中名勝記》《蜀中宦遊記》《蜀中高僧記》《蜀中神仙記》等書,在明末和清代,都曾單獨刊印,但《蜀中方物記》却未見有單印本。

曹學佺《茶譜》雖然和許多明清茶書一樣,也是輯集其他各書,但其至少有這樣兩個特點:一是所輯基本都是蜀中茶事,是古代唯一的一本四川地方性茶書,保存了不少茶史資料。二是其輯録内容,除少數詩詞和專文全文引録外,多係作者按自己的觀點選録聯綴而成;其選輯詞句,也非完全照抄,或增、或減、或改。因爲上述兩點,本書對學佺《茶譜》,也就收而不删。此以明刻《蜀中廣記》中的《茶譜》爲底本,以《文淵閣四庫全書》等本和各引録原文作校。

《茶經》[1]略云[①]：巴〔山〕[②]峽川，有兩人合抱者，伐而掇[③]之。其樹如瓜蘆，葉如梔子，花如白薔薇，實如栟櫚[④]，莖如丁香[⑤]，根如胡桃。其字或從草，或從木。其名一曰茶，二曰檟，三曰蔎，四曰茗，五曰荈。其具有名穿者，巴川峽山，紉穀皮爲之。以百二十斤爲上穿，八十斤爲中穿，五十斤爲小穿。其器有火筴者，一名筯，蜀以鐵或熟銅製之[⑥]。在漢，揚雄、司馬相如之徒，皆飲焉；滂時浸俗，盛於兩都並荆、渝間矣。

《爾雅》云：檟，苦茶也。郭璞注：早取爲茶，晚取爲茗；或曰荈，蜀人名之爲苦茶。故弘君舉《食檄》有"茶荈出蜀"之文[⑦]；而揚子雲《方言》謂：蜀西南呼茶爲蔎也。

《本草經》曰：茗生益州川谷，一名游冬，凌冬不死。味苦，微寒，無毒。治五臟邪氣，益意思，令人少㸌[⑧]。毛文錫《茶譜》云：蜀州晉源、洞口、横源、味江、青城俱産教横源有雀舌、鳥嘴、麥顆，用嫩芽造成[⑨]，蓋取形似。又云：彭州有蒲村、堋口、灌口、茶園[⑩]，名仙崖石花等。其茶餅小而佈嫩芽如六出花者，尤妙。又云：綿州龍安縣生松嶺關者，與荆州同。西昌昌明、神泉等縣連西山生者，並佳；生獨松嶺者，不堪采擷[⑪]。吴曾《漫録》[2]云：茶之貴白，東坡能言之。獨綿州彰明縣茶色緑；白樂天詩云："渴嘗一盞緑昌明"。今彰明，即唐"昌明"也。《彰明志》："治北有獸目山，出茶，品格亦高，謂之獸目茶[3]。"山下有百匯、龍潭凡三，長流不竭。予詢諸安縣令，則以此地上下四旁俱屬彰明，獨中間一寺屬安縣，出茶名香水茶。晉劉琨《與兄子演書》[⑫]曰：前得安州乾茶二斤，吾患體中煩悶，恆仰真茶，汝可信致之[⑬]。即此茶也。

《華陽國志》云，什邡[4]，出好茶。《茶經》云：漢州綿竹縣生竹山者，與潤州同。生蜀州青城縣丈人山者，與綿州同。又云，劍南以彭州爲上，生九隴縣馬鞍山至德寺、堋口鎮者，與襄州同味。又云，青城縣有散茶，末茶尤好。《遊梁雜記》云：玉壘關寶唐山有茶樹，懸崖而生，芽苗長三寸或五寸，始得一葉或兩葉而肥厚，名曰沙坪，乃蜀茶之極品者。

《文選注》[5]：峨山多藥草，茶尤好，異於天下。《華陽國志》：犍爲郡南安、武陽[6]，皆出名茶。《茶譜》[⑭]云：眉州丹稜縣生鐵山者，與潤州同。又云，眉州洪雅、昌闔、丹稜之茶，用蒙頂製餅茶法。其散者葉大而黄，味頗甘苦,亦片甲、蟬翼之次也。

《茶譜》云：臨邛數邑茶,有火前、火後、嫩緑黄等號。又有火蕃餅,每餅重四十兩,党項重之如中國名山者,其味甘苦。《大邑志》：霧中山出茶,縣號霧邑,茶號霧中茶。

《茶經》云：雅州百丈山、名山者,與金州同。《雅安志》云：蒙頂茶,在名山縣西北一十五里蒙山之上。白樂天詩:"茶中故舊是蒙山"是也。今按：此茶在上清峯甘露井側,葉厚而圓,色紫赤,味略苦。發於三月,成於四月間,苔蘚庇之。漢時僧理真所植,歲久不枯。《九州記》[7]云：蒙者,沐也。言雨露常沐,因以爲名。山頂受全陽氣,其茶香芳。按:《茶譜》云,山有五峯,頂有茶園。中頂曰上清峯,所謂蒙頂茶也,爲天下所稱。晁氏《客話》[8]：李德裕丞相入蜀,得蒙餅沃於湯瓶之上,移時盡化,以驗其真。《方輿勝覽》[9]：蒙頂茶,常有瑞雲影相現。故文潞公[10]詩云:"舊譜最稱蒙頂味,露芽雲液勝醍醐。"《志》⑮云,蒙山有僧病冷且久,遇老父曰:"仙家有雷鳴茶,俟雷發聲乃苗,可併手於中頂採摘,用以袪疾。"僧如法採服,未竟,病瘥精健,至八十餘入青城山,不知所之。今四頂園茶不廢,惟中頂草木繁茂⑯,人跡稀到云。

山谷[11]《戎州與人啓》云：庭堅再拜,喜承起居清安閣中。小閣皆佳勝,東樓碾茶,豈作堰⑰閙處耶？尚且勝承,千萬珍重。

《茶譜》云：瀘州夷獠採茶,常攜瓢穴其側。每登樹採摘茶芽,含於口中,待葉展放,然後置瓢中,旋塞其竅,還置暖處。其味極佳。又有粗者,味辛性熱,飲之療風,通呼爲瀘茶。

馮時行[12]云：銅梁山有茶,色白甘腴,俗謂之水茶,甲於巴蜀。山之北趾,即巴子故城也,在石照縣[13]南五里。《茶譜》云：南平縣[14]狼猱山茶,黄黑色,渝人重之。十月採貢。黄山谷《答聖從使君》云：此邦茶乃可飲,但去城或數日,土人不善製度,焙多帶煙耳。不然亦殊佳。今往黔州[15],都濡、月兔兩餅,施州[16]八香六餅,試將焙碾嘗之。都濡在劉氏時貢炮,味殊厚,恨此方難得,真好事者耳。又作《茶詞》云:"黔中桃李可尋芳,摘茶人自忙。月團犀胯門圓方,研膏入焙香。　青箬裹,絳紗囊,品高聞外江。酒闌傳舞紅裳,都濡春味長。"都濡縣,今入彭水。

《開縣志》云：茶嶺在縣北三十里，不生雜卉，純是茶樹，味甚佳。

《劍州志》云：劍門山顛有梁山寺，産茶，爲蜀中奇品。

《南江志》：縣北百五十里味坡山，産茶。《方輿勝覽》詩"鎗旗争勝味坡春"即此。

《廣雅》[17]云："荆巴間採茶作餅成，以米膏和之。欲煮飲，先炙令色赤，擣末置瓷器中，以湯澆覆之，用葱薑芼之"；即茶之始説也。按：今蜀人飲擂茶，是其遺制。

《唐書》：吴蜀供新茶，皆於冬中作法爲之。太和中，上務恭儉，不欲逆物性，詔所貢新茶，宜於立春後造。

曾公《類説》[18]云：蘇才翁[19]與蔡君謨鬥茶，君謨用惠山泉；蘇茶小劣，用竹瀝水煎，遂能取勝。才翁，舜元字。

僞蜀時，毛文錫撰《茶譜》，記茶事甚悉，末以唐人爲茶詩文附之。

晉張載《成都樓》[20]詩："芳茶冠六清，溢味播九區。"杜育《荈賦》曰：靈山惟嶽，奇産所鍾。厥生荈草，彌谷被岡，承豐壤⑱之滋潤，受甘露之宵降。月惟初秋，農功少休；結偶同旅，是采是求？水則岷方之注，挹彼清流。器澤陶簡，出自東隅。酌之以匏，取式公劉。惟兹初成，沫沈華浮；焕如積雪，燦⑲若春敷。

唐孟郊《憑周況先輩於朝賢乞茶》詩："道意忽乏味，心緒病無悰。蒙茗玉花盡，越甌荷葉空。錦水有鮮色，蜀山饒芳藂。雲根纔剪緑，印縫已霏紅。曾向貴人得，最將詩叟同。幸爲乞寄來，救此病劣躬。"白傅[21]《謝李六郎中寄新蜀茶》詩："故情周匝向交親，新茗分張及病身。紅紙一封書後信，緑芽十片火前春。湯添勺水煎魚眼，末下刀圭攪麴塵。不寄他人先寄我，應緣我是别茶人。"又《謝蕭員外寄新蜀茶》詩："蜀茶寄到但驚新，渭水煎來始覺珍。滿甌似乳堪持玩，況是春深酒渴人。"薛能《謝蜀州鄭使君寄鳥嘴茶八韻》："鳥嘴擷渾芽，精靈勝鏌鎁。烹嘗方帶酒，滋味更無茶。拒碾乾聲細，撑封利穎斜。銜⑳蘆齊勁實，啄木聚菁華。鹽損添常誡，薑宜著更誇。得來抛道藥，攜去就僧家。旋覺前甌淺，還愁後信賒。千慚故人意，此物敵丹砂。"鄭谷《蜀中嘗茶》詩："簇簇新英摘露光，小江園裏火煎嘗。吴僧謾説鴉山好，蜀叟休誇鳥嘴香。合座半甌輕泛緑，開緘數片淺含黄。鹿門病客不歸去,酒渴更知春味長。”施肩吾《蜀茗詞》:“越碗初盛蜀茗新,薄煙輕處攪來勻。山僧問我將何比,欲道瓊漿卻畏嗔。”成文幹[22]《煎茶》詩:“岳寺春深睡起時,虎跑泉畔思遲遲。蜀茶倩箇雲僧碾,自拾枯松三四枝。”

宋文與可[23]《謝人寄蒙頂新茶》詩:蜀土茶稱盛,蒙山味獨珍。靈根托高頂,勝地發先春。幾樹初驚暖㉑,羣籃競摘新。蒼條尋暗粒,紫萼落輕鱗。的皪香瓊碎,鬔鬖㉒緑蕫勻[24]。慢烘防熾炭,重碾敵輕塵。無錫泉來蜀,乾崤盞自秦。十分調雪粉,一啜嗞雲津。沃睡迷無鬼㉓,清吟健有神。冰霜疑入骨,羽翼要騰身。磊磊真賢宰,堂堂作主人。玉川喉吻澀,莫惜寄來頻㉔。

魏鶴山[25]《邛州先茶記》曰:昔先王敬共明神,教民報本反始。雖農嗇坊庸之蜡[26],門行户灶之享,伯侯祖纛之靈[27],有開厥先無不宗也。至始爲飲食,所以爲祭祀。賓客之奉者,雖一飯一飲必祭,必見其所祭然,況其大者乎?眉山李君鏗爲臨邛茶官,吏以故事,三日謁先茶告君。詰其故,則曰:“是韓氏而王號相傳爲然,實未嘗請命於朝也。”君於是撤舊祠而增廣焉,且請於郡,上神之功狀於朝。宣錫號榮以侈神賜而馳書於予,命記成役。予於事物之變,必跡其所自來。獨於茶,未知所始。蓋古者賓客相敬之禮,自饗燕食飲之外,有間食,有稍事,有歠湆[28],有設梁,有擩醬,有食已而酳[29],有坐久而葷,有六清以致飲,有瓠葉以嘗酒,有旨蓄以御冬,有流荇以爲豆菹,有湘萍以爲鉶芼。見於禮,見於詩,則有挾菜副瓜,烹葵叔苴之等。雖蔥芥韭蓼,堇枌滫瀡[30],深蒲菭筍,無不備也,而獨無所謂茶者。徒以時異事殊,字亦差誤。且今所謂韻書,自二漢以前,上溯六經,凡聲御、暮之同,是音,本無它訓,乃自音韻分於孫沈,反切盛於羌胡,然後别爲麻馬等音,於是魚歌二音,併入於麻,而魚麻二韻,一字二音,以至上去二聲,亦莫不然。其不可通,則更易字文,以成其説。且茶之始,其字爲荼。《春秋》書齊荼,《漢志》書荼陵之類。陸顔諸人,雖已轉入茶音,而未敢輒易字文也。若《爾雅》,若《本草》,猶從艸、從余。而徐鼎臣訓荼,猶曰“即今之茶也”。惟自陸羽《茶經》、盧全《茶歌》、趙贊《茶禁》以後,則遂易荼爲茶。其字爲艸,爲人、爲木。陸璣謂椒,似茱萸,吴人作茗,蜀人作荼,皆煮爲香椒,與茶既不相入,且據此文,又若茶與茗異。此已爲可疑,而山有樗之疏,則又引璣説,以樗葉爲茗,蓋使讀者貿亂,莫知所據。至蘇文忠[31]始爲"周詩記苦荼㉕,茗飲出近世",其義亦既著明,然而終無有命荼爲茶者;蓋《傳注》例謂荼爲茅秀、爲苦菜。予雖言之,誰實信之。雖然此特書名之誤耳,而予於是重有感於世變焉。先王之時,山澤之利,與民共之;飲食之物,無征也。自齊人賦鹽,漢武榷酒,唐德宗税茶,民之日用飲食而皆無遺筭,則幾於陰復田賦,潛奪民產者矣。其端既啟,其禍無窮,鹽酒之入,遂埒田賦。而茶之爲利,始也歲不過得錢四十萬緡。自王涯置使構榷,由是税增月益,塌地剩茶之名,三説貼射之法,招商收税之令,紛紛見於史册。極於蔡京之引法,假託元豐,以盡更仁祖之舊。王黼[32]又附益之。嘉祐以前,歲課均賦,茶户歲輸不過三十八萬有奇,謂之茶租錢。至熙寧㉖以後,歲入之息,驟至二百萬緡,視嘉祐益五倍矣。中興以後,盡鑒政宣[33]之誤,而茶法尚仍京黼之舊,國雖賴是以濟,民亦因是而窮,是安得不思所以變通之乎？李君,字叔立,文簡公[34]之孫。文簡嘗爲茗賦者。

熙寧七年,始遣三司幹當公事李杞入蜀,經畫買茶,於秦鳳、熙河博馬,以著作佐郎蒲宗閔同領其事,諸州創設官場,歲增息爲四十萬,而重禁榷之令,自是蜀茶盡榷。至李稷加息爲五十萬,陸師閔又加爲百萬。元祐元年,侍御史劉摯奏疏曰:"蜀茶之出,不過數十州,人賴以爲生,茶司盡榷而市之。"園户有茶一本,而官市之額至數十斤。官所給錢,靡耗於公者,名色不一。給借保任,輸入視驗,皆牙儈主之;故費於牙儈㉗者,又不知幾何。是官於園户,名爲平市,而實奪之。園户有逃而免者,有投水而免者,而其害猶及鄰伍。欲伐茶則存禁,欲增植則加市;故其俗論謂:"地非生茶也,實生禍也。"願選使者考茶法之弊,以蘇蜀民。右司諫蘇轍繼言:造立茶法,皆傾險小人,不識事體,且備陳五害。吕陶亦條上利害,既而摯又言:"陸師閔恣爲不法,不宜仍任事。"師閔坐罷,未幾,蒲宗孟亦以附會李稷罷。稷,邛州人,以父絢蔭歷管庫。提舉蜀部茶場,甫兩歲,羨課七十六萬緡,與李察皆以苛暴著。時人爲之語曰:"寧逢黑煞,莫逢稷察。"

紹聖元年,復以陸㉘師閔都大提舉成都等路茶事。凡茶法,並用元豐舊條。初,神宗時,熙河運司以歲計不足,乞以官茶博糴,每茶三斤,易粟一斛。朝廷謂茶馬司,本以博馬,不可以博糴,於茶馬司歲額外,增買川茶兩倍茶,朝廷别出錢二百萬給之。令提刑司封樁,又令茶馬司兼領轉運使,由是數歲邊用粗足。

建炎元年,成都轉運判官趙開言榷茶買馬五害,請用嘉祐故事,盡罷榷茶,而令漕司買馬。或未能然,亦當減額,以蘇園户,輕價以惠行商。如此,則私販衰而盜賊息,遂以開主管秦川茶馬。二年,開大更茶法。按:中興小曆,建炎軍興,令商旅園户自行買賣,官給茶引,自取息錢。所賣茶引,一百斤計取息錢六貫五百文。改成都茶場爲合同場,仍置茶市。交易者必由市,引與茶相隨,此即開之法也。

注　釋

1　《茶經》:本文所指,皆陸羽《茶經》;但亦有數處,曹學佺將毛文錫《茶譜》内容誤作《茶經》内容。凡此,均按本書體例標明。

2　吴曾《漫録》:吴曾,字虎臣,南宋撫州崇仁(今屬江西)人。高宗時初官宗正寺主簿、太常丞,後出知嚴州。《漫録》,即《能改齋漫録》。

3　獸目茶:產獸目山之茶。同治《彰明縣志》載:"獸目山,在縣西廿里……產茶甚佳,謂之獸目茶;即今青巖山。"彰明縣1958年撤歸今四川江油;青巖山約位江油南部。

4　什邡:在今四川境内成都市北。

5　《文選注》:《文選》,南朝梁武帝昭明太子蕭統(501—531)編。主要注本有唐顯慶時李善及開元初吕延濟等五人(一稱"五大臣")注本。此處注本,是指後人將上兩注本合編後的"六臣注本"。

6　犍爲郡南案、武陽:犍爲郡,西漢建元六年(前135)置,治位僰道(今四川宜賓西南),南朝梁廢。南安、武陽,晉時皆犍爲郡屬地。南安縣,西漢置,南朝齊以後廢,治位今四川樂山;武陽縣,西漢置,治所在今四川彭山縣東,南朝梁改名犍爲縣。

7　《九州記》:一作《九州要記》,原書可能早佚,作者和成書年代不詳。

清代王謨《漢唐地理書鈔》中曾作輯佚。

8 晁氏《客話》:晁氏,即晁説之,字以道,號景迂,宋鉅野(今屬山東)人。元豐五年(1082)進士,靖康初年召爲著作郎,試中書舍人,兼太子詹事,擢徽猷閣待制。晁氏《客話》約成書於宋哲宗紹聖五年(1098)前後。《客話》也作《客語》。

9 《方輿勝覽》:南宋祝穆撰寫的一部地理總志。穆,初名丙,字和甫(甫一作文),福建建陽人。是書撰於嘉熙三年(1239),按南宋十七路行政區劃,分别記述各府、州(軍)的建制、沿革、人口、方物和名勝古迹等十二門的有關史事。

10 文潞公:即文彦博,字寬夫,介休(今山西介休)人。宋仁宗時第進士,累官同中書門下平章事,封潞國公。有《潞公集》傳世。

11 山谷:即宋黄庭堅,字魯直,號涪翁,又自號山谷道人。治平四年(1067)進士,紹聖中出知鄂州,因上司所惡,貶涪州别駕,徙戎州(治今四川宜賓)。

12 馮時行:字當可,號縉雲,恭州(今重慶)壁山人。宋徽宗宣和六年(1124)進士,高宗紹興中知萬州時,召對力言和議之不可,爲秦檜所惡,被劾坐廢十八年。檜死起知蓬州(今四川儀隴縣東南),後擢成都府路提刑。爲官清正,著有《縉雲集》。

13 石照縣:北宋乾德三年(965)由石境縣改名,治所在今重慶合川區。明洪武初年廢。

14 南平縣:唐貞觀四年(630)置,治所在今重慶。北宋雍熙中廢。

15 黔州:北周建德三年(574)以奉州改名,隋大業改爲黔安郡,唐初復爲黔州,南宋紹定升爲紹慶府。故治所在今重慶市彭水苗族土家族自治縣。

16 施州:北周武帝置,明洪武時人施州衛,治所在今湖北恩施。

17 《廣雅》:一名《博雅》,三國魏張揖撰。下引資料見於《太平御覽》卷867,陸羽《茶經》也有類似輯述,但不見於今本《廣雅》。

18 曾公《類説》:曾公,指南宋曾慥。參見本書宋曾慥《茶録》題記。

19 蘇才翁:即蘇舜元(1006—1054)。才翁(有的人名詞典作"子翁")是其字。蘇易簡孫,蘇舜卿兄。綿州鹽泉人,仁宗天聖七年(1029)賜進士出身,官至尚書度支員外郎、三司度支判官。爲人精悍任氣,歌詩豪健,尤善草書,其兄弟與蔡襄交游最久。

20 《成都樓》詩:也作《登成都樓》和《登成都白兔樓》詩。參見本書陸羽《茶經》注。

21 白傅:對白居易的尊稱。唐憲宗時,白居易嘗任東宫贊善大夫。傅,古人指教育貴族子女的"傅父"或"師傅"。白傅,即取白居易做過"贊善大夫",故稱。

22 文幹:成彦雄的字。彦雄,五代時人,南唐進士,有《梅嶺集》。

23 文與可:即文同(1018—1079),與可是其字,號笑笑先生,世稱石室先生和錦江道人。梓州永泰縣(故治在今四川鹽亭東北)人。宋仁宗皇祐元年(1049)進士,歷知陵州(今四川仁壽縣)、洋州(今陝西洋縣)、湖州,與司馬光、蘇軾相契。工詩文,長書善畫,有《丹淵集》。

24 鬛鬖(lán sàn)緑蠆匀:鬛,髮長;鬖,毛髮下垂。鬛鬖,形容長而下垂鬆亂的毛髮。蠆,本指蝎類上翹的毒尾,此借喻女子上翹的捲髮。鬛鬖緑蠆匀,形容如毛髮一樣纖細捲曲匀净緑色的茶葉。

25 魏鶴山:即魏了翁,字華父。南宋蒲江人,慶元進士,以校書郎出知嘉定府。丁父憂解官,築室白鶴山下,開門授徒,人稱"鶴山先生"。有《鶴山集》《九經要義》《古今考》等書。

26 農耆坊庸之蜡(zhà 或 chà):蜡,周代十二月祭百神之稱。這裏"農耆坊庸之蜡",較重要的,當是年終所行的農田堤水之祭。

27 伯侯祖纛之靈:伯侯,古代長官或士大夫間的尊稱,此指"公、侯、伯、子、男"五爵位中之兩名。祖,古人出行時祭祀路神之謂。此引申爲送行,作"祖帳"或"祖餞",即在野外設置送行的帷帳、祭神、餞行的禮儀。纛,古時軍隊或儀仗的旗幟、羽飾之類。伯侯祖纛之靈,泛指古代顯貴出行或送行祭祀的禮儀。

28 歠湇(chuò qì):歠,飲啜;湇,羹汁。

29 酳(yìn):上古宴會的一種禮節:食畢,要用酒漱口;即《禮記》所説的:"執醬而饋,執爵而酳。"

30　堇枌滫瀡(jǐn fén xiū suì):堇,野菜;枌,白榆;滫,淘米水;瀡,淘使滑。《禮記·内則》:"滫瀡以滑之。"鄭玄注:"秦人溲曰滫,齊人滑曰瀡。"孫詒讓稱:"謂以米粉和菜爲滑也。"此意指用堇菜榆葉和米漿爲滑。

31　蘇文忠:即蘇軾,卒謚文忠。下録詩句,出蘇軾《問大冶長老乞桃花茶栽東城》詩。

32　王黼(1079—1126):宋開封祥符(大中祥符三年[1010]改浚儀縣置,民國後改名開封縣)人,初名甫,字將明。徽宗崇寧進士,名智善佞,因助蔡京復相,驟升御史中丞。宣和元年(1119),拜特進、少宰,勢傾一時。鼓吹蔡京引制,大肆搜括茶利,貪贓枉法,欽宗即位被誅。

33　政宣:宋徽宗時兩年號。政,即政和(1111—1118),宣,即宣和(1119—1125)。在兩年號間,還夾有一個跨年的短期年號——"重和"(1118—1119)。

34　李文簡公:魏了翁所言"李君,字叔立",查無獲。其祖文簡公,即李燾(1115—1184),宋眉州丹棱人,字仁甫、子真,號巽岩。高宗紹興八年(1138)進士,歷官至吏部侍郎。卒謚文簡。燾諸子科舉仕途均有所爲。叔立不知出自何房。

校　記

①　略云:本文内容,不只《茶經》,除少數詩詞和專文是照原文收録外,一般即皆所謂是"略云",摘録但不按原文照抄。故本文校勘,也只好采取義校,不細及每一個字;即主要校及句義或内容直接有關的重要詞和字。

②　巴山:底本闕"山"字,據《茶經》補。

③　掇:學佺據之作録的《茶經》,是一個舛誤頗多較差的版本,掇,底本和各版本均作"掇"。實,作"質";莖作"葉"。徑改,下不出校。

④　實如栟櫚:實,底本作"質",據《茶經》改。

⑤　莖如丁香:莖,底本作"葉",據《茶經》改。

⑥ 蜀以鐵或熟銅製之:《茶經》原文無"蜀"字。學佺《茶譜》所加"蜀"字,一可能是據蜀情特地所加;二也可能是句前原文"鈎鏁之屬"的"屬"字之形誤造成。

⑦《食檄》有"茶荈出蜀"之文:學佺引録舛誤。弘君舉《食檄》原書早佚,此疑學佺據陸羽《茶經·七之事》引。《茶經》原文爲:"弘君舉《食檄》:寒温既畢,應下霜華之茗……孫楚《歌》:茱萸出芳樹顛……薑桂茶荈出巴蜀。"學佺作録時,只注意到前面的"弘君舉《食檄》",漏看了中間的"孫楚《歌》"之目,以致把後面"茶荈出巴蜀"誤以爲是前面《食檄》内容而致訛。

⑧ 此段《本草經》内容,不見今存各《本草》。其前句"生益州川谷,一名游冬,凌冬不死",似摘自《茶經·七之事·本草菜部》。下文"味苦,微寒,無毒",與《茶經·七之事·本草木部》同;全段文字,大致摘抄多本《本草》相關内容綜合而成。

⑨ 雀舌、鳥嘴、麥顆,用嫩芽造成:明刊《蜀中廣記·蜀中方物記·茶譜》,四庫本作"雀舌、鳥嘴,用麥顆嫩芽造成"。此據《太平寰宇記》引毛文錫《茶譜》佚文改。

⑩ 茶園:底本、四庫本及《蜀中廣記》重刊本作"茶園",但《太平寰宇記》輯引的毛文錫《茶譜》佚文,茶,作"其"。

⑪ 毛文錫《茶譜》"又引"以下"綿州龍安……不堪采擷"這段内容,實非《茶譜》而是摘自陸羽《茶經·八之出》"綿州"雙行小字注;但也非是全文照抄。可與本書《茶經》查對。

⑫《與兄子演書》:演,底本、四庫本作"羣"。羣,是劉琨的兒子,演,才是琨兄子;據《太平御覽》《北堂書鈔》引文改。

⑬ 信致之:底本、四庫本皆衍一"信"字作"信信致之",徑改。又本文這裏在"乾茶二斤"和"吾患體中"之間,略"薑一斤、桂一斤、皆所須也"十字。

⑭《茶譜》:底本誤作"茶經",徑改。下同,不出校。

⑮《志》:不知所指。經查萬曆前與蒙山有關的山志、地志,各書與本文所録内容,多少都有些相似字句,與嘉靖《雅州志》相似者更多些,但

未發現也無法確定此處究係輯録何志。

⑯ 繁茂：茂，底本作"重"，四庫本校刊時改作"茂"，據改。

⑰ 堰：底本作"郾"，四庫本闕。郾，通"偃"。《周禮・地官・稻人》："偃豬者，畜流水之陂也。"楊伯峻注：偃，同"堰"。此據《全蜀藝文志》改。

⑱ 豐壤：豐，底本作"豈"，四庫本、《太平御覽》卷 867 引《荈賦》作"豐"，據改。

⑲ 燦：四庫本同底本作"燦"，《太平御覽》卷 867 引《荈賦》作"曄"。

⑳ 衒：底本、四庫本等作"御"；據《全唐詩》收録薛能詩改。

㉑ 初驚暖：《全蜀藝文志》和有些版本作"驚初暖"。

㉒ 鬛鬖：《全蜀藝文志》等作"鬔(péng)鬆"。

㉓ 迷無鬼：《全蜀藝文志》等版本作"精無夢"。

㉔ 莫惜寄來頻：惜，《全蜀藝文志》等作"厭"。

㉕ 周詩記苦荼：苦荼，蘇軾原詩作"荼苦"。

㉖ 熙寧：《邛州先茶記》原文作"崇寧"。

㉗ 儈：底本作"僧"，據《宋史・食貨志》改。

㉘ 陸：曹學佺《茶譜》誤録和各版本作"蒲"，據《宋史・食貨志》改。

岕茶箋

◇明　馮可賓　撰①

馮可賓,字正卿,山東益都(今青州)人。明天啟二年(1622)進士,官湖州司理。明代江南,風尚長興和宜興所産的岕片。長興屬湖州,可賓任湖州時,撰《岕茶箋》一篇,《明稗類鈔》稱"近日推岕茶","以大馮君爲宗"(大馮君,即指可賓)。入清後,他隱居未仕,終日以讀書作畫自遣。有《廣百川學海》傳世。

《岕茶箋》最早收刊在《廣百川學海》叢書。關於它的作者和成書年代,萬國鼎《茶書總目提要》認定爲馮可賓撰刊於1642年(崇禎十五年)前後。但這時間顯然定得太遲。因爲,一則明刻本《岕茶箋》并非《廣百川學海》一種,《錦囊小史》叢書,也是明刊本;《説郛續》本雖刊於順治初年,但陶珽收編是在明代。因此,本書最早刊印不會晚至明亡前兩年。二則馮可賓在湖州任司理的時間實際不長,如同治《湖州府志·名宦録》所載,馮可賓"天啟二年進士,授湖州推官,四年甲子元旦,盜殺長興知縣",一邑震惴,可賓奉檄安撫,"旬日間百姓安堵如故","釋事日,長邑士民焚香羅拜,扳輿擁轅不得前,以血誠事,聞於朝,擢爲給事中"。即是説,可賓在湖州任官僅兩三年便升遷入京。我們認爲《岕茶箋》應該是天啟三年(1623)或其前後一年這樣一段時間内的作品。

本書以《廣百川學海·岕茶箋》作收,以明末《錦囊小史》本、清初《水邊林下》本、嘉慶楊復吉《昭代叢書·别編》本[1]爲校本。

序岕名

環長興②境,産茶者曰羅嶰[2],曰白巖,曰烏瞻,曰青東,曰顧渚,曰篠浦,不可指數,獨羅嶰最勝。環嶰境十里而遥,爲嶰者亦不可指數。嶰而曰岕,兩山之介也;羅氏居之,在小秦王廟[3]後,所以稱廟後羅岕也。洞山之岕,南面陽光,朝旭夕暉,雲滃霧浡[4],所以味迥别也。

論採茶

雨前則精神未足,夏後則梗葉大粗③,然茶以細嫩爲妙,須當交夏時,看風日晴和,月露初收,親自監採入籃。如烈日之下,又防籃内鬱蒸,須傘蓋至舍,速傾净匾④薄攤,細揀枯枝、病葉、蛸絲、青牛[5]之類,一一剔去,方爲精潔也。

論蒸茶

蒸茶須看葉之老嫩,定蒸之遲速。以皮梗碎而色帶赤爲度,若太熟則失鮮。其鍋内湯須頻换新水,蓋熟湯⑤能奪茶味也。

論焙茶

茶焙每年一修,修時雜以濕土,便有土氣。先將乾柴隔宿薰燒,令焙内外乾透,先用粗茶入焙,次日,然後以上品焙之。焙上之簾,又不可用新竹,恐惹竹氣。又須匀攤,不可厚薄。如焙中用炭,有煙者急剔去。又宜輕摇大扇,使火氣旋轉。竹簾上下更换⑥,若火太烈,恐糊焦氣;太緩,色澤不佳;不易簾,又恐乾濕不匀。須要看到茶葉梗骨處俱已乾透,方可並作一簾或兩簾,置在焙中最高處。過一夜,仍將焙中炭火留數莖於灰燼中,微烘之,至明早可收藏矣。

論藏茶

新净磁罎,周迴用乾箬葉密砌,將茶漸漸裝進摇實,不可用手掯。上覆乾箬數層,又以火炙乾炭鋪罎口紮固;又以火煉候冷新方磚壓罎口上。如潮濕,宜藏高樓,炎熱則置涼處。陰雨不宜開罎。近有以夾口錫器貯茶者,更燥更密。蓋磁罎,猶有微罅⑦透風,不如錫者堅固也。

辨真贋

茶雖均出於岕,有如蘭花香而味甘,過霉歷秋,開罎烹之,其香愈烈,味若新，沃以湯，色尚白者，真洞山也。若他嶰，初時亦有香味，至秋香氣索然，便覺與真品相去天壤。又一種有香而味澀者，又一種色淡黄而微香者，又一種色青而毫無香味者，又一種極細嫩而香濁味苦者，皆非道地。品茶者辨色聞香，更時察味，百不失一矣。

論烹茶

先以上品泉水滌烹器，務鮮務潔；次以熱水滌茶葉，水不可太滚，滚則一滌無餘味矣。以竹箸夾茶於滌器中，反復滌蕩，去塵土、黄葉、老梗净，以手搦乾置滌器内蓋定。少刻開視，色青香烈，急取沸水潑之。夏則先貯水而後入茶，冬則先貯茶而後入水。

品泉水

錫山惠泉、武林虎跑泉上矣；顧渚金沙泉、德清半月泉、長興光竹潭皆可。

論茶具

茶壺，窯器爲上，錫次之。茶杯，汝、官、哥、定如未可多得，則適意者爲佳耳。

或問茶壺畢竟宜大宜小，茶壺以小爲貴。每一客，壺一把，任其自斟自飲，方爲得趣。何也？壺小則香不涣散，味不耽閣；況茶中香味，不先不後，只有一時。太早則未足，太遲則已過，的見得恰好，一瀉而盡。化而裁之，存乎其人，施於他茶，亦無不可。

茶宜

無事　佳客　幽坐　吟詠　揮翰　倘佯

睡起　宿醒　清供　精舍　會心　賞鑒

文僮

茶忌[⑧]

不如法　惡具　主客不韻　冠裳苛禮

葷肴雜陳　忙冗　壁間案頭多惡趣[6]

注　釋

1　楊復吉(1747—1820):字列侯,一作列歐,號慧樓。江蘇震澤(今吴江)人,乾隆三十年(1765)進士。家中藏書甚富,書齋名香月樓,每日著述閲讀其中,編著有《遼東拾遺補》《元文選》《昭代叢書續集》《夢蘭瑣筆》《慧樓詩文集》等。本文采用校本所稱《昭代叢書・别編》,實際即《昭代叢書續集》的稿本之一。《昭代叢書》爲清張潮編,康熙年間刻印,分甲、乙、丙三集,每集五十種五十卷。嘉慶時楊復吉所編的《昭代叢書續集》,共分新、續、廣、埤、别五編。除廣編爲四十五種四十五卷外,其他各編均作五十種五十卷。

2　嶰(xiè):山谷溝壑,無水叫嶰,有水叫澗。此處"嶰",實際也等同岕字用。

3　小秦王廟:位江蘇宜興、浙江長興界山茗嶺山羅岕間。小秦王廟,當指舊茶神廟。據嘉慶《宜興縣志・山川》記載,是廟"俗誤劉秀廟"。

4　雲滃霧浡:滃,《説文》"雲氣起也"。浡,《説郛續》本作"渤",通"勃",起或涌動貌。"滃渤"或"浡滃"常常成連詞,泛指雲霧瀰漫飄動。茶喜漫射光照,這也是俗話所説的"高山出名茶"和"雲霧茶"品質較好的道理。

5　蛸絲、青牛:蛸,即蠨蛸,俗稱"喜蛛""蟢子",蛛形綱,蠨蛸科,結網成車輪形。青牛,一種常吸食茶樹芽葉和嫩枝的昆蟲俗名。

6　《岕茶箋》全文止此。但有些據昭代别編傳抄的稿本,在此下還附録了從别書摘抄的與茶和馮可賓有關的資料五則及楊復吉跋。《中國古代茶葉全書》用正文同樣字體也作了附録。本書爲避免讀者將此誤同正文,特移存本注,以備需要者參閲:

文震亨《長物志》茶壺以砂者爲,蓋既不奪香,又無熟湯氣,供春最貴。第形不雅,亦無差小者。時大彬所制又太小。若得受水半升,而形制古潔者,取以注茶,更爲適用。其提梁、卧瓜、雙桃、扇面、八棱、細茶、夾錫茶替、青花白地諸俗式者,俱不可用。錫壺有趙良璧者,亦佳,然宜冬月間用。近時吴中歸錫,嘉禾黄錫,價皆最高,然制小而俗。金銀俱不入品。宣窑有尖足茶盞,料精式雅,質厚難冷,潔白如玉,可試茶色,盞中第一。嘉窑有壇盞,中有茶湯果酒,後有金籙大醮罎用等字者亦佳。他如白定等窑,藏爲玩器,不宜日用。蓋點茶須熁盞令熱,則茶面聚乳,舊窑器熁熱則易損,不可不知。又有一種名崔公窑,差大可置果實,果亦僅可用榛松、雞頭、蓮實,不奪香味者。他如柑橙、茉莉、木樨之類,斷不可用。

周亮工《閩小記》閩德化磁茶甌,式亦精好,類宣之填白。余初以瀉茗,黯然無色,責童子不任茗事,更易他手,色如故。謝君語予曰:以注景德甌,則嫩緑有加矣。試之良然。乃知德化窑器不重於時者,不獨嫌其太重粉色,亦足賤也。相傳景鎮窑取土於徽之祁門,而濟以浮梁之水始可成。乃知德化之陋劣,水土製之,不關人力也。

王士禛《池北偶談》　益都馮啟震,字青方,老儒也。工畫竹有名。啟禎間時,號馮竹子。有子二人,長可賓,成進士官給事中。好聲伎,侍妾數十人。其弟可宗,南渡掌錦衣衛事,爲馬阮牙爪。尤豪侈自恣,居第皆以紫檀爲窗楹。乙酉死於金陵。

潘永因《明稗類鈔》　王震澤曰:吴興逸人吴編,字大本。風神散朗,偏嗜茗飲,其出必陽羨、顧渚。非其地者,輒能辨之。其擷之必精,藏之必温,烹之必法,有茶經所不載。其爐灶、鬴鬲、灰承、炭抱、火筴之屬,亦皆精絶古雅。其自貴重,坐客四五人,勺少許沫餑紛馥,三四啜已罄。必啜者,有餘思始復進,終不令飫也。近日推岕茶,平章以大馮君爲宗,此老又作鼻祖,當以入茶譜。福堂寺貝余。

陳焯《湘管齋寓賞編》　馮青方墨竹,馮可賓寫石,綾本立軸,闊一尺四寸,高三尺六寸,畫大筍二株,小筍一株,細竹兩小竿,下以小石補之。大馮跋下,用白文竹隱方印;小馮款下,用紅白間馮可賓字正卿方印。右押角紅文朱岷連方印,左押角紅文秋水春帆書畫船印。又紙本立軸,見於東門人家。跋所謂天聖寺東壁者,余少時屢見之。乾隆庚辰四月廿二日爲風雨所壞,真爲可惜。所賴青方尚有臨本刻石在寺,並有二石在郡治六客堂也。按郡志,馮公可賓,字正卿,山東益都人,天啟進士,授湖州推官。蓋其時迎養乃翁來治,故父子往往多合作云。

跋　右《岕茶箋》十一條,雖篇幅無多,而言皆居要。冒巢民《岕茶滙鈔》蓋大半取材於此也。作者爲前明天啓壬戌進士,曾任湖郡司理。善畫竹石,嘗刊《廣百川學海》行世,入國朝尚無恙云。乙亥仲秋,震澤楊復吉識。

校　記

① 廣百川本原題作"北海馮可賓著,汪汝廉校閱";《錦囊小史》本、水邊本作"北海馮可賓著,王汝謙校閱"。昭代本署作"益都馮可賓正卿著"。"汝廉"的"廉"爲誤刊,應作"謙"。

② 長興:《錦囊小史》本與底本同;昭代别編本作"宜興"。長興、宜興接壤,許多地方同岕共山,明清時,一度均以岕茶名,本文内容皆可謂本境事,作"長"作"宜"皆不爲錯。

③ 大粗:大,《錦囊小史》本和水邊本與廣百川本同;昭代别編本作"太"。

④ 浄匾:匾,昭代别編本作"籃"。

⑤ 熟湯:熟,《説郛續》本作"熱"。

⑥ 换:底本、《錦囊小史》本作"焕",昭代别編本、水邊本作"换",據改。

⑦ 罅:《錦囊小史》本、水邊本同底本;昭代别編本和近出有些版本作"隙"。

⑧ 茶忌:茶,《錦囊小史》本、昭代别編本等作"禁"。

茶譜

◇明　朱祐檳　編

朱祐檳（？—1539），明宗室，憲宗見深第六子，封益王，弘治八年（1495），就藩建昌。《明史》有傳。祐檳號涵素道人，性儉約，愛民重士，著有《清媚合譜》，爲《茶譜》十二卷，《香譜》四卷合刊。

《清媚合譜》，現僅存明崇禎刻本一部，藏北京故宫博物院，且爲殘帙。《茶譜》及《續集古今茶譜》同爲一書，共十二卷，缺卷一、二、九、十卷，僅存八卷五册。本書稀見秘藏，過去著録不清。其實，書中所輯，乃常見茶書二十多種，并無特别珍稀之資料，對茶史及茶飲文化研究無大裨益。朱祐檳編纂此書，經常删削原文，偶而也有增補，提供了一些材料。如收録孫大綬《茶譜外集》，就將原書作上卷，自己編了《續輯》作爲下卷。又如收黄龍德《茶説》，補附了曹士謨《茶要》一篇，是其他茶書中罕見的資料。

《茶譜》著作年代不明，總在嘉靖十八年（1539）之前。此次匯編，以明崇禎刻《清媚合譜》殘本爲底本，存目以見其編纂内容，并附朱祐檳增補文字。

朱祐檳《茶譜》

第三册

卷之三　《茶經》卷下[①]

卷之四　《煎茶水記》《大明水記》《浮槎山水記》《述煮茶泉品》

卷之五　《茶録》

卷之六　《試茶録》

第四册

卷之七　《茶譜》　僞蜀毛文錫撰[②]

附：

《茶譜外集》卷之上[③]

茶賦(宋博士、吳淑)　煎茶賦(黄魯直)　煎茶歌(蘇子瞻)　試茶歌(劉禹錫)　茶壟(蔡君謨)　採茶　造茶　試茶　惠山泉(黄魯直)　茶碾烹煎　雙井茶　六羡歌(陸羽)　茶歌(盧仝)　送羽採茶(皇甫曾)　送羽赴越(皇甫冉)　尋陸羽不遇(僧皎然)　西塔院(裴拾遺)　鬥茶歌(范希文)　觀陸羽茶井(王禹偁)

《茶譜外集》卷之下[④]　**益王涵素續輯**

唐顧況(茶賦)　茶中雜詠(皮日休)　奉和皮襲美茶具十詠(陸龜蒙)　喜園中茶生(韋應物)　巽上人以竹間自採新茶見贈(柳宗元)　採茶歌(秦韜玉)　送陸鴻漸棲霞寺採茶(皇甫冉)　五言月夜啜茶聯句(顔真卿)　飲茶歌送鄭容(僧皎然)　與元居士青山潭飲茶(僧靈一)　西嶺道士茶歌(温庭筠)　睡後茶興憶楊同州(白居易)　山泉煎茶有懷(白居易)　憑周況先輩於朝賢乞茶(孟郊)　峽中嘗茶(鄭谷)　從弟舍人惠茶(劉兼)　答族侄僧中孚贈玉泉仙人掌茶(李白)　與趙莒茶宴(錢起)　閒宵對月茶宴(鮑君徽)　秋晚招隱寺東峯茶宴送内弟閻伯均歸江州(李嘉祐)　過孫長老宅與郎上人茶會(錢起)　惠福寺與陳留諸官茶會得西字(曹鄴)　謝僧寄茶(李咸用)　新茶詠寄上西川相公二十三舅大夫十二舅(盧綸)　蕭員外寄蜀新茶(白居易)　謝李六郎中寄新蜀茶(白居易)　謝劉相寄天柱茶(薛能)　晚春閒居楊工部寄詩楊常州寄茶同到因以長句答之(白居易)　茶山下作(杜牧)　茶山(袁高)　茶山貢焙歌(李郢)　題茶詩(杜牧)　聞賈常州崔湖州茶山歡會寄此(白居易)　詠茶園牧唱(陳癸)

第五册

卷之八　《茗笈》[⑤]

《續集古今茶譜》[6] 益王涵素補輯

第一册

第十一卷 目録

《品茶要録》一卷 宋黄儒著

《宣和北苑貢茶録》一卷 宋熊蕃著

《北苑别録》一卷 宋趙汝礪撰(舊著無名氏,特爲考正)

《本朝茶法》 宋沈括述

《品茶要録補》 鄣郡程百二集(其已載前譜者不重出)

以上爲第十一卷。按晁氏所列茶譜等書目,童牙時普爲蒐輯,久而散逸,然亦有世傳絶稀者,如:

《顧渚山記》一卷 唐陸羽撰

《建安茶録》一卷 宋丁謂撰

《北苑拾遺》一卷 宋劉異撰

《補茶經》一卷 宋周絳撰

《建安茶記》一卷 宋吕惠卿撰

宋徽宗作 《聖宋茶論》一卷

以上亦係晁氏所列向蒐未獲者,其《茶經》《茶録》《試茶録》《煎茶水記》《茶譜》及《茶雜文》,俱刻見前譜,此外又有:

《北苑總録》十二卷 宋曾伉撰

《茶山節對》一卷 宋攝衢州長史蔡宗顔撰

以上二種亦係屢蒐未獲。其今續輯《茶品要録》《宣和北苑貢茶録》《北苑别録》《本朝茶法》皆宋名人黄、熊、趙、沈所撰述,近得之陶南村《説郛》殘帙中,因前譜剞劂已成,卷袠難越,特爲續目,以標識之,而總爲卷之第十一。《北蒼别録》在陶帙中逸作者姓名,又考知爲趙汝礪撰,更爲補署,不欲其掩滅不彰也。其餘猶有俟博識君子續焉。

《續集古今茶譜》　益王涵素補輯

第二册

第十二卷

《煮泉小品》⑦　《岕茶牋》《茶箋》《茶説》

附録

《品茶要録》卷首引録焦竑語曰:

嘗於殘楮中得《品茶要録》,愛其議論,後借閣本《東坡外集》讀之,有此書題跋,乃知嘗爲高流所賞識,幸余見之偶同也。傳寫失真,僞舛過半,合五本較之,乃稍審諦如此。因書一過,並附東坡語於後,世必有賞音如吾兩人者。萬曆戊申春分日,澹翁書。時年六十有九。澹翁焦太史名竑字弱侯

《品茶要録補》後有朱祐檳訂增兩條:

茗池源茶

根株頗碩,生於陰谷,春夏之交,方發萌莖,條雖長,旗槍不展,乍紫乍緑,天聖初,郡首李虚己太史梅詢試之品,以爲連溪,顧渚不過也。

灉湖茶

灉湖諸灘舊出茶,李肇所謂"嶽縣灉湖之蒼膏"也,唐人極重之,見於篇什。今人不甚種植,惟白鶴僧園有千餘本,土地頗類北苑,所出茶一歲不過一二十兩,土人謂之白鶴茶,味極甘香,非他處草茶可比,茶園地色亦相類,但土人不甚植爾。

黄龍德《茶説》後附有曹士謨《茶要》一篇:

名區勝種,採製精良,茶之稟受也。遠道購求,重貲倍值,茶之身價也。緩焙密緘,深貯少洩,茶之呵護也。清泉澄江,引汲新活,茶之正脈也。堅炭洪燃,文武相逼,茶之有功也。水火既濟,湯以壯成,茶之司命也。壺淺雅潔,鐃韻適宜,茶之安立也。諸凡器具,備式利用,茶之依附

也。供役謹敏,如法執辦,茶之倚任也。候湯急瀉,爇琖徐傾,茶之節制也。若斷若續,亦梅亦蘭,茶之真香也。露華淺碧,乍凝乍浮,茶之正色也。寓甘於苦,沃吻沁心,茶之至味也。吸香觀色,呷嗞省味,茶之領略也。香散色濃,味極雋永,茶之畢事也。果蔬小列,澹瀘鮮芳,茶之佐侑也。浄几閒窗,珍玩名蹟,茶之莊嚴也。瓶花簷竹,盆石罏香,茶之徒侶也。山色溪聲,草茵松蓋,茶之亨途也。一鏡當空,六花呈瑞,茶之點綴也。景候和佳,情怡神爽,茶之曠適也。淒風冷雨,懷感寂寥,茶之鍊境也。墨花毫彩,操弄詠吟,茶之週旋也。飲啜中度,賞識當家,茶之遇合也。禪房佛供,丹鼎天漿,茶之超脱也。密友譚心,艷姬度曲,茶之愜趣也。芳溢甘餘,厭斥它味,茶之獨契也。茗戰不争,湯社不黨,茶之君子也。壘塊填胸,澆洗頓盡,茶之鉅力也。水房無恙,香醉罔愆,茶之福德也。煩暑消渴,酩酊解酲,茶之小用也。蠲邪愈疾,祛倦益思,茶之偉勳也。備此乃可言茶,乃可與言茶也。

校　記

① 卷之三《茶經》卷下:據此,則所失兩卷的内容,當是陸羽《茶經》卷上、卷中。或還有序等。

② 《茶譜》:底本作"僞蜀隣文錫撰","隣"字是"毛"字之誤,徑改。但從所録文字來看,這裏的《茶譜》,實際是錢椿年原著、顧元慶删校的作品,而非毛文錫之作。

③ 《茶譜外集》卷之上:朱祐檳在《茶譜》下所附《茶譜外集》,實際所録的是明孫大綬《茶譜外集》。《茶譜外集》也無卷上和卷下之分,而這裏所録的所謂《茶譜外集》卷上,也不只收録孫大綬《茶譜外集》内容,他將孫大綬《茶經外集》也全收録在《茶譜外集》之後,且對其《茶經外集》附作《茶譜外集》内容,也未作任何説明。所以,本題及其卷中,實際包括孫大綬《茶譜外集》和《茶經外集》的部分内容。

④ 《茶譜外集》卷之下:孫大綬《茶譜外集》本只一卷,無甚麼卷上卷下,

此所加"卷之下",是朱祐檳的續輯,主要補原《茶譜外集》所未録的一些唐代重要茶詩。

⑤ 本卷所録《茗笈》頁次有倒錯。

⑥ 《續集古今茶譜》收録於本書之第十一卷起,然本書尚脱卷九及卷十,未知内容爲何,似應爲明代之茶書。

⑦ 《煮泉小品》:此是殘篇,原無書名。所存文字,經核。爲該書的異泉、江水、井水、緒談四節,書名爲編者所加。

品茶八要

◇明　華淑　撰
張瑋　訂

《品茶八要》,見於華淑刻印的十閒堂《閒情小品》和《錫山華氏叢書》,是華淑將陸樹聲《茶寮記·煎茶七類》改頭换面編成的。《煎茶七類》有人品、品泉、烹點、嘗茶、茶候、茶侣、茶勳這樣七類,《品茶八要》則是一人品、二品泉、三烹點、四茶器、五試茶、六茶候、七茶侣、八茶勳這樣八目,最後附《茶寮記》,即陸樹聲《茶寮記》的前記。其中只有"茶器"一目,是華淑從别書輯入的。又除"嘗茶"改爲"試茶",另有一些地名、茶名的改動,幾乎與陸樹聲的作品相同。

華淑《閒情小品》等叢書的編刻年代,通過輯、訂者的情况,可知大概。華淑(1589—1643),字聞修,無錫人,爲萬曆、天啟和崇禎時江南名士。撰有《吟安草》《惠山名勝志》等。張瑋,常州人,萬曆四十七年(1619)進士,授户部主事,後出爲廣東提學僉事。爲官剛正不阿,因不滿高官媚上爲魏忠賢建生祠,引退歸里,時間當在天啟(1621—1627)年間。崇禎登位,張瑋奉詔復出,累遷至左副都御史,不久病卒。由張瑋的經歷,可以看到華淑請張瑋校訂他編刊的《閒情小品》包括《品茶八要》的時間,應該是天啟的這六七年間。

本文以《閒情小品·品茶八要》做底本,以《茶寮記》等原文作校。

一、人品

煎茶非漫浪,要須其人與茶品相得。故其法每傳於高流隱逸,有雲霞泉石,磊塊胸次間者。

二、品泉

泉品以山水爲上,次梅水,次江水,次井水。① 井取汲多者,汲多則水活。然須旋汲旋烹,汲久宿貯者,味減鮮冽。

三、烹點

煎用活火,候湯眼鱗鱗起沫餑鼓泛,投茗器中。初入湯少許,俟湯茗相投,即滿注;雲腳漸開,浮花浮面,則味全。蓋古茶用團餅碾屑,味易出。葉茶驟則乏味,過熟,則味昏底滯。

四、茶器

茶器須宜興粗砂小料者爲佳。入銅錫器,泉味便失。

五、試茶

茶入口徐啜,則得真味②。雜以他果,則香味俱奪。

六、茶候

涼台静室,明窗曲几,僧寮道院,松風竹月,宴坐行吟,清談把卷。

七、茶侶

翰卿墨客,緇流羽士,逸老散人,或軒冕之徒、超軼世味者。

八、茶勳

除煩雪滯,滌醒破睡,譚渴書倦,是時茗碗,策勳不減凌煙。

茶寮記(附)[1]

注　釋

1　此處删節,見明代陸樹聲《茶寮記》。近從天池來,本文作"近從陽羨來";餉余天池苦茶,本文作"餉余洞山苦茶";同試天池茶,本文作"同試洞山茶",餘皆同。

校記

① 泉品以山水爲上,次梅水、次江水、次井水:《茶寮記》原文作"泉品以山水爲上,次江水,井水次之"。

② 茶入口徐啜,則得真味:《茶寮記》原文作"茶入口先灌漱,須徐啜,俟甘津潮舌,則得真味"。

陽羨茗壺系

◇明　周高起　撰[1]

周高起(？—1645),字伯高,號蘭馨,江陰(今屬江蘇)人。他博聞强識,早歲補諸生,列名第一;工古文辭,精於校勘,喜好積書,以"玉柱山房"爲書室名。萬曆四十八年(1620),撰《讀書志》十三卷。崇禎十一年(1638),應江陰知縣馮至仁請,與徐遵湯合修《江陰縣志》。除此,還有《陽羨茗壺系》《洞山岕茶系》各一卷傳世。康熙《江陰志》稱:"乙酉閏六月,城變突作[2],避地由里山。值大兵勒重,篋中惟圖書翰墨,無以勒者,肆加箠掠,高起抗聲訶之,遂遇害。"以其剛烈,事迹入載《江陰縣志·忠義傳》。

"陽羨"是今江蘇宜興漢時舊縣名,隋朝更名"義興",宋時避諱,改"義"爲"宜"。宜興茗壺,係指紫砂茶壺。據考,宜興紫砂陶的歷史,可追溯到宋。但是,中國茶壺早先主要是采用金屬製器,直至明正統間朱權撰《茶譜》時,還稱"古人多用鐵器","宋人惡其鉎,以黄金爲上,以銀次之;今予以瓷石爲之"。表明到明代前期,采用陶瓷茶壺,還帶有一定的新鮮意味。陶瓷茶壺取得主要的地位,如錢椿年、顧元慶《茶譜》所載"銀錫爲上,瓷石次之",是明中期嘉靖以後的事。明代是中國茶飲習慣尚炒青芽茶、葉茶,茶具由金屬器改興陶壺小盞的一個重要轉折時期。宜興紫砂陶業,適逢其時,不但由原來燒製缸瓮日用窑器,轉爲生産砂壺爲主,名甲全國;而且以其特有的紫砂陶土的製作,還培養、造就了供春、時大彬等一批明代嘉靖、萬曆年間傑出的製壺大師。《陽羨茗壺系》,即是考述自供春以後有關宜興陶工、陶藝發展脉絡的第一本系統專著。

《陽羨茗壺系》前叙未署撰寫年月,萬國鼎推定其成書於崇禎十三年"1640年前後"。不過,從現存《陽羨茗壺系》《洞山岕茶系》不見於崇禎末年各叢書,而最早見於康熙王晫、張潮輯集的《檀几叢書》來看,是書的撰寫,或許稍晚於崇禎十三年(1640)以後。

本書現存的版本除《檀几叢書》本外,還有南京圖書館收藏的乾隆盧抱經精鈔本,約道光時管庭芬所編的《一瓻筆存》本,以及光緒及民國前期先後增刻的《江陰叢書》本、金武祥《粟香室叢書》本、盛宣懷《常州先哲遺書》本、馮兆年《翠琅玕館叢書》本、黄任恒"馮氏翠琅玕館"重編本以及《芋園叢書》本、《藝術叢書》本等。本書以《檀几叢書》本作底本,選《一瓻筆存》本、《粟香室叢書》本、《常州先哲遺書》本、《翠琅玕館叢書》本等作校。

壺於茶具用處一耳①。而瑞草、封泉,性情攸寄,實仙子之洞天福地,梵王之香海蓮邦。審厥尚焉,非曰好事已也。故茶至明代,不復碾屑、和香藥、製團餅,此已遠過古人。近百年中,壺黜銀錫及閩豫瓷[3]而尚宜興陶,又近人遠過前人處也。陶曷取諸,取諸其製,以本山土砂②,能發真茶之色香、味;不但杜工部云:"傾金③注玉驚人眼[4]",高流務以免俗也。至名手所作,一壺重不數兩④,價重每一二十金[5],能使土與黄金争價。粗日趨華,抑足感矣。因考陶工、陶土而爲之系。

創始

金沙寺僧,久而逸其名矣。聞之陶家云,僧閒静有致,習與陶缸甕者處,爲其細土,加以澄練,捏爲爲胎,規而圓之,刳使中空,踵傅口、柄、蓋、的[6],附陶穴燒成[7],人遂傳用。

正始

供春,學憲⑤吴頤山[8]公青衣[9]也。頤山讀書金沙寺中,供春於給役之暇,竊仿老僧心匠,亦淘細土摶胚,茶匙穴中,指掠内外,指螺文隱起可按。胎必累按,故腹半尚現節腠,視以辨真。今傳世者,栗色闇闇⑥如古金鐵,敦龐周⑦正,允稱神明垂則矣。世以其孫龔姓,亦書爲龔春。人皆證爲龔,予於吴冏⑧卿家見時大彬所仿,則刻供春二字,足折聚訟云。

董翰,號後谿,始造菱花式[10],已殫工巧。

趙梁,多提梁式。亦有傳爲名良者。

玄錫⑨。

時朋,即大彬父,是爲四名家。萬曆間人,皆供春之後勁也。董文巧,而三家多古拙。

李茂林,行四,名養心。製小圓式,妍在樸緻中,允屬名玩。

自此以往,壺乃另作瓦缶,囊閉入陶穴[11],故前此名壺,不免沾缸罈油淚。

大家

時大彬,號爲山。或淘土,或雜硇砂土[12],諸款具足,諸土色亦具足。不務妍媚,而樸雅堅栗,妙不可思。初自仿供春得手,喜作大壺。後游婁東[13],聞眉公[14]與琅琊、太原諸公品茶施茶之論,乃作小壺。几案有一具,生人閒遠之思,前後諸名家並不能及。遂於陶人標大雅之遺,擅空羣之目矣。

名家

李仲芳,行大,茂林子。及時大彬門,爲高足第一。製度漸趨文巧,其父督以敦古。仲芳嘗手一壺,視其父曰:"老兄,這個何如?"俗因呼其所作爲"老兄壺"。後入金壇,卒以文巧相競[15]。今世所傳大彬壺,亦有仲芳作之,大彬見賞而自署款識者。時人語曰:"李大瓶,時大名。"

徐友泉,名士衡。故非陶人也,其父好時大彬壺,延致家塾[16]。一日,強大彬作泥牛爲戲,不即從,友泉奪其壺土出門去,適見樹下眠牛將起,尚屈一足,注視捏塑,曲盡厥狀。攜以視⑩大彬,一見驚歎曰:"如子智能,異日必出吾上。"因學爲壺。變化式土⑪,仿古尊罍諸器,配合土色所宜,畢智窮工粗移人心目。予嘗博考厥製,有漢方[17]、扁觶、小雲雷、提梁卣⑫、蕉葉、蓮方、菱花、鵝蛋、分襠索耳、美人、垂蓮、大頂蓮、一回角、六子諸款。泥色有海棠紅、硃砂紫、定窯白、冷金黄、淡墨、沉香、水碧、榴皮、葵黄、閃色爲梨皮諸名。種種變異,妙出心裁。然晚年恆自歎曰:"吾之精,終不及時之粗。"

雅流

歐正春,多規花卉果物,式度精妍。

邵文金,仿時大漢方⑬獨絶,今尚壽。

邵文銀。

蔣伯荂,名時英。四人並大彬弟子,蔣後客於吴,陳眉公爲改其字之“敷”爲“荂”,因附高流,諱言本業,然其所作,堅緻不俗也。

陳用卿,與時同工,而年伎俱後。負力尚氣⑭,嘗掛吏議,在縲絏中,俗名陳三獃子。式尚工緻,如蓮子、湯婆、缽盂、圓珠諸製,不規而圓,已極妍飭。款仿鍾太傅帖意,落墨拙,落刀工⑮。

陳信卿,仿時、李諸傳器,具有優孟叔敖處,故非用卿族。品其所作,雖豐美遜之,而堅瘦工整,雅自不羣。貌寢意率,自誇洪飲,逐貴游間,不務⑯壹志盡技,間多伺弟子造成,修削署款而已。所謂心計轉粗,不復唱《渭城》[18]時也。

閔魯生,名賢,製仿諸家,漸入佳境。人頗醇謹,見傳器則虚心企擬,不憚改,爲技也,進乎道矣。

陳光甫,仿供春、時大爲入室。天奪其能,蚤眚[19]一目,相視口的,不極端緻;然經其手摹,亦具體而微矣。

神品

陳仲美,婺源人,初造瓷於景德鎮,以業之者多,不足爲其名,棄之而來。好爲壺土,意造諸玩,如香盒、花杯、狻猊鑪、辟邪、鎮紙,重鎪疊刻,細極鬼工。壺象花果,綴以草蟲,或龍戲海濤,伸爪出目。至塑大士像,莊嚴慈憫,神采欲生;瓔珞花鬘,不可思議。智兼龍眠、道子[20],心思殫竭,以夭天年。

沈君用,名士良,踵仲美之智,而妍巧悉敵。壺式上接歐正春一派,至尚象諸物,製爲器用,不尚正方圓[21],而筍縫不苟絲爲。配土之妙,色象天錯,金石同堅。自幼知名,人呼之曰“沈多梳”。宜興垂髫之稱巧殫厥心,亦以⑰甲申四月夭。

別派

諸人見汪大心《葉語》附記中。休寧人,字體兹,號古靈。

邵蓋、周後谿、邵二孫,並萬曆間人。

陳俊卿,亦時大彬弟子。

周季山、陳和之、陳挺生、承雲從、沈君盛,善仿友泉、君用。並天啟、崇禎間人。

沈子澈,崇禎時人,所製壺古雅渾樸。嘗爲人製菱花壺,銘之曰:"石根泉,蒙頂葉,漱齒鮮,滌塵熱。"⑱

陳辰,字共之,工鐫壺款,近人多假手焉;亦陶家之中書君也。

鐫壺款識,即時大彬初倩能書者落墨,用竹刀畫之爲或以印記,後竟運刀成字。書法閒雅,在黄庭、樂毅帖[22]間,人不能仿,賞鑒家用以爲別。次則李仲芳,亦合書法。若李茂林,硃書⑲號記而已。仲芳亦時代大彬刻款,手法自遜。

規仿名壺曰"臨",比於書畫家入門時。

陶肆謡曰:"壺家妙手稱三大",謂時大彬、李大仲芳、徐大友泉也。予爲轉一語曰:"明代良陶讓一時";獨尊大彬,固自匪佞。

相傳壺土初出用時,先有異僧經行村落,日呼曰:"賣富貴!"土人⑳羣嗤之。僧曰:"貴不要買,買富何如?"因引村叟,指山中産土之穴,去。及發之,果備五色[23],爛若披錦。

嫩泥,出趙莊山,以和一切色上乃黏脃可築㉑,蓋陶壺之丞弼[24]也。

石黄泥,出趙莊山,即未觸風日之石骨也。陶之乃變硃砂色。

天青泥,出蠡墅,陶之變黯肝色。又其夾支,有梨皮煙,陶現梨凍色;淡紅泥,陶現松花色;淺黄泥,陶現豆碧色。蜜□泥㉒,陶現輕赭色;梨皮和白砂,陶現淡墨色。山靈腠絡,陶冶變化,尚露種種光怪云。

老泥,出團山,陶則白砂星星,宛若㉓珠琲。以天青、石黄和之,成淺深古色。

白泥[25],出大潮山,陶瓶盎缸缶用之。此山未經發用,載自吾鄉白石山。江陰秦望山之東北㉔支峯

出土諸山,爲穴往往善徙。有素産於此,忽又他穴得之者,實山靈有

以司之，然皆深入數大丈乃得。

造壺之家，各穴門外一方地，取色土篩擣，部署訖，弇窖其爲，名曰“養土”[26]。取用配合，各有心法，秘不相授。壺成幽之，以候極燥，乃以陶瓮庋五六器，封閉不隙，始鮮欠裂射油之患。過火則老，老不美觀；欠火則穉穉封土氣。若窯有變相[27]，匪夷所思，傾湯封茶，雲霞綺閃，直是神之所爲，億千或一見耳。

陶穴環蜀山，山原名獨，東坡先生乞居陽羨時，以似蜀中風景，改名此山也。祠祀先生於山椒，陶煙飛染，祠宇㉕盡墨。按：《爾雅·釋山》云：“獨者，蜀。”則先生之鋭改厥名，不徒桑梓殷懷，抑亦考古自喜云爾。

壺供真茶，正在新泉活火，旋瀹旋啜，以盡色、聲、香、味之蘊。故壺宜小不宜大，宜淺不宜深，壺蓋宜盎不宜砥[28]。湯力茗香，俾得團結氤氲；宜傾竭即滌㉖，去厥渟滓，乃俗夫強作解事，謂時壺質地堅結[29]，注茶越宿，暑月不餿㉗，不知越數刻而茶敗矣，安俟越宿哉！況真茶如蓴脂，採即宜羹，如筍味觸風隨劣。悠悠之論，俗不可醫。

壺入用久㉘，滌拭日加，自發闇然之光，人手可鑒，此爲書房㉙雅供。若膩滓爛斑，油光爍爍，是曰“和尚光”，最爲賤相。每見好事家，藏列頗多名製，而愛護垢染，舒袖摩挲，惟恐拭去。曰：“吾以寶其舊色爾。”不知西子蒙不潔，堪充下陳否耶？以注真茶，是藐姑射山之神人，安置煙瘴地面爲，豈不舛哉！

壺之土色，自供春而下，及時大初年，皆細土淡墨色，上有銀沙閃點。迨硇砂和製，縠縐周身，珠粒隱隱，更自奪目。

或問予以聲論茶，是有説乎？予曰：“竹爐㉚幽討，松火怒飛，蟹眼徐窺，鯨波乍起，耳根圓通爲不遠矣。”然爐頭風雨聲，銅瓶易作，不免湯腥，砂銚亦嫌土氣，惟純錫爲五金之母，以製茶銚，能益水德，沸亦聲清。白金尤妙[30]，第非山林所辦爾㉛。

壺宿雜氣，滿貯沸湯㉜，傾即没冷水中，亦急出水寫之，元氣復矣。

品茶用甌㉝，白瓷爲良，所謂“素瓷傳静夜，芳氣滿閒軒”也。製宜弇口邃腸，色浮浮而香味不散。

茶洗，式如扁壺，中加一盎，鬲而細竅其底，便過水漉沙。茶藏，以閉洗過茶者,仲美、君用各有奇製,皆壺史之從事也。水杓、湯銚,亦有製爲盡美者,要以椰匏、錫器,爲用之恆。

附[31]:過吴迪美朱萼堂看壺歌兼呈貳公㉞

新夏新晴新緑焕,茶式初開花信亂。羈愁其語賴吴郎,曲巷通人每相唤。伊予真氣合奇懷,閒中今古資評斷。荆南土俗雅尚陶,茗壺奔走天下半。吴郎鑒器有淵心,曾聽㉟壺工能事判。源流裁别字字矜,收貯將同彝鼎玩。再三請出豁雙眸,今朝乃許花前看。高盤捧列朱萼堂,匣未開時先置贊。捲袖摩挲笑向人,次第標題陳几案。每壺署以古茶星,科使前賢參静觀。指摇蓋作金石聲,款識稱堪法書按。某爲壺祖某雲孫,形製敦龐古爲燦。爲橋陶肆紛斷奇,心眼欹戲多暗换。寂寞無言意共深,人知俗手真風散。始信黄金瓦價高,作者展也天工竄。技道會何彼此分,空堂日晚滋三歎。

供春大彬諸名壺價高不易辦予但别其真而旁蒐殘缺於好事家用自怡悦詩以解嘲

陽羨名壺集,周郎不棄瑕。尚陶延古意,排悶仰真茶。燕市會酬駿,齊師亦載車。也知無用用,攜對欲殘花。吴迪美曰:用涓人買駿骨[32]孫臏刖足事,以喻殘壺之好。伯高乃真賞鑒家,風雅又不必言矣。

林茂之[33]　陶寶肖像歌爲馮本卿金吾作

昔賢製器巧舍樸,規倣樽壺從古博。我明龔春時大彬,量齊水火摶埴作。作者已往嗟濫觴,不循月令仲冬良。荆谿陶正司陶復,泥沙貴重如珩璜。世間㊱茶具稱爲首,玩賞揩摩爲人手。粉錫[34]型模莫與争,素磁尠酌長相偶。義取炎涼無變更,能使爲湯氣永清。動則禁持慎捧執,久且色澤生光明。近聞復有友泉子,雅式精工仍繼美。嘗教春茗注山泉,不比瓶罍罄時恥。以兹珍賞向東吴,勝卻方平衆玉壺爲癖好收藏阮光禄[35],割愛舉贈馮金吾[36]。金吾得之喜絶倒,寫圖錫名曰陶寶。一時詠贊如勒銘,直似千年鼎彝好。

俞仲茅　贈馮本卿都護陶寶肖像歌

何人霾向陶家側,千年化作土赭色。抹來擣治水火齊去聲,義興好手誇埏埴。春濤沸後春旗濡,彭亨豕腹正所須。吳兒寶若金服匿,賫緣先入步兵廚[37]。於今東海小馮君,清賞風流天下聞。主人會意卻投贈,媵以長句縹緗交。陳君雅欲酣茗戰,得此摩挲日千遍。尺幅鵝溪綴剡藤[38],更教摩詰開生面爲圖爲王宏卿一時所寫一時佳話傾璠璵,堪備他年班管[39]書。月筍馮園名即今書畫舫,爲山同伴玉蟾蜍㊲。

注　釋

1　書前《陽羨茗壺系》題下,各書均署作"江陰周高起伯高著"。檀几叢書本在題署前,還有"武林王晫　丹麓;天都　張潮　山來同輯"十四字。丹麓、山來是王晫、張潮的字。

2　城變突作:是指清軍圍攻、占領江陰縣城。

3　閩豫瓷:疑指烹飲團茶餅茶所尚建盞和鞏縣瓷茶器。南宋《梁谿漫志》載:"鞏縣有瓷偶人,號陸鴻漸,買十茶器,得一鴻漸。"名瓷除建窑兔毫盞因鬥茶名甲全爲外,稍次名瓷,各地均有,但從上可以看出,瓷茶具産銷最爲活躍的,應數鞏窑。

4　此詩句出自杜甫《少年行》兩首之一。

5　金:此指白銀的重量或貨價單位,銀一兩爲一金。

6　踵傅口、柄、蓋、的:意指接着製做壺口、壺柄、壺蓋及蓋的子。

7　附陶穴燒成:陶穴,陶窑。先前紫砂陶成坯後,一般搭附在缸瓮一類粗陶一起入窑燒成。

8　吳頤山:即吳仕,字克學,號頤山,一號拳石,明宜興人。正德九年(1514)進士,官至四川布政司參政。工詩,有《頤山私稿》十卷,《毗陵人品記》九卷。

9　青衣:指僮僕、書僮。

10　菱花式:菱花以八瓣爲多,砂壺造型製成八條筋紋花瓣形,稱菱花式。

11 囊閉入陶穴：如前注所説,早期紫砂器和粗陶窑貨放在一起燒製,不免沾缸罈油淚及氣味。自李茂林將紫砂用匣體封閉燒製,不僅克服了不良物質和氣體的附着,也爲紫砂陶的精雅化奠定了較好基礎。

12 雜硇砂土：宜興方言稱土中砂粒爲硇砂;用篩篩選處理後的砂土,稱熟砂。這一工序,即現在所謂的調砂、鋪砂。

13 婁東：即婁縣(位於今江蘇昆山東北)東部。

14 眉公：係明江浙名士陳繼儒的號,詳本書《茶董補》題記。

15 以文巧相競：《紫砂名陶典籍》注稱：李茂林"尚知寓巧於樸,敦促仲芳(林子),而仲芳以文巧爲追求目標"。這也恰好是當時宜興砂陶工藝風格"日趨纖巧"的一種發展縮影。

16 家塾：非學校性質的私塾,而是指舊時江南把工匠請至家中生産的一種做法。

17 漢方：紫砂傳統造型名稱之一,即仿照漢方製作的壺爲歷代名家大都有仿古漢方壺傳世。

18 《渭城》：曲名,即《渭城曲》,樂府近代曲名,又名《陽關曲》。唐代王維《送元二使安西》詩："渭城朝雨浥輕塵,客舍青青柳色新。勸君更盡一杯酒,西出陽關無故人。"後被譜入樂府,"渭城"和"陽關"之典本此。

19 蚤眚(shěng)：眚,《説文・目部》："眚,目病生翳也。"此指早年眼睛生病。

20 龍眠、道子：龍眠,即北宋畫家李公麟(1049—1106),字伯時,官至朝奉郎。元符三年(1100)告老後居龍眠山,號龍眠居士,傳世作品有《五馬圖》。道子,即唐代著名畫家吴道子。陽翟(今河南禹州)人,漫游洛陽時,玄宗聞其名,任以内教博士,在宫廷作畫。擅畫佛道人物,也畫山水,封後世宗教人物畫和雕塑都有較大影響。

21 尚象諸物,製爲器用,不尚正方圓：規正的方形、圓形器皿,在紫砂行業内屬光素一派,而仿生器屬歐正春所創的塑器類。

22 黄庭、樂毅帖：黄庭,即《黄庭經》,有黄庭"内景經"和"外景經"兩本,是道教上清派的主要經書之一,因晉代王羲之寫本而著名於世,但今傳的僅《黄庭外景經》。此“黄庭”指法帖,宋以後刻本繁多,最著名的爲小楷法帖,一般認爲是唐褚遂良所臨。樂毅,爲魏夏侯玄所作的《樂毅論》;此指著名的法帖。傳稱是王羲之書付其子獻之的手迹。

23 果備五色:紫砂泥有紫泥、緑泥(本山緑泥)、紅泥三種。由天然礦土礦脉的差异造成泥色的不同,稱之爲“五色”。

24 嫩泥……蓋陶壺之丞弼:高英姿《紫砂名陶典籍》中指出此説之謬。所謂“丞弼”,此不作“輔佐”解。丞,通“承”,作秉承;弼,作“嬌正”之義,這裏引伸作能任人隨意加工製作的陶坯。其實,“嫩泥是一種粗陶製作的必備原料,可以增加黏塑力。但紫砂用泥中不加嫩泥”,因此“説嫩泥是陶壺之丞弼,是混淆了紫砂泥與粗陶泥的概念”。

25 白泥:大潮山未開發時,從江陰“白石山”運來。白泥是日用粗陶用泥,此稱早先白泥從江陰運來,實是將粗陶用釉料與白泥的混淆。

26 養土:古代紫砂泥的煉製方法。將風化後的礦土搗碎,碾成粉末,加水浸泡。幾個月後取泥錘煉,煉好後,放於陰涼處陳腐一段時間才能拿來做壺。陳腐過程中泥中有機物化作膠體狀,黏塑性增强,更宜於造型。

27 窯有變相:即“窯變”。在燒成中,由於泥質、火候、氣氛互相配合,有時會出現意想不到的最佳效果。在科技不發達的傳統生産階段,這種“億千一見”的窯變現象,當然只能歸結爲“神之所爲”。

28 壺蓋宜盎不宜砥:盎,指豐厚盈溢,爲虚高壺口;砥,指低平。即壺蓋宜虚高些,不宜作平蓋。

29 堅結:結,原書各本均作“潔”,似爲音誤,應作“堅結”。燒成火候較高,已燒結,質地堅緻。

30 惟純錫爲五金之母,以製茶銚……白金尤妙:銚,指煮水的“吊子”,此借指茶壺。白金,指“白銀”。以上説法,也是明代不少茶書的結論。如許次紓《茶疏》載:“茶注以不受他氣者爲良,故首銀次錫;上品真錫,力大不減”,就是這種觀點。

31　此"附録"題名,爲本書編加。原下録諸詩名前,多數添加一"附"字:如"附《過吴迪美爲萼堂看壺歌兼呈貳公》;附《林茂之陶寶肖像歌》"等。既置題頭,原書各詩題前所加的"附"字,本文也全部作删。

32　涓人買駿骨:典出《戰國策·燕策》,燕昭王聞古之君人,有以千金求千里馬者,三年不能得。涓人(内侍)言於君曰:"請求之。"君遣之。三月得千里馬,馬已死,買其骨五百金,反以報君。君大怒曰:"所求者生馬,安事死馬?而捐五百金!"涓人對曰:"死馬且買之五百金,況生爲乎?天下必以王爲能市馬,馬今至矣。""於是不期年,千里馬至者三。"

33　林茂之:即林古度,茂之是其字。

34　粉錫:粉,指瓷器,爲西景德鎮仿製定瓷,即記稱"粉定"。粉錫,此指瓷錫茶具。

35　阮光禄:光禄,古職官"光禄大夫"的簡稱。南朝宋阮韶,官至"金紫光禄大夫",即有"阮光禄"之稱。

36　馮金吾:金吾,官名,即"執金吾"。所謂金吾,一稱是兩端鍍金的銅棒,執之以示權威。一云"吾"讀"御",謂執金以御非常。漢武帝時改中尉爲執金吾,督巡三輔治安,晉以後廢。但此處似與上古"金吾"無關,因爲上面林古度《陶寶肖像歌》題注説得很清楚,馮金吾名本卿,當是明清間人。

37　步兵廚:步兵,借指阮籍,三國魏陳留尉氏人,字嗣宗。齊王曹芳時任尚書郎,以疾歸。大將軍曹爽被誅後,任散騎常侍。縱酒談玄,長詩工文,與嵇康等被稱爲"竹林七賢"。傳説因當時步兵校尉厨中有酒數百斛,因請求任"步兵校尉"。有《阮步兵集》。步兵廚,比喻藏有美酒之處。

38　尺幅鵝溪綴剡藤:《紫砂名陶典籍》注:鵝溪,位四川鹽亭縣西北,以産絹著名。剡藤,指浙江剡溪以藤製作的名紙"剡紙"。蘇軾詩句"剡滕玉版開雪膚"即是。

39　班管:管,這裏指詩文中常喻的書筆。班氏之筆非一般,而是指班彪、班固、班昭書《漢書》之筆。

校　記

① 用處一耳：耳,《翠琅玕館叢書》本(簡稱翠琅玕館本)刊作“身”。

② 土砂:“砂”字下,《一瓻筆存》本有“爲之”兩字。

③ 傾金：金,《一瓻筆存》本作“銀”。

④ 重不數兩:“不”字和“數”字之間,《一瓻筆存》有一“踰”字。

⑤ 學憲：憲,《常州先哲叢書》本(簡稱常州先哲本)、《粟香室叢書本》(簡稱粟香室本)作“使”。

⑥ 闇闇：底本及其他各本大都作“闇闇”。《中國古代茶葉全書》不知據何底本作“暗鏞”。

⑦ 周：盧抱經鈔本、粟香室本、翠琅玕館本等同底本作“周”。《中國古代茶葉全書》不知據何底本作“冋”。

⑧ 冋：底本、翠琅玕館本作“同”,徑改。《中國古代茶葉全書》本不知據何底本作“周”。

⑨ 玄錫：翠琅玕館本同底本作“玄錫”;玄,粟香室本、常州先哲本作“袁”,并在“錫”字下加雙行小字注“按：袁姓,據《秋園雜佩》更正”十字。

⑩ 視:《一瓻筆存》與各本异,作“示”。

⑪ 變化式土：粟香室本、常州先哲本無“土”字,作“變化其式”。

⑫ 提梁卣:《一瓻筆存》等作“提梁卤”,粟香室本、常州先哲本等作“卣”。

⑬ 時大漢方：粟香室本等在“大”字下有一“彬”字。

⑭ 尚氣：氣,翠琅玕館本作“義”。

⑮ 落墨拙,落刀工：盧抱經鈔本、《一瓻筆存》本等同底本,皆有以上六字;粟香室本、常州先哲本無。

⑯ 不務：務,常州先哲本作“復”。

⑰ 亦以：常州先哲本等無“亦”字。

⑱ 沈子澈……滌塵熱：底本、盧抱經鈔本、《一瓻筆存》本等無此段内容,係粟香室本和常州先哲本刊加。粟香室本并在段末用雙行小字

注明:"按此條據宜興舊志增入。"

⑲　硃書:此處"硃"和本文其他地方使用的如"硃砂"的硃字,檀几叢書本和《一瓻筆存》本、翠琅玕館本等大多相同作"硃",但也有少數如粟香室本等作"朱"。此不再出校。

⑳　土人:粟香室本、常州先哲本無"土"字。

㉑　以和一切色上乃黏脂可築:上,《一瓻筆存》本、粟香室本等作"土",句讀成"以和一切色土"。脂,《一瓻筆存》本等作"脂"。

㉒　蜜□泥:底本"蜜"字和"泥"字之間闕字空一格;粟香室本等有的闕字處用墨釘,有的空格,有的甚至直接聯作"蜜泥"。

㉓　宛若:宛,底本、盧抱經鈔本、《一瓻筆存》本等多數版本作"按";粟香室本等作"宛",據文義從粟香室本改。

㉔　秦望山之東北:粟香室本、常州先哲本無"山"字。

㉕　祠宇:祠,《一瓻筆存》本作"棟"。

㉖　傾竭即滌:翠琅玕館本等同底本作"傾渴即滌";渴,《一瓻筆存》本作"竭",據文義,渴似應作"竭",徑改。

㉗　醙:《一瓻筆存》本等同底本作"醙"。醙,古指用黍、粱釀製的白酒或清酒,文似不可解。近出諸本作"餿"。

㉘　壺入用久:入,粟香室本、常州光哲本作"經"。

㉙　此爲書房:書,粟香室本、常州先哲本作"文"。

㉚　竹爐:爐,底本作"鑪",粟香室本作"鑪",也有的作"壚",皆可。但《中國古代茶葉全書》本改作"廬",將爐當作"廬",似有舛。

㉛　第非山林所辦爾:第,近出《中國古代茶葉全書》本作"苐"。爾,《一瓻筆存》本作"耳"。

㉜　滿貯沸湯:貯,盧抱經鈔本、《一瓻筆存》本作"注"。

㉝　甌:底本作"歐";盧抱經鈔本、《一瓻筆存》本等作"甌";據改。

㉞　附《過吳迪美朱萼堂看壺歌兼呈貳公》詩及其後另三詩、粟香室本、常州先哲本未作收録。

㉟　曾聽:曾,近出個别版本作"會"。

㊱　世間:間,翠琅玕館本、黄任恆重編翠瑯玕館本作"問"。

㊲ 底本及各本全書和所收附詩均於終。但《一瓻筆存》本,另段還有"蜀山余曾一至,入野望四山皆火光也;製者多而佳者少矣。甲午十一月四日磯漁書"三十三字。

洞山岕茶系

◇明　周高起　撰[①]

周高起生平事迹，見《陽羨茗壺系》。

《洞山岕茶系》，是繼熊明遇《羅岕茶記》、馮可賓《岕茶箋》之後，又一部關於太湖西部岕茶的地區性茶葉專著。岕茶之名，按陳繼儒在《白石樵真稿》中所言，朱元璋"敕顧渚每歲貢茶三十二觔，則岕於國初已受知遇，施於今而漸遠漸傳，漸覺聲價轉重"。也即是説，岕茶在明初廢止團餅改貢芽茶以後，不趨炒青大流，獨保用甑蒸煞青工藝，愈傳名聲愈振，至嘉靖、萬曆年間，如陳繼儒在《農圃六書》中又説，長興"羅岕，浙中第一；荆溪（按：宜興）稍下"，岕茶特别是"羅岕"，便名噪江浙一帶。也因爲這樣，熊明遇寫的第一本有關岕茶的書，不用他名，專以"羅岕"作記。羅岕在長興境内，如果説第一本岕茶專著《羅岕茶記》是一本主要記述長興岕茶的地方茶書的話，那末，洞山位宜興一側，在《羅岕茶記》後所撰的《洞山岕茶系》，則是洞山岕茶名聲超越羅岕以後，用洞山之名，專門以著述宜興岕茶爲主的另一本地方性茶書。這一點，明末清初乃至清朝中期文獻中的不少記載，都能説明。如不偏長興，也不重宜興，兼述兩縣岕茶而稍早於《洞山岕茶系》的《岕茶箋》，就清楚反映了明末岕茶重心的這種轉變。馮可賓在文章開頭的"岕名"序中就指出：諸岕産茶者中，"獨羅嶰（岕）最勝……洞山之岕，南面陽光，朝旭夕暉，雲滃霧浡，所以味迥别也"。隨後在"辨真贋"中，又進一步提到："茶雖均出於岕，有如蘭花香而味甘，過霉歷秋，開罈烹之，其香愈烈，味若新，沃以湯，色尚白，真洞山也。"説明在馮可賓撰寫《岕茶箋》前，洞山便替代"羅岕"，名冠衆岕。其實這點，即使在熊明遇的《羅岕茶記》中，也可看到。如他在"産茶處"稱：羅岕"廟後山西向，故稱佳，總不如洞山南向，受陽氣特專"。所以，《羅岕茶記》和《洞山岕茶系》從表面來看，不過是明代後期兩篇分别主要介紹長興和宜興岕茶的短文，但實際則是客觀反映了中國岕茶所經歷的長興羅岕、宜興洞山爲代表的兩個不同發展階段，對於研究明清茶類特别是岕茶生産發展的歷史，具有較爲重要的參考價值。

本文撰寫年代，如同《陽羡茗壺系》題記中所推斷的，大致是明末崇禎十三年(1640)以後。至於版本情况，因爲本文一般常和《陽羡茗壺系》一起刊印，所以也和上書的介紹基本相同。本書以康熙《檀几叢書》本作底本，以盧文弨精鈔本、管庭芬《一瓻筆存》本、金武祥《粟香室叢書》本、馮兆年《翠琅玕館叢書》本、盛宣懷《常州先哲遺書》本等作校。

唐李栖筠[1]守常州日，山僧進陽羨茶，陸羽品爲“芬芳冠世[②]，産可供上方”。遂置茶舍於罨畫谿，去湖㳇一里所，歲供萬兩。許有穀[2]詩云：“陸羽名荒舊茶舍，卻教陽羨置郵忙”是也。其山名茶山，亦曰貢山，東臨罨畫谿。修貢時，山中湧出金沙泉，杜牧詩所謂“山實東南秀，茶稱瑞草魁。泉嫩黄金湧，芽香紫璧裁”者是也。山在均山鄉，縣東南三十五里。又茗山，在縣西南五十里永豐鄉。皇甫曾[3]有《送陸羽南山採茶詩》：“千峯待逋客，香茗復叢生。採摘知深處，煙霞羨獨行。幽期山寺遠，野飯石泉清。寂寂燃燈夜，相思磬一聲。”見時貢茶在茗山矣。又唐天寶中，稠錫禪師名清晏，卓錫[4]南岳，磵上泉忽迸石窟間，字曰“真珠泉”。師曰：“宜瀹吾鄉桐廬茶”，爰有白蛇銜種菴側之異。南岳産茶，不絶修貢。迨今方春採茶，清明日，縣令躬享白蛇於卓錫泉亭，隆厥典也。後來檄取，山農苦之。故袁高有“陰嶺茶未吐，使者牒已頻”之句。郭三益[5]題南岳寺壁云：“古木陰森梵帝家，寒泉一勺試新茶。官符星火催春焙，卻使山僧怨白蛇。”盧仝《茶歌》亦云：“天子須嘗陽羨茶，百草不敢先開花。”又云：“安知百萬億蒼生，命墜顛崖受辛苦，”可見貢茶之苦。民亦自古然矣。至岕茶之尚于高流，雖近數十年中事，而厥産伊始，則自盧仝隱居洞山，種於陰嶺，遂有茗嶺之目。相傳古有漢王者，棲遲茗嶺之陽，課童藝茶。踵盧仝幽致，陽山所産，香味倍勝茗嶺。所以老廟後一帶，茶猶唐宋根株也。貢山茶今已絶種。

羅岕去宜興而南踰八九十里,浙直分界,只一山岡,岡南即長興山。兩峯相阻,介就夷曠者,人呼爲岕;履其地,始知古人制字有意。今字書"岕"字,但注云山名耳云有八十八處。前横大磵,水泉清駛,漱潤茶根,洩山土之肥澤,故洞山爲諸岕之最。自西氿[6]溯張渚而入,取道茗嶺,甚險惡;縣西南八十里自東氿溯湖汊而入,取道纏嶺,稍夷才通車騎。

第一品

老廟後,廟祀山之土神者,瑞草叢鬱,殆比茶星肸蠁[7]矣。地不二三畝,苕溪姚象先與壻朱奇生分有之。茶皆古本,每年産不廿斤,色淡黄不緑,葉筋淡白而厚,製成梗絶少。入湯,色柔白如玉露,味甘,芳香藏味中。空濛深永,啜之愈出,致在有無之外。

第二品皆洞頂岕也

新廟後、棋盤頂、紗帽頂、手巾條、姚八房,及吴江周氏地,産茶亦不能多。香幽色白,味冷雋,與老廟不甚别,啜之差覺其薄耳。總之,品岕至此,清如孤竹,和如柳下,並入聖矣。今人以色濃香烈爲岕茶,真耳食而眯其似也。

第三品

廟後漲沙、大衮頭、姚洞、羅洞、王洞、范洞、白石。

第四品皆平洞本岕也

下漲沙、梧桐洞、余洞、石場、丫頭岕、留青岕、黄龍、炭竈、龍池。

不入品外山

長潮、青口、箵莊、顧渚、茅山岕[8]。

貢茶

即南岳茶也。天子所嘗,不敢置品。縣官修貢,期以清明日,入山肅祭,乃始開園採。製視松蘿、虎丘,而色香豐美。自是天家清供,名曰片茶。初亦如岕茶製,萬曆丙辰,僧稠蔭游松蘿,乃仿製爲片。

岕茶採焙,定以立夏後三日,陰雨又需之。世人妄云"雨前真岕",抑亦未知茶事矣。茶園既開,入山賣草枝者,日不下二三百石,山民收製亂真。好事家躬往,予租採焙,幾視惟謹,多被潛易真茶去。人地相京[9],高價分買,家不能二三斤。近有採嫩葉,除尖蒂,抽細筋炒之,亦曰片茶;不去筋尖,炒而復焙,燥如葉狀,曰攤茶,並難多得。又有俟茶市將闌,採取剩葉製之者,名修山,香味足而色差老。若今四方所貨岕片,多是南岳片子,署爲騙茶可矣。茶賈炫人,率以長潮等茶,本岕亦不可得。噫!安得起陸龜蒙於九京[10],與之賡茶人詩也。陸詩云:"天賦識靈草,自然鍾野姿。閒來北山下,似與東風期。雨後採芳去,雲間幽路危。惟應報春鳥,得共此人知。"茶人皆有市心,令予徒仰真茶已。故予煩悶時,每誦姚合[11]《乞茶詩》一過:"嫩綠微黄碧澗春,採時聞道斷葷辛。不將錢買將詩乞,借問山翁有幾人。"

岕茶德全,策勛惟歸洗控。沸湯潑葉即起,洗鬲斂其出液,候湯可下指,即下洗鬲排蕩沙沫;復起,併指控乾,閉之茶藏候投。蓋他茶欲按時分投,惟岕既經洗控,神理綿綿,止須上投耳。傾湯滿壺,後下葉子,曰上投,宜夏日。傾湯及半,下葉満湯,曰中投,宜春秋。葉着壺底,以湯浮之曰下投,宜冬日初春。

注　釋

1　見本書張又新《煎茶水記》頁注。

2　許有穀:明宜興許氏文人,萬曆十八年(1590),偕王孚齋纂《宜興縣志》。明人修志,大都沿襲舊志,絶少考訂。有穀參修的縣志,博采群史,考訂前志缺譌頗多,堪稱明代方志中少見的優秀之作。

3　皇甫曾:字孝常,祖籍安定,避亂南遷丹陽。玄宗天寶十一年(752)進士,歷侍御史。詩出王維之門,爲皇甫冉(天寶十五年進士)弟。曾、冉并以詩名被世人譽爲"大歷才子"。

4　卓錫：卓，卓立、直立；錫，即僧人外出時手推的“錫杖”。卓錫，意指僧人在某地停留下來。

5　郭三益：字慎求，宋海鹽人。元祐三年(1088)擢進士，爲常熟丞。時常平使者調蘇、湖、常、秀(州治在今浙江嘉興)四州民濬青龍江。三益所率部衆提前完工後，常平使命“留之使助他邑”；三益不聽，竟引歸。以政績，累官刑部尚書同知樞密院事。

6　氿：宜興方言讀作jiù，意指汪汪蓄水之陂。“東氿”“西氿”，是位於今宜興市宜城鎮附近的兩大水蕩。

7　肸(xī)蠁：肸，亦作“肹”。肸蠁，原指分布、散布，引申爲衆盛貌。如杜甫《朝獻太清宫賦》：“若肸蠁而有憑，肅風飆而乍起。”還寓有神靈感應之意。

8　茅山岕：此茅山，非江蘇金壇、句容之茅山，而是長興西北的茅山。本文上列所有岕茶産地，并非全屬宜興，而是宜興、長興兼録。如本條“不入品”外山之地，箬莊即今“省莊”，屬宜興；其他如長潮、顧渚、茅山岕，就均屬長興，以其地毗鄰、交錯故也。

9　人地相京：此處“京”字，作區分、比較言。《左傳・莊公二十二年》：“八世之後，莫之與京。”孔穎達疏：“莫之與京，謂無與之比。”

10　九京：京，通“原”，泛指墳墓。九京，原指春秋晉國卿大夫墓地；鄭玄稱，“京”蓋“原”字之誤，“晉卿大夫之墓地在九原”。九原，地轄今内蒙古後套至包頭市黄河南岸的伊克昭盟北部地。

11　姚合(約775—854以後)：唐陝州硤石(今河南陝縣東南)人，一説吴興人。元和十一年(816)進士，授武功主簿，世稱姚武功。寶曆中爲監察御史，文宗太和時，出爲金州、杭州刺史，入爲監議大夫，官終秘書監。工詩，其詩稱“武功體”，與賈島并名，故有“姚賈”或“賈姚”之稱。有《姚少監詩集》，并選收王維、錢起等人詩編爲《極玄集》。

校　記

①　文前《洞山岕茶系》題下，各書版均署作“江陰周高起伯高著”。底本

在題和署名前，還多"武林王晫丹麓；天都張潮山來同輯"數字。丹麓、山來，爲王晫、張潮的字。

② 芬芳冠世：芬芳，盧文弨精鈔本作"芳芬"，與其他各本异，疑誤。

茶酒争奇

◇明　鄧志謨　輯

鄧志謨，字景南，自號百拙生，又號竹溪散人，明饒州饒安人，寓居金陵。生平不詳，僅知道活躍於萬曆南京文士之中，能文善曲，并撰著及刊刻書籍多種。他以“麗政堂”爲書室名，撰有《鐵樹記》二卷、《飛劍記》二卷、《咒棗記》二卷、《麗藻》八卷、《豐韻情書》二卷、《七種争奇》二十卷、《精選故事黄眉》十卷、《重刻增訂故事白眉》十卷等二十餘種。

《茶酒争奇》是鄧志謨《七種争奇》中的一種，以擬人手法描寫茶酒各自矜誇的情態，屬游戲文章，但亦附有不少前人的茶事詩文，體例比較雜亂。茶酒争奇這種寫法，可上溯至唐代《茶酒論》，敦煌遺書中亦有通俗版本的擬人化故事，將兩種不同飲品的性質，作爲争相表功的材料。本文曾由萬國鼎《茶書總目提要》列爲茶書，陳祖槼、朱自振所編《中國茶葉歷史資料選輯》亦存目。萬國鼎將本文撰寫時間定爲崇禎十五年(1642)前後，而我們目前所見版本，只有北京國家圖書館的清代春語堂刻本。

目録

羽茶井　王元之　詠茶　黄魯直、丁謂、鄭愚[③]、蔡伯堅、高季默[④]　竹間自採茶　柳宗元　送陸鴻漸棲霞寺採茶　皇甫冉　陸鴻漸採茶相遇　皇甫曾[⑤]　和章岷從事鬥茶歌　范希文　西山蘭若試茶歌　劉禹錫[⑥]　試茶詩　林和靖　煎茶歌　蘇軾　煎茶調　蘇軾[⑦]　與孟郊洛北野泉上煎茶[⑧]　劉〔言〕史[⑨]　峽中煎茶　鄭若愚　煎茶　吕居仁　詠煎茶　党懷英　睡後煎茶　白樂天　嬌女煎茶　左思、李南金　觀湯　沙門福全　問大冶長老乞桃花茶[⑩]　蘇軾　進茶表　丁謂　送龍茶與許道士　歐陽修　〔過〕長孫宅與郎上〔人茶〕會[⑪]　錢起　贈晁無咎　黄魯〔直〕[⑫]　嘗新茶　顔潛菴　嘗新茶呈〔聖〕俞[⑬]　歐陽修二首　和梅公儀嘗茶　歐陽修　謝孟諫議寄新茶　盧仝　謝賜鳳茶表　范希文　謝木舍人送講筵茶　楊慎　謝僧人寄茶　李咸用　謝惠茶　周愛蓮　謝故人寄新茶　曹鄴　史恭甫遠致陽羨茶惠山泉　王寵　茶塢　皮日休　陸龜蒙　茶人　皮日休　陸龜蒙　茶筍　皮日休　陸龜蒙　茶籯　皮日休　陸龜蒙　茶舍　皮日休　陸龜蒙　茶灶　皮日休陸龜蒙　茶焙　皮日休　陸龜蒙　茶鼎　皮日休　陸龜蒙　茶甌　皮日休　陸龜蒙　煮茶　皮日休　陸龜蒙　覓茶　張晉彦二首　焙籠法式　《酒德頌》[1]

卷一　敘述茶酒争奇

皇道焕炳，帝載緝熙。教清於雲官之世，治穆於鳥紀之時。王猷允塞，函夏謐寧，萬物絪緼，地天交泰。功與造化争流，德與二儀比大。鳳凰鳴矣，黄河清矣。在在絃歌擊壤，家家詩禮文章。鐘鼓鏗鏘，寫羲皇之皥皥；玄黄稠疊，追文質之彬彬。禮儀一百，威儀三千，至浩至繁，不可勝紀。今特舉禮中二物極小者言之：曰茶曰酒。

自春夏以至秋冬，何時不用茶用酒？自朝廷以及閭巷，何人不用茶用酒？試言其日用飲食之常，民間往來之禮：或冠而三加，或婚而合巹，或弄璋而爲湯餅會，開筵呼客；或即景賦詩；或坐上姻朋，賽有華裾織翠；或門前車馬，時來結駟高軒；追賞惠連，壓倒元白，何事而不用茶用酒？如所云用之以時者，玉律元旦傳佳節，綵勝七日倍風光。九陌元宵聯燈影，改火寒食待清明。燧火開新焰清明，傾都潑褉辰上巳。舡登先後渡端午，萬鏤慶停梭七夕。照耀超諸夜,漢武賜茱囊重陽。刺繡五紋添弱線冬至,四氣除夜推遷往復還,何節而不用茶用酒?

〔**茶敘述源流**〕⑭

先言茶之異品者:劍南有蒙頂石花,或小方或散芽,號爲第一。湖州有顧渚之紫筍。東川有神泉小團、昌明獸目。硤州有碧澗明月、芳蕋、茱萸簝。福州有方山之生芽⑮。夔州有香山。江陵有楠木。湖南有衡山。岳州有灉湖之含膏。常州有義興之紫筍。婺州有東白。睦州有鳩坑。洪州有西山之白露。壽州有霍山之黄芽。蘄州有蘄門團黄。建州之北苑先春龍焙⑯。綿州之松嶺。福州之柏岩。雅州之露芽。南康之雲居。婺州之舉岩碧貌。宣城之陽坡横紋。饒池之仙芝福合、禄合、運合、慶合。蜀州之雀舌、鳥嘴、麥顆、片甲、蟬翼。潭州之獨行靈草。彭州之仙崖石花。臨江之玉津。袁州之金片。龍安之騎火。涪州之賓化。建安之青鳳髓。岳州之黄翎毛。建安之石岩白。岳陽之含膏冷。杭州寶雲山産者,名寶雲茶。下天竺香林洞者,名香林茶。上天竺白雲峯者,名白雲茶。會稽有日鑄嶺茶,歐陽修謂兩浙第一。竇儀有龍陂山茶。白樂天有六班茶。龍安有騎火茶。顧渚側有明月峽前茶。王介甫之一旗一槍。義興有芳香甘辣冠他境。丁晉公謂石乳出壑嶺斷崖鐵石之間⑰。建安有露芽真筍。武昌山有大藂茗,岳陽有灉湖茶,白鶴僧園有白鶴茶。元和時,待學士煎麒麟草。宣和中,復有白茶,勝雪茶之異種者。中孚衲子有仙人掌⑱,曇〔濟〕道人⑲有甘露,雙林道士有聖陽花,西域僧⑳有金地茶[2],仙家有雷鳴茶爲茶之别種者:有枳殼芽、枸杞芽、枇杷芽,皆治風疾,又有皂莢芽、槐芽、柳芽、月上春,摘其芽和茶作之。故今南人輸宫茶。茶之有益於人者,何如党魯有滌煩消渴。華元化謂苦茶久食,益意思。《神農經》㉑謂茶茗宜久服,令人有力悦志。李德裕謂天柱峯茶,可消肉食。丹丘子、黄山君服芳茶,輕身换骨。玉泉寺有茗草羅生,能還童振枯,人人壽也。劉越石㉒體羣潰悶,嘗仰真茶。隋文帝服山中茗草,可愈腦痛。茶有五名:一曰茶、二曰檟、三曰蔎、四曰茗、五曰荈,此載之《茶經》也。早采者爲茶,晚采者爲茗,此記之《爾雅》也。且製茶、煎茶各有法,須緩火炙,活火煎,始則魚目散布,微微有聲;中則四際泉湧,纍纍若貫珠;終則騰波鼓浪,水氣全消,〔此〕謂老湯㉓。三沸之法,非活火不能成也,此李存博之論,爲有山林之致矣。若唐子西《鬥茶記》㉔:“茶不問團銙,要之貴新;不問江井,要之貴活。”顧逋翁[3]《論茶》:“煎以文火細煙,小鼎長泉”,其意亦略同峯陸羽不嘗論茶有九難乎?“陰采夜焙,非造也;嚼味嗅香,非別也;膏薪炮炭,非火也;飛湍壅潦,非水也;外熟内生,非炙也;碧粉縹塵,非末也;操艱攪遽,非煮也,夏興冬廢,非飲也,膩鼎腥甌,非器也。”《茶録》㉕不詳載製茶之病乎?“土肥而芽澤乳,則甘香而粥面著盞而不散;土脊而芽短,則雲腳渙亂去盞而易散。葉梗半,則受水鮮白;葉梗短,則色黄而泛。烏蒂、白合茶之大病,不去烏蒂,則色黄黑而惡;不去白合,則茶苦澀。蒸芽必熟,去膏必盡。蒸芽未熟,則草木氣存;去膏未盡,則色濁而味重。受煙則香奪,壓黄則味失。此皆茶病也。”誠貴重也歟哉!

〔**酒敘述源流**〕㉖

試言酒之異品者:郢之富水。烏程之若下。滎陽之土窟春。富平之石凍。劍南之燒春。河東之乾和葡萄。嶺漢之靈溪。博羅宜城之爲醞。潯陽之湓水。市城之西市睦。蝦杙陵之郎官清。河漠又有三漠漿。類酒法書波斯三勒:謂庵摩勒、毗黎勒、訶黎勒。此補諸國史也。百華末蘭英酒。河中有桑落。隋煬有玉薤。司馬遷謂富人藏石葡萄酒。衡陽有酃渌。成都有郫筒。蒼梧之宜城醪。安成之宜春醇酎。曲阿之醇烈。杭州之梨花春。烏程有竹葉春、金陵春。雲安有麴米春、抛青春、松醪春。烏弋山有龍膏。武宗有澄明。枸樓有仙漿。匏和玉酸。洞庭春色。中山松膏。建康之醇美。劉白墮之春醪。朱崖郡有椒花。西夷有樹頭稷。南海頓遜國有酒樹。桂陽程鄉有千里酒。佛經有乳成酪。酪成醍醐。且酒之異名者:秋露白、珍珠紅、玉帶春、金盤菊、桃花、竹葉、索郎、麻姑、蓮花文章、酴醾屠蘇。又酒有異種者:三佛齋有柳花酒、椰子酒、檳榔酒,皆是麴蘖取醖,飲之亦醉。扶南有石榴酒。辰溪有鈎藤酒。赤土國以上俱載孫公談圃有甘蔗酒。山經有□汁甘爲酒。噫,真異哉!嘗觀《周禮》之酒正者,酒正掌酒之政令,辨五齊之名:一泛齊泛者成而滓泛泛然,如今宜城醪;二醴齊醴者成而滓汁相將如今甜酒,三盎齊盎者成而翁翁然,蔥白色,如今鄼白;四緹齊緹者,成而紅赤,如今下酒;五沈齊爲沈者,成而滓沈,如今造清。《酒經》不有酒終始之辨乎? 竇桑穢飯,醞以稷麥,以成醇醪,酒之始也。烏梅女麩,甜醹九酘,澄清百品,酒之終也。嘗觀《説文》釀酒之諸名: 爲酴,酒母也;醴,一宿成也;醪,滓汁酒也;酎,三熏酒也;醨,薄酒也;醑,旨酒也。曰醾曰醙,白酒也;曰釀、曰醞,造酒。買之曰沽,當肆曰鑪。釀之再曰醙。灑酒曰釃。酒之清曰醥,厚曰醹。相飲曰配,相強曰浮。飲盡曰釂,使酒曰酗,甚亂曰酳音詠。飲而面赤曰酡,病酒曰酲。主人進酒於客曰酧,客酌主人曰酢。獨酌而醉曰醮,出錢共飲曰醵。賜民共飲曰酺,不醉而歸曰奰。若善别酒者,則惟桓公主簿此載世説。好者謂青州從事,青州有齊郡從事,言到臍。惡者謂平原督郵。平原有鬲縣督郵,言在鬲上住。故竇子野云:"無貴賤賢不肖,夷夏共甘而樂之。"此言盡之矣。以此觀之,茶酒誠天下之至重,日用之至常,不可廢者也。

〔**上官子醉夢**〕㉗

河東有一士,複姓上官,名四知。極豪爽,且耐淡泊,雖家貲巨萬,若一窶人子耳。建一别墅,枕岡面流,疏梧修竹。扁於門曰迎翠,扁於樓曰棲雲。有一聯云:"疊翠層巒疑欲雨,環村密樹每留雲。"樵牧與羣,鹿豕與游,而坐,而卧,而登臨,而高吟縱覽,會有得意,則索句付奚囊。又有一架數楨,明窗浄几,左列古今圖史百家,右列道釋禪寂諸書。前植名花三十餘種,琴一、爐一、石磬一,茶人鼎竈、衲子蒲團、茶具、酒具各二十事。時敲石火,汲新泉,煎先春,時泛桃花,或一斗,或五斗,每謂羲皇上人。後有一洞,東爲一茶神,名陸羽;西畫爲酒神,名杜康。爲客至,或倣投轄,或效平原,無不盡歡而别。

一日,有一客問曰:"茶好乎,酒好乎?"答曰:"俱屬清貴,但人之好尚不同耳。"客曰:"客來,茶先酒後,茶不居禮之先乎?"又有一客曰:"茶只一杯而止,即更迭,不過二三。曾有如酒之樽疊交錯,動以千鐘一石,酒不爲禮之重乎?"如是,烹茶酌酒,至東方月上,衆爲酣樂各罷歸去。官子獨留迎翠軒,簟床竹枕,于于然卧也。忽夢至一處,若莽泱之野,若逍遥之城,見茶神率草魁、建安、顧渚、酪奴數十輩,酒神率青州督郵、索郎、麻姑、酒民、醉士、酒徒數十輩,喧喧嚷嚷有鬨聲。近視之,宛然如洞中之所畫者。

〔**茶酒共争辯**〕[28]

茶神曰:"纔聞客以你爲禮之重,你有何能,更重於我乎?"酒神曰:"纔聞客以你爲禮之先,你有何能,更先於我乎?"茶神曰:"天下之人,凡言酒與茶者,只稱茶酒,不稱酒茶,茶誠在酒之先也。"酒神曰:"天下之人,大凡行禮,只説請酒,不説請茶,酒誠爲禮之重也。"茶神曰:"我茶進御用者有十八品[29]:上林第一、乙夜清供、承平雅玩[30]、宜年寶玉、萬春銀葉、延年石乳、瓊林毓粹[31]、浴雪呈祥、清白可鑒、風韻甚高、暘谷先春、價倍南金、雪英、雲葉[32]、金錢、玉華[33]、玉葉長春、蜀葵、寸金。政和曰太平嘉瑞[34],紹聖曰南山應瑞。我有這多好處,敢與我争乎?"酒神曰:"我有神仙酒十八品:金液流暉、延洪壽光、清澄琬琰、玄碧香神女酣安期先生、瑶琨碧、凝露漿、桂花醖、百藥長、千日醉、崑崙觴、换骨醲、蓮花碧、青田壺、玉饋、瑞露、瓊粉、魏左相之醽醁翠濤、東坡之紅友黄封。我比你更希罕,肯讓你乎!"茶曰:"鄭谷云:'亂飄僧舍茶煙濕,密灑高樓酒力微',非茶在先,酒在後乎?"酒曰:"賈島云:'勸酒客初醉,留茶僧未來',非酒在先,茶在後乎?"茶曰:"壯志銷磨都已盡,看花翻作飲茶人,何曾要你?"酒曰:"好鳥迎春歌後院,飛花送酒舞前簷,何曾要你?"茶曰:"讀《易》分高燭,煎茶取折水,何曾要你?"酒曰:"山水彈琴盡,風花酌酒頻,何曾要你!"茶曰:"張孟〔陽〕[35]讚我'芳茶冠六清,溢味播九區'。"酒曰:"杜甫讚我'安得中山十日醉,酩然直到太平時'。"茶曰:"顔魯公讚我'流華浄肌骨,疏瀹滌心源',何等有益。"酒曰:"李適之讚我'碩郎宜此酒,行樂駐華年',何等有益。"茶曰:"盧仝云:'柴門反關無俗客,紗帽籠頭自煎吃',真箇貴重。"酒曰:"王駕清云:'桑柘影斜春社散,家家扶得醉人歸',真箇快人。"茶曰:"'沾牙舊姓餘甘氏,破睡當封不夜侯',非胡嵩之詠乎?"酒曰:"'形如槁木因詩苦,眉鎖愁山得酒開',非鄭云表之詠乎?"

草魁進前説:"你講得這樣斯文,待我來與辯一辯。"青州從事亦進前説:"你講得這樣斯文,待我來與你論一論。"

草魁曰:"你受何品職,敢云青州從事?"青州從事曰:"汝登何科甲,冒僭爲瑞草魁?”瑞草魁曰:“吾乃草木之仙骨。”青州從事曰:“吾乃天上之美祿。”瑞草魁曰:“天子須嘗陽羡茶,貴不貴?”青州從事曰:“欲得長生醉太平,好不好?”瑞草魁曰:“世俗聘婦,以茶爲禮。”青州從事曰:“百禮之會,非酒不行。”瑞草魁曰:“生涼好唤雞蘇佛,回味宜稱橄欖仙,哪個似像陶彝[4]之知趣?”青州從事曰:“玉薤春成泉漱石,葡萄秋熟艷流霞,哪個似像逸民之大雅!”瑞草魁曰:“高人唐僧齊己詩愛惜藏巖裏[5],白甌封題寄火前,真箇把我當寶。”青州從事曰:“尊前柏葉休辭酒,勝裏金花巧耐寒,還是把我當寶。”瑞草魁曰:“煩襟時一啜,寧羡酒如油,哪個要你!”青州從事曰:“卻憶滁州睡,村醪自解醒,哪個要你?”瑞草魁曰:“津津白乳衝眉上,習習清風兩腋間,快爽爽快。”青州從事曰:“興來筆力千鈞勁,酒醒人間百事空,快爽爽快。”瑞草魁曰:“一杯永日醒雙眼[6],草木英華信有神,你比一比。”青州從事曰:“杯行到君莫停手,破除萬事無過酒,你比一比。”

武夷進前來説:“你二人且退,待我也來奇一奇。”麻姑進前來説:“你二人且退,待我也來奇一奇。”

武夷曰:“汝非仙種,敢冒麻姑?”麻姑曰:“汝非將種,敢冒武夷?”武夷曰:“已是先春輕雨露,宜教□草避英華,彼惡敢當我哉!”麻姑曰:“百年莫惜千□醉,一盞能消萬古愁,不亦樂乎。”武夷曰:“旋沫翻鄴侯煎茶詩成碧玉池[7],添酥散出琉璃眼,你有這樣富貴麽?”麻姑曰:“忽遣終朝浮玉斝,還如當日醉瑶泉,你有這樣富貴麽?”武夷曰:“偷嫌曼倩桃無味,檮覺姮娥藥不香,哪個不被我壓倒?”麻姑曰:“文移北斗成天象,酒近南山作壽杯,哪個敢與我比對?”武夷曰:“香繞美人歌後夢,涼侵詩客醉中脾,哪裏有我這等瀟灑?”麻姑曰:“浩歌不覺乾坤窄,酣寢偏知日月長,哪裏有我這等廣大?”武夷曰:“一兩能祛宿疾,二兩眼前無疾,三兩换骨,四兩成地仙。你哪裏有這樣利益?”麻姑曰:“一樽可以論文杜詩,三斗可以壯膽汝陽王月進,五斗劉伶可以解醒,一石淳于髡而臣心最歡。你哪裏有這等利益?”武夷曰:“解渴醒餘酒,清神減夜眠,好快好快。”麻姑曰:“相歡在樽酒,不用惜花飛,好快好快。”武夷曰:“慢行成酩酊[8],鄰壁有松醪,貪心不足。”麻姑曰:“未見甘心氏福□,先迎苦口師,真得人厭。”武夷曰:“飲酒宿醒方竭處,讀書春困欲眠時,讀書人離我不得。”麻姑曰:“閑看竹嶼迎新月劉清詩,特酌山醪讀古書，讀書人離我不得。”武夷曰：“從今記取宜男祝，賀客來時只荐茶，客來還先要我。”麻姑曰：“嘉客但當傾美酒，青春終不換頹顔，客來還先要我。”武夷曰：“病骨瘦便花蕊暖[9]，煩心渴喜鳳團香，可作醫王。”麻姑曰：“避暑迎春復送秋，無非緑蟻滿杯浮，可作歲君。”武夷曰：“消磨壯志白駒隙，斷送殘年緑蟻杯，真箇害人。”麻姑曰：“粉身碎骨方餘味，莫厭聲喧萬壑霜，自喪其軀。”

茶中建安聞説“自喪其軀”，大怒，進前説：“武夷君請退，待我與他辯一辯。”酒中麴生秀才聞説“真個害人”，大怒，進前説：“麻姑兄請退，待我與他辯一辯。”

建安曰：“你是哪一學黌門，敢稱秀才？”麴生曰：“你有何才能，敢稱建安？”建安曰：“養丹道士顔如玉，愛酒山翁醉似泥，好不好？”麴生曰：“異物清詩瓜奇絶，渴心何必建溪茶，要不要？”建安曰：“醉時顛蹶醒時羞，麴蘖催人不自由，酒酒真個無廉恥。”麴生曰：“枯腸未易禁三碗，坐聽山城長短更，茶茶真個焦燥人。”建安曰：“囚酒星於地獄，焚醉苑於秦坑，非衛元規之自爲誡乎？”麴生曰：“海内有逐臭之夫，里内有效顰之婦，非彭城王之譏劉縞乎？”建安曰：“阮宣常以百錢掛杖頭，司馬以鷫，就市鬻酒，吴孫濟貫緼償酒，何等破蕩？”麴生曰：“李衛公唐相好飲惠山泉，置驛傳送；李季卿命軍士深詣南零取水；唐子西提壺走龍潭；楊城齋攜大瓢走汲溪泉；昔人由海道趨建安，何等勞碌？”建安曰：“李白好飲酒，欲與鐺杓同生死，何不顧身？”麴生曰：“老姥市茗，州法曹縶之獄，幾乎喪命。”建安曰：“畢吏部頽人瓮頭，孟嘉龍山落帽，成何體統？”麴生曰：“御史躬親監啟，謂御史茶瓶；吴察廳掌茶，太自輕賤。”建安曰：“願葬爲陶家之側，化爲土爲酒壺，何等貪濁。”麴生曰：“賈春卿爲小龍團，受衆人求乞，自討煎炒。”建安曰：“丹山碧水之鄉，月洞雲龕之品，誰敢賤用？”麴生曰：“千金難著價，一盞即薰人，哪肯賤沽？”建安曰：“朱桃椎[10]織芒屩以易朱茗，第一清雅。”麴生曰：“賀知章以金龜换酒，第一珍重。”建安曰：“錢起有茶宴、茶會，魯成績有湯社，勝你酒會。”麴生曰：“种放自號雲漢醉侯爲醉侯，蔡雝人稱爲路上醉龍爲醉龍，李白爲醉聖，俱是名賢。”建安曰：“酒酒你不害人，韋耀何藏荈以代酒㊱？”麴生曰：“茶茶你若可好，楊粹仲何目爲甘草癖？”建安曰：“柳惲感惠而以詩爲酬,陳子酹墳而以錢見貺,我茶能以德報德。”麴生曰:“周公設酒,有駜其香;邦家之光,有椒其馨。胡考以寧,我酒這等關係關係。”建安曰:“劍外九華夷,御封下玉京,皇帝重我。”麴生曰:“衹樹夕陽亭,共傾三昧酒,佛家飲我。”建安曰:“顧渚云:‘山中紫筍茶二片’,罕希罕希。”麴生曰:“王維云:‘新豐美酒斗十千’,高價高價。”建安曰:“心爲左惠芳茶荈劇,吹噓對鼎鑩,女子亦知好茶。”麴生曰:“鹽梅己佐鼎,麴糵且傳杯,玄宗亦知勸酒。”建安曰:“我清香滑熟,能還童振枯,能令人人得壽,豈不美哉?”麴生曰:“我醇和甘美,能爲詩鈎,亦能爲愁帚,不亦樂乎?”建安曰:“街東酒薄醉易醒,滿眼春愁消不得,敢稱愁帚? 放屁放屁。”麴生曰:“餐餘尚有靈通意,不待盧仝七碗茶,敢云得壽? 光棍光棍。”

茶董聞辯得久,對建安説:“建安兄,你去食茶,待我來辯。”酒顛聞辯得久,對麴生説:“麴生兄,你去飲酒,待我來辯。”

董曰:“酒顛酒顛,敢與我辯?”顛曰:“茶董茶董,敢與我辯?”董曰:“酒狂酒狂,算不到你。”顛曰:“茶癖茶癖,算不得你。”董曰:“汝非麴糵,誰爲媒母? 還要誇嘴。”顛曰:“汝非湯水,誰爲司命? 不必多言。”董曰:“汝即有蓮花文章㊼,怎比我龍團鳳髓,當退三舍。”顛曰:“你即有紫筍金芽,怎比我金波玉液,拜在下風。”董曰:“劉禹錫病酒,非二囊六班,何以得醒?”顛曰:“葉法善非以飛劍擊榼,怎知麴生味不可忘。”董曰:“張志和樵青蘇蘭薪桂,竹裹煎茶,真隱士之高風。”顛曰:“鄭勐率僚避暑,取蓮葉盛酒,屈莖輪囷,真王侯之宏度。”董曰:“高陽酒徒,敗常亂俗。”顛曰:“福全茶幻,惑世誣民。”董曰:“我有三等奇物,待客以驚雷莢,自奉以萱草帶,供佛以紫茸香。可愛可愛。”顛曰:“我有四樣奇物,和者曰養生主,勁者曰齊物,和者曰金盤露,勁者曰椒花雨。妙哉妙哉。”董曰:“穎公遺有《茶詩》,唐子西有《鬥茶記》㊽,毛文錫爲《茶譜》,晉杜育有《荈賦》,蘇廙作《仙芽傳》,鮑昭妹㊾令暉著《香茗賦》,陸鴻漸有《茶經》,范希文有《茶詠》[11],況有詩詞㊿歌賦,不計其數,我有憑據。”顛曰:“王績著《酒譜》,劉伶有《酒德頌》,歐陽有《醉翁記》,杜甫有《酒仙歌》,竇子野有《酒譜》[12],白居易有《酒功讚》,況有詩詞歌賦㊶,不計其數,我有證案。”董曰:“獨不聞揚雄作《酒箴》,武王作《酒誥》,武公作《初筵》。五子酣酒嗜音,商辛沉湎淫佚。

酒酒還不知戒。”顛曰:“季疵[42]著《毀茶論》,歐陽公舟續嘗茶詩,楊誠齋以爲攪破茶園[43],蕭正德以遭陽侯之難,茶茶又不知止。”董曰:“雪水烹團茶,党家粗人應不識此。”顛曰:“酒中有理,江左沉酣求名者,豈識濁醪妙理!”董曰:“窮春秋,演河圖,不如載茗一車,非權紓之讚乎? 快活快活。”顛曰:“斷送一生惟有酒,破除萬事無過酒,非韓文公之詩乎? 得意得意。”董曰:“惟酒可以忘憂,但無如作病何耳,非季疵[44]之言乎? 到病就不好。”顛曰:“此師固清高,難以療饑,也非先業之言乎? 到飢就討死。”

酪奴[45]説:“董哥你去,待我罵一罵。”平原督郵説:“顛哥你站開,待我罵一罵。”

酪奴曰:“狗竇光孟祖脱身露頂于狗竇中窺謝琨諸人食酒中作犬吠,何等卑賤!”督郵曰:“邾莒會上作酪奴,何等下賤!”酪奴曰:“你不聞謝宗之言乎? 首閱碧澗明月,醉向霜華,豈可以酪蒼奴頭,便應代酒從事,好無羞愧!”督郵曰:“你不聞陳暄之言乎? 兵可千日而不用,不可一日而不備;酒可千日而不飲,不可一日而不醉。速糟丘吾將老焉,好不預備!”酪奴曰:“醉後如狂花敗葉,何等輕狂。”督郵曰:“飲多似黄花敗葉,有何顔色。”酪奴曰:“灑之沛之,而糟粕俱盡。”督郵曰:“陰采夜焙,而肢骨俱焦。”酪奴曰:“裴楷以你爲狂藥。”督郵曰:“光業以汝爲苦口師。”酪奴曰:“作歌謝惠茶,十分知味。”督郵曰:“問奇楊雄載好酒,十分高雅。”酪奴曰:“嵇叔夜雖高雅,醉倒如玉山之將頽,幾乎跌碎。”督郵曰:“常伯雄雖善茶,李季卿賞以三十錢[13],不如婢倅。”酪奴曰:“祖珽醉失金叵羅,何等粗率。”督郵曰:“宫人剪金爲龍鳳團,何等奢侈。”酪奴曰:“姚岩傑憑欄嘔吐,自覺箜篌,不知廉恥。”督郵曰:“王肅一飲一斗,人號爲漏巵,不顧性命。”酪奴曰:“艾子不受弟子之戒,猶云四臟可活。”督郵曰:“潘仁恭自擷山爲茶,敢云大恩邀利。”酪奴曰:“石曼卿相高飲酒,夜不以燒蠋,曰鬼飲;飲次挽歌哭而飲,曰了飲;露頂團坐,曰囚飲;以毛席自裹其身,曰鼈飲,成何形狀?”督郵曰:“《茶經》云:‘蒸茶未熟,則草木氣存;去膏末未盡,則色濁而味重,受煙則香奪,黄則味失’,何等難爲!”酪奴曰:“蘇東坡號杭倅,爲酒食地獄。”督郵曰:“士大夫拜王濛,今日又遭水厄。”酪奴曰:“簡憲和先主時天旱禁酒,吏引人家得釀具即按其辜。和與先主見男女道上行,謂先主曰:“此人欲行淫,何不縛?”先主曰:“何以知之?”曰:

"彼有其具,與欲釀者同。"比釀具爲淫具,何等惡譬。"督郵曰:"吴僧文稱你作乳妖,何等邪怪。"酪奴曰:"賀秘書出黄醪[46]數杯,都是你害人。"督郵曰:"宣武步兵吐牛肺斛二瘕,都是你害人。"酪奴曰:"不飲茶者,爲粗人俗客。"督郵曰:"不飲酒者,爲惡客漫郎。"酪奴曰:"睡魔何止退三舍,歡伯直須讓一籌,寔落是你輸我。"督郵曰:"一曲升平人盡樂[47],君王又進紫霞杯,寔落是你輸我。"酪奴曰:"推引杯觴,以搏擊左右,何愛其才。"督郵曰:"因過焙,以鐵繩縛奴付火中,何賤其人。"

酪奴大怒,即持鐵繩趕打督郵。督郵就拿酒簾趕打酪奴。酪奴將玉杯、金盞、酒樽、酒罍盡行打碎。督郵將玉鐘、金甌、茶壺、茶鍋盡行打碎。時衆茶、衆酒見酪奴與督郵打得太狠,聲徹迎翠樓,陸羽與杜康二人急出問所因由。衆茶謂陸羽曰"那些酸酒,罵我如此如此";衆酒謂杜康曰"那些苦茶,罵我如此如此"。陸羽曰:"我與你兩人唇齒之邦,輔車相倚。兄弟之親,骨肉之戚。有茶必有酒,有酒必有茶,時時不離,何苦這樣争競?你辦酒,我辦茶,在此處和。"杜康曰:"禮以遜讓相先,人以和睦爲貴,陸君所言甚是。"陸羽命衆人辦茶,杜康命衆人辦酒,相敘而别。

〔茶酒私奏本〕[48]

酪奴受辱,抱忿不平,自修一本,奏水火二官:"茶中小臣酪奴,誠惶誠恐,稽首頓首,爲豪強酗醉,逞兇傷命事:臣産於玉壘,孰若生翼丹丘?造於金沙,何異紀名碧澗?禹錫表餽菊之意,劉琨作求茗之書。蘇子唱歌於松風,因想李生好客;陶公調詠於雪水,遂誇董家待人。李約喋珠累之泉,二沸成於活火;德裕憶金山之水,一壺汲於石城。陸羽三篇,更異酒中賢聖;盧仝七碗,何殊茶内神仙?自古及今,無不寵用詎意,亡家敗國。酒中督郵發酒瘋,呈酒狂,穢臣素業。臣論以理,用酒簾將臣揪擣毒打,仍率惡黨,酒侯、醉侯、逍遥公、步兵、校尉等闖入茶舍,將各色茶具盡行搶擄。不得已匍匐臺下,乞嚴拿問罪,究還原物。臣願汲玉川之水,烹露芽雷芽,長獻君王殿下。臣無任悚□[49],瞻仰之至。"

督郵受辱,抱忿不平,私下自修一本奏:"水火二官:酒中小臣督郵,誠惶誠恐,稽首頓首,爲強奴欺主,敗法亂紀事:臣天列酒星,地列酒郡。徐邈任狂,乃有酒聖酒賢之號;敬仲節樂,遂興卜晝卜夜之詞。陳孟公稱曰滿堂,留賓投轄;華子魚號爲獨坐,劇飲整衣。王無功著《五斗先生傳》,大誇物外之高蹤;杜子美作《八仙飲酒歌》,盛説杯中之佳趣。聞山中之酒千日,孰不流涎?傳南郊之醪十旬,皆相慕義。投於江以破勾踐,噀爲雨以救成都。頹玉山而屢接高標,解金貂而常逢貴客。不鄙宜城之竹葉,何嫌南國之榴花。既醉備福,見於《周詩》;不爲酒困,聞於仲尼。自古及今,咸尊咸寵,詎意粉身碎骨。茶中酪奴,發茶董,逞茶幻,淹臣水厄。臣論以理,用茶籯擲臣,破腦鮮血,仍率虎黨,蒙山、陽羨、建安等踏入酒館,將各色酒具盡行搶擄。只得匍匐臺下,乞奴把拿問罪,究還原物,以正名分。臣願取欝鬯之草,釀桑玉薤,長獻君王殿下。臣無任悚□,瞻仰之至。"

〔**水火二官判**〕[50]

水火二官俱覽畢大怒。時酪奴、督郵俱俯伏殿下,乃責之曰:"陰陽合,而五行乃生。吾水屬坎,乃北方壬癸之精,天一生之,地六成之。吾火屬離,乃南方丙丁之精,地二生之,天七成之。你二人若非吾水火既濟,徒爲山中之乳妖,虚爲天下之羨禄,一稱茶仙,一稱酒聖,妄自尊大,□不思茶從何始,酒自何來?飲不忘源,罪酪奴將《四書》集成茶文章一篇,又將曲牌名串合茶意一篇;督郵將《四書》集成酒文章一篇,又將曲牌名串合酒意一篇,上朕觀覽,以文章優劣裁奪。各快成文,無取遲究。"時酪奴伏於殿階之左,督郵伏於殿階之右,各殫心思,染翰如飛,筆無停輟。頃刻間,遂各成佳章,以呈進御覽之。

茶四書文章[51]

湯破者,甘飲,是人之所欲也。夫禮儀破承三百,始吾於人也;民以爲大,不其然乎?今夫山起講草木暢茂,爲巨室,梓匠輪輿,鑽燧改火,材木不可勝用也,則人賤之矣。吾之於人也,人人有貴落題於己者。維石茶生于山中石岩者最佳岩岩,日月之所照,雨露之所潤起股,其生也榮。飲食之人,遠之則有望,近之則不厭,與民同之。苟小股有用我者,求水火湯執中,其有成功也,禮之用,和爲貴。冬日中股則飲湯,夏日則飲水,食之以時。我則異於是,日日新,不可須臾離也。不如是,人猶有所憾。君子中股對敬而無失,與人恭而有禮,酌則誰先,可使與賓客言,惟我在,無貴賤,一也。姑舍是則不敬,莫大乎是。行道末股之人,勞者弗息,一瓢飲,如時雨降,於人心獨無恔乎?芒芒然歸,謂其人曰:"此天之所與我也,善夫!隱末股對几而臥,既醉以酒,一勺之多,使人昭昭,吾何慊乎哉!"舉欣欣然有喜色而相告曰:"吾不復夢見周公也,益矣。"生繳乎今之世,人莫不飲食也。□所愛則□所養[52],何可廢也。辭讓繳對之心,天下之達道也,或相十百,或相千萬,君子多乎哉!此其大略總繳也。爲王誦之。王如善之,請嘗試之。

水官批:文肖其人,清光可掬。

火官批:以己清明之思,印千古聖賢之旨,得在意外,會在象先。

酒四書文章[53]

既醉破以酒,樂以天下也。夫破承樂酒無厭謂之荒,衆惡之。禮云禮云,人其舍諸。嘗謂起講五穀者,種之美者也,其次致曲麴借用。水哉水哉,舜使益掌火,亦在乎熟之而已矣。犧牲起股既成,粢盛既潔,有酒食,不亦善乎。飢者甘食,渴者甘飲,惟酒無量,不亦悦乎;自虚股生民以來,不能改者也。自虚股對天子以至於庶人,如之何其徹作去字解也。郊社之禮,禘嘗之義,揖讓而升,則何以哉。序爵,敬其所尊,愛其所親,無所養也,舍我其誰也?敬老中股對慈幼,無忘賓旅,夫何爲哉,及席禮以行之,遜以出之,無有失也。其斯之謂與?君子末股多乎哉。食之以時,一勺之多,睟然見於面,益於□,施於四體。足之蹈之,手之舞之,無入而不自得焉。夫子聖者與,唯酒無量,萬鍾於我,富貴不能淫,貧賤不能移,威武不能屈,仁者不憂,勇者不懼,豈不成大丈夫哉?禮儀三百,威儀三千,四時行焉。予一以貫之,發憤忘食,樂以忘憂;老之將至,何用不臧?若夫惡醉而強酒,斯可謂狂矣。言非禮義,然後人侮之,則何益矣。是以君子不爲也。不爲酒困,可謂士矣。恭而有禮,敬人者,人恆敬之,無自辱焉,則何亡國敗家之有?今王與百姓同樂,聖之和者也。禹惡旨酒,此之謂不知味。

水官批:文肖其人,醇和可愛。

火官批:説許多雅趣大觀,叫人怎麽戒得酒。

〔**茶集曲牌名**〕[54]

酪奴又將曲牌名信手寫成一篇進上:"我茶産花沁園春,二月宜春令,纔有急三鎗,便叫虞美人,去取江兒水;叫麻婆子,去砍啄木兒;叫奴姐姐,拿寶鼎現,煎到衮第一,聲似泣顔回;衮第二混江龍,聲似大砑鼓。中衮第三[55],聲似風入松,大家駐馬聽。聽到五韻美,四邊静,打開看,香味滿庭芳,賽過紅芍藥,金錢花,桂枝香。拿去五供養,一到鳳凰閣,送與三學士;二到三仙橋,送與大和佛;三到謁金門,送與太師引,食待歸朝歡;四叫粉孩兒,送與父母孝順哥;五送醉翁子,食了解三醒,真箇稱人心。齊天樂,個個如臨江仙,争奈意難忘。只道我園林好,又寫一封書,把香羅帶一付,金瓏璁一對,皂羅袍一件,紅衲襖[56]一件送我;與我求去玩花燈,賞宫花,好事近,天下樂。"

水官批:成一家言,中得中得。

火官批:得青山緑水,光風霽月,鳶飛魚躍之趣。

〔**酒集曲牌名**〕[57]

督郵又將曲牌名合串成一篇,即刻而成:"我酒號做上林春、三學士、太師引、有好事近、掃地鋪、雁魚錦、架粧打毬場,叫我去請客。請到二郎神、福馬郎、瑞鶴仙、鵲橋仙,慶風雲會。四朝元,行個忒忒令,又行個僥僥令,又行折桂令。量大勝葫蘆,個個醉春風,食到剔銀燈,月上海棠,鮑老催不去,還叫憶多嬌、步步嬌、香柳娘、香歌兒、紅衫兒,唱八聲甘州歌。後來醉落魄,一個行歪路,如行夜舡;一個醉倒地,如窣地錦襠。一個弄拳如下山虎,一個粧扮舞霓裳,一個吐如降黄龍,一個吐如黄龍滚。一個花心動,扯住女冠子,點絳唇,坐銷金帳。一個扯住耍孩兒,後庭花,真個醉太平。至五更,轉霜天曉角,還不肯休。去古輪臺再沽美酒,燒夜香,又食十二時。没奈何,傳言玉女、吴小四、搗練子、山查子、山隊子,破齊陣,個個醉扶歸。"

水官批:亦成一家言,中得中得。

火官批:如春花夏雲,妖冶百態,令人一瞬不能忘情。

〔**水火總判斷**〕[58]

水火二官仝曰:"自天地開闢以來,有茶有酒,不可缺一,人莫不飲食也,鮮能知味也,是未得飲食之正也。第你二人無故争競,本當重罪,因念禮義所關,情趣可愛,姑恕之,各回本職以候召用。仍著酪奴[59],往人間查做假茶,騙人射利者;仍著督郵,往人間查做候酒、酸酒,害人射利者。許不時奏進提寬,輕者流配,重者解入無間地獄。"

説罷,水火二官鳴鼓退堂,酪奴、督郵各拱手而去。上官方醒然覺也。不知東方之既白,因起而録夢中始末,以爲傳奇行於世。

慶壽茶酒[60]

附種松堂慶壽茶酒筵宴大會。生、小生、外、浄、旦、小旦、丑並演〔賞花新〕。生上唱個:東風滿地是梨花,燕子啣泥戀故家。春草接平沙,晴天遠嶼,瞻眺思無涯。〔踏莎行〕:臨水夭桃,倚牆繁李,長楊風棹青驄尾,座中茶酒可酬春,更尋何處無愁地。明日車來,落花如綺。芭蕉漸著山公啟,欲牋心事寄天公,教人長壽花前醉。○小生姓吴[61],名有德,是河東人氏。家有五車書,可以教孫教子;亦有數鍾粟,頗足爲饔爲飧。誦盡彌陀經,多行方便,結納天下士,最喜親賢,種善因緣,人呼我現世菩薩。優遊自在,怎敢説地上行仙。有二結契朋友;一個姓全,諱如璞;一個姓高,諱尚志;頗稱管鮑之知心,堪比金玉之永好。前日立有小約,作茶酒會。○百歲光陰,萬物乃天地逆旅,四時行樂,我輩亦風月主人。幸居同泗水之濱,況地接九山之勝,儘可傍花隨柳,庶几游目騁懷。節序駸駸,莫負芒鞋竹杖;杯盤草草,何慚野蔌山肴。雖云一餉之清歡,亦是百年之嘉話。敢煩同志,互作遨頭。慨元祐之奇英,衣冠遠矣;集永和之少長,觴詠依然。訂約既勤,踐言弗替,今日特遣小價去請二位知友,想必即來,家中可辦茶酒以俟。

童報二位相公俱到了。〔賞花新〕小生全如璞上,唱:水漲漁夫拍柳橋,雲鳩拖雨過江皋;春信入東郊,燕巢新壘,日影上花梢。一室焚香几獨憑,蕭然興味似山僧。不緣懶出忘中櫛,免得時人有愛憎。今日蒙吴兄相邀,才到此郊行;遠遠望見高兄來了。前腔(外)高尚志上,唱:輕花細雨滿雲端,昨日春風曉色寒。竚足盼晴嵐,鶯鳴蝶舞,人醉倚闌干。春風歸草木,曉山麗山河,物滯欣逢泰[62],時豐自此多(與全相遇作揖問介)。全兄何往?(全)今日吴兄相邀。(高)弟也是吴兄相邀,如此同行(生出迎二位),相見揖介。(吴)久違台範最縈腸。(全)故友相逢氣味長。(高)自是主人偏繾綣。(合唱)不妨賓從佐壺觴。性看茶來。(童)揚子江中水,蒙山頂上茶。(茶到)。(全)今日長兄誕辰,無以爲慶,謹畫南極壽星一尊,下有百子千孫,繞膝羅拜。僭有拙詩一首。誦詩:"堂前椿樹拂扶桑,百子千孫進玉觴。戲舞春風迎旭日,高聲齊祝壽無疆。"(吴)(拜揖)多謝,多謝。(高)小弟亦有一軸畫,畫東方朔取桃。僭題拙詩一首。誦詩:"堪笑東方曼倩哉,蟠桃三熟便偷來。我今得有一株種,移向君家寶砌栽。"(吴)(作揖)多謝,進酒來。(童)座上客常滿,尊中酒不空。相公酒到。

〔錦堂月〕(全唱)天長地久,海屋添籌,多積善,福來求,烏紗白髮,斑衣綵袖,惟願取龜齡鶴算,似松柏歲寒不朽。(合)斟春酒,摘取王母蟠桃,共祝眉壽。

前腔(高唱)更羨你朵朵蘭枝逞秀,攀龍高手,登月闕步,瀛洲濟濟,光前裕後。惟願取孝子賢孫,長搢笏,趨拜冕旒。(合唱)斟春酒,摘取王母蟠桃,共祝眉壽。(吴)多謝二兄雅意,何以克當!(全)吴兄,自古道:積善之家慶有餘,兄你布德施恩,齋僧禮佛,恤寡憐貧,廣種福田,自有善報。語云:皇天不負道心人,皇天不負孝心人,皇天不負好心人,皇天不負善心人。哪個不欽仰,哪個不誦念,哪個不祝願?

前腔(全、高、合唱)更羨你積德太丘,弟恭兄友。調琴瑟,鸞鳳儔,五倫聚睦喜綢繆。(合唱)斟春酒,摘取王母蟠桃,共祝眉壽。(吴)小弟烹有先春玉筍,請二位嘗之。書僮捧茶來!(書僮捧茶)衆:請茶介!(全)好茶,真好茶。(高)老兄,家有好茶,又有好酒,糟丘茶塢真堪老,何必吴芽與薊槎。(吴)酒逢知己千鐘少,今日要厭厭夜飲,不醉無歸。小弟有三個官妓,頗會彈唱,唤他出來勸二位酒,豈不快哉。(全)既是長兄所愛寵姬,小弟們不敢瞻盻。(吴)説哪裏話(唤桂香、蘭香、賽花)我有二位知心朋友在此飲酒,你可唱歌數番,使得二位相公酣飲,大有所賞。○(三旦叩頭)領尊命。

〔浣溪沙〕(桂香唱)閑把琵琶舊譜尋,四弦聲怨卻沉吟,燕飛人静晝堂陰。○歌枕有時成雨夢,隔簾無處説春心,一從燈夜到如今。

前腔(蘭香唱)鸚鵡無言理翠衿,杏花零落晝陰陰。畫橋流水一篙深。○芳徑與誰同鬥草,繡床終日罷拈針,小牋香管寫春心。

〔憶秦娥〕(賽花唱)曉朦朧,前溪百鳥啼匆匆。啼匆匆,凌波人去,拜月樓空。○舊年今日東門東,鮮粧輝映桃花紅。桃花紅,吹開吹落,一任東風。(全、高、合)果然唱得好,賞酒三杯。(三旦叩頭)多謝。(桂香稟)三位相公都是善人,賤妾不敢唱風花雪月歌曲,近日集孝弟忠信四段詞,僭唱一遍,不知相公意中如何?(吴、全、高)有此好曲,天地間最妙妙的,快唱快唱。

(桂香)我勸世間衆孩兒,好將諷誦蓼莪詩。孝順還生孝順子,天公報應不差移。

〔懶畫眉〕千恩萬愛我爹娘,只有那二十四孝姓名揚。(内向)人家亦有媳婦。賢媳婦,也要事姑嫜。呀!活佛不事枉燒香,反不如鴉反哺,跪乳羊。(全)好,真好。(吴)兄弟,俺有一句話説,要知親恩,看你兒郎。欲求子順,先孝爹娘。(高)真古今之格言。(桂香)我勸世上好弟兄,莫學當年賦角號,一體連枝親骨肉,同居九世羨張公。

前腔(香唱)兄弟相愛莫相猶,你看田家荆樹永悠悠。(内向)人家都是妯娌不和。妯和娌,也須好勸酬。呀! 豆萁煮豆在釜中泣,反不如脊令在原急難捄(高)好,真好。(吴)兄弟,俺又有一句話説。兄弟如手足,夫妻如衣服。衣服破時更得新,手足斷時難再續。(全)真千古之格言。(桂)我勸世人好做官,清明廉恕量須寬,鞠躬盡瘁君恩報,萬載題名在玉鑾。

前腔(桂)銅肝鐵膽做良臣,顛而能扶,屈而能伸。(内向)文武百官要怎的? 文官不要錢,武官不要命,都要加忠藎。呀! 那奸雄誤國欺心漢,反不如鱗介尊神龍,走獸宗麒麟。(全)好,更好。(吴)兄弟,俺又有一句話説。以愛妻子的心去事親,則盡孝。以保富貴之心去奉君,則盡忠。(高)真千古之格言。(桂)我勸世人交好人,管鮑千載一知心。指天誓日同生死,重義還須報重恩。前腔(桂唱)結交全要好端詳,斷金刎頸,露布衷腸。(内向)有富貴貧賤不同。富貴不可恃,貧賤不可忘,都要地久天長。呀! 那一等僥負忘恩漢,反不如犬濕草、馬垂韁。(吴)兄弟,俺有一句話説。不結子花休要種,無義之朋切莫交。(全)有酒有肉多兄弟,急難何曾見一人。(高)二位仁兄怎麼這等説,劉關張桃園三結義,千載流芳。韓朋三結義,托孤寄命。靈輒御公徒,以救趙盾。豫讓感國士,以報智伯。范叔貫綈袍之須賈,子胥祝蘆江之丈人。魂泛大鯨海,恩重巨鰲山,哪個不曉得以德報德? (吴)天下不忘恩,肯報德者幾個? 舉世皆長頸鳥喙,可與共患難,不可同安樂。此詩具詠於谷風。范蠡托游於五湖,可恨可嘆。(全)曹瞞説"寧使我負天下人,不要天下人負我。"如今哪一個不相負? 然操固天下之雄,而今安在哉! (高)學好人,不學不好人。只要論我自家生平,心事對誰知,青天白日,眼底人情須堪破,流水浮雲。(全)覆雨翻雲何險也,論人情,只合杜門。嘲弄月,忽頹然,全天真,且須對酒。(吴)蘭香,你再唱,勸二位相公酒。(蘭)賤妾有勸善歌。(全)兄,你好善,連他這一起也是好善的。唱來,快唱來。(蘭)妙藥難醫冤債病,横財不富命窮人。虧心折盡平生福,行短天高一世貧。生事事生君莫怨,害人人害汝休嗔。

天地自然皆有報,遠在兒孫近在身。

〔二犯傍糕臺〕(蘭唱)青天不可欺,未曾舉意天先知。抬起頭才三尺,也須防聽時。你看暗室貞邪,忽而萬口喧傳。自心善惡,炯然凜於四王考校。常把一心爲正道,莫行艱險路崎嶇。王莽、曹操、李林甫、秦檜那樣奸雄梟惡,皆有惡報。春種一粒粟,秋收萬顆子。人生爲善惡,果報還如此。報應毫厘,争早争遲,往古來今,放過誰?(全)好嚇人。

前腔(蘭唱)富貴不可求,何須分外巧機謀?萬事皆有定,奔忙到白頭。人心不足蛇吞象,百歲人生有幾秋?藿食草衣,淒涼窮巷,安吾拙,亦安吾愚。銀黄金紫,馳騁康衢,是甚才,亦是甚命?倒不如粗衣淡飯,可休即休,空使身心半夜愁。(全、高)(喝彩)妙!妙妙!

(前腔)(蘭)教子好讀書,有書不教子孫愚。人不通古今,馬牛而襟裾。(内向)假如子孫不讀書,怎麼處他?教農、教商,並教藝。田地勤耕,廩不虚,各安生理,勝積金珠。養子不教,便成豬。(全、高)(喝彩)妙!妙!請酒。(吴)賽花,你也唱,勸二位相公酒。(賽)酒色財氣四堵牆,多少賢愚在内廂。若有世人跳得出,便是神仙不死方。

〔銷金帳〕(賽)酒不可濫,只可小醉微酣。若醉了,便腌臢破衣帽,口亂呢喃,跌倒西南。惹是非,父母、妻兒驚破膽。(内向)有甚是憑據?(賽)傳畢卓於一夕,埋玄石於千日。六逸狂縱,七賢裸達。大禹恐爾致敗,逐疏儀狄,衛武因爾悔過,嚴示賓筵。丘糟池酒,惟狂罔念,可鑒到那亡身喪命,那時貪不貪?

(前腔)(賽)色不可耽,美色如坑陷,消骨肉,病難堪,迷魂陣勝如刀斬,神昏魂慘。到閻王,不待無常鬼催勘。(内向)有甚麼憑據?(賽)夏以妹喜,紂以妲己,周以褒姒,夫差以西施。爲梟爲鴟,傾國傾城可鑒。(合)到那亡身敗國,那時貪不貪。

前腔(賽)財不可耽,萬般巧計,貪婪心不滿,多怨憾。略過粗飯布衫,有何羞慚?(内向)不貪財,有何好處?(賽)一不積財,二不積怨,睡也安然,坐也方便。石崇巨富,竟以財喪命。堆紅朽,天地忌,盈也不甘。爲富不仁,付與敗子,可鑒。(合)到那破家蕩産,那時貪不貪?

前腔(賽)氣不可喊,凡事只可包含。逞好漢,禍怎堪?看兇暴,似立牆岩,何須虓憨。(内向)有什麼憑據?(賽)楚伯王,力拔山氣蓋世,竟刎烏江。周瑜用計要害孔明,被孔明三氣而死。語云:金剛則折,革剛則裂。忍與耐,剛柔相濟,是奇男。齒亡唇存,老子之言,可鑒。(合)到那喪身亡命,那時貪不貪?(全,高)快哉,快哉!酒已醉了,就此告辭。(三旦再勸酒)

〔西江月〕(全、高,合唱)世事短如春夢,人情薄如秋雲。不須計較苦勞心,萬事原來有命。幸遇三杯酒美,況逢一朵花新。片時歡笑且相親,明日陰晴未定。

〔石榴花〕(吴)仙苑春濃,小桃花開枝枝,已堪攀折。乍雨乍晴,輕暖輕寒,漸近那賞花時節。你看,緑柳摇臺榭,東風軟,簾捲静寂,幽禽調舌,我與你天長地久,共綢繆,千秋永結。

〔滿庭芳〕(全)脱兔雲開,春隨人意,驟雨才過還晴,古臺方榭,飛燕蹴紅英。舞困榆錢,自落鞦韆外。緑水橋平,東風裏,朱門映柳低,按小秦箏。

前腔(高)多情行樂處,珠鈿翠蓋,金轡紅纓,漸酒空醽醁。花困蓬瀛。老兄,人少得快活,佳節每從愁裏過,壯心還倚醉中樂。荳蔻梢頭舊恨,十年夢,屈指堪驚。倚欄久,疏煙淡月,微映百層城。(吴)二兄,你看那鳥兒叫得好聽。

〔醉鄉春〕(吴)唤起一聲人悄,衾冷夢,寒霜曉,瘴雨過,海棠開,春色又添多少。社瓮釀成微笑,半破瘻瓢,共舀覺顛倒。急投床,醉鄉廣大人間小。

(全)年年長進紫霞觴。(高)君子淡交歲月長。(吴)冷暖世情休説破,(合)從來積善有禎祥。

卷二　表古風、賦歌調詩[63]

玉泉仙人掌茶　李白(常聞玉泉山)

茶山今在宜興　**袁高**(禹貢通遠俗)

茶山　杜牧(山實東吴秀)

雙井茶　歐陽修(西江水清江石老)

茶嶺　韋處厚(顧渚吴商絶)

過陸羽茶井　王元之[14](甃石封苔百尺深)

詠茶阮郎歸　**黄魯直**(歌停檀板舞停鸞)

詠茶　丁謂(建水正寒清)

詠茶　鄭愚(嫩芽香且靈)

詠茶　蔡伯堅[15](天上賜金奩)

和詠茶　高季默(誰打玉川門)

詠茶

袁崧山記鷩三峽,陸羽茶經品四泉。如此山川須領略,及秋吾欲賦歸田。

竹間自採茶　柳宗元(芳叢翳湘竹)

送陸鴻漸棲霞寺採茶　皇甫冉(採花非採菉)

陸鴻漸採茶相遇　皇甫曾(千峯待逋客)

和章岷從事鬥茶歌　范希文(新雷昨夜發何處)

西山蘭若試茶歌　劉禹錫[64](山僧後簷茶數叢)

試茶詩　林和靖(白雲峯下兩槍新)

煎茶歌　蘇軾(蟹眼已過魚眼生)

詠煎茶阮郎歸

烹茶留客駐金鞭,月斜窗外山。見郎容易別郎難,有人愁遠山。　歸去後,憶前歡,畫屏金轉山。一杯春露莫留殘,與郎扶玉山。

與孟郊洛北野泉上煎茶　劉言史(敲石取鮮火)

峽中煎茶　鄭若愚(簇簇新芽摘露光)

煎茶　吕居仁(春陰養芽鍼鋒芒)

睡後煎茶[65]　**白樂天**(婆娑緑陰樹)

嬌女　**左思**(吾家有嬌女)

詠飲茶　党懷英(紅莎緑蒻春風餅)

煎茶　李南金[66](砌蟲唧唧萬蟬催)

又[67]　(松風檜雨到來初)

觀湯檀越日造門求觀湯,戲自韻。　沙門福全(生成盞裏水丹青)

進茶表[68]　**丁謂**

産異金沙,名非紫筍。江邊地暖,方呈彼茁之形;闕下春寒,已發其甘之味。有以少爲貴者,焉敢韞而藏諸。見謂新茶,蓋遵舊例。

問大冶長老乞桃花茶[69]水調歌頭　**蘇東坡**(已過幾番雨)

送龍茶與許道士　歐陽修(潁陽道士青霞客)

贈晁無咎　黄魯直(曲几蒲團聽煮湯)

過長孫宅與郎上人茶會　錢起(偶與息心侣)

嘗新茶呈聖俞二首　歐陽修(建安三千里)

又(吾年向老世味薄)

和梅公儀嘗茶(溪山擊鼓助雷驚)

嘗新茶　顔潛菴

偏承雨露潤英華,名羨東吴品第佳。蒙頂曉晴分雀舌,武夷春暖焙龍芽。玉甌瀹出生雲浪,寶鼎烹來滚雪蒼。啜罷令人肌骨爽,風生兩腋不須賒。

謝賜鳳茶　范希文

念犬馬之微志,錫龍鳳之上珍。馨掩靈芝,味滋甘醴。濯五神之清爽,袪百病之冥煩。允彰仁壽之恩,特出聖神之眷。謹當餅爲良藥,飲代凝冰。思苦口以進言,勵清心而守道。

謝孟諫議寄新茶　盧仝(日高丈五睡正濃)

謝木舍人送講筵茶　楊誠齋(吴綾縫囊染菊水)

謝僧寄茶　李咸用(空門少年初志堅)

謝惠茶　周愛蓮

露芽鮮摘浄無塵,分惠深蒙意最真。封裹宛然三道即,馨香别是一春。烹從金鼎霞翻數,瀉白銀甌霧起頻。書館時來吞一枕,睡魔戰退起精神。

謝故人寄新茶　曹鄴[16](劍外九華英)

史恭甫遠致陽羨茶惠山泉　王寵

夜發茶山使,朝飛乳竇泉。況逢春酒渴,轉憶竹林眠。鐘鼎非天性,煙霞入太玄。百年山海癖,何幸賞高賢。

遊杭州諸寺飲釅茶七碗戲書　蘇東坡[70](示病維摩原不病)

茶塢　皮日休、陸龜蒙

(閑尋堯氏山)

(茗地曲限回)

茶人　皮日休、陸龜蒙

(生於顧渚山)

(天賦識靈草)

茶筍　皮日休、陸龜蒙

(褎然三五寸)

（所孕和氣深）

茶籯　皮日休、陸龜蒙

（筤篣曉攜去）

（金刀劈翠筠）

茶舍　皮日休、陸龜蒙

（陽崖枕白屋）

（旋取山上材）

茶竈　皮日休、陸龜蒙

（南山茶事動）

（無突抱輕嵐）

茶焙　皮日休、陸龜蒙

（鑿彼碧巖下）

（左右擣凝膏）

茶鼎　皮日休、陸龜蒙

（龍舒有良匠）

（新泉氣味良）

茶甌　皮日休、陸龜蒙

（邢客與越人）

（昔人謝堰埞）

煮茶　皮日休、陸龜蒙

（香泉一合乳）

（閒來松間坐）

覓茶二首　張晉彦[17]

内家新賜密雲龍，只到調元六七公[71]。賴有家山供小草，猶堪詩老薦春風。

覓茶

仇池詩裏識焦坑，風味官焙可抗衡。鑽餘權倖亦及我，十輩遣前公試烹。

焙籠法式

茶焙，編竹爲之，裹以蒻葉。蓋其上，以收火也；隔其中，以有容也。

納火[72]其下,去茶尺許,常溫溫然,所以養茶色香味也。茶不入焙者,宜密封,裹以蒻,籠盛之,置高處,不近濕氣。

卷二茶事内各至此止
茶酒争奇卷二[18]

注　釋

1　以下全爲酒詩文,删不録。

2　西域僧有金地茶:即一般所説的"金地藏茶"。金地藏,相傳原爲新羅王子,後出家至西域學佛,最後定居九華山爲僧,也即後世俗所説的地藏王菩薩。

3　逋翁:唐代李況,逋翁是其字。

4　陶彝:宋邠州新平(今陝西彬州)人,陶穀的侄子,少聰穎,有詩詞天賦。

5　高人愛惜藏巖裏:齊己詩句。齊己,俗姓胡,潭州益陽人。出家大潙山同慶寺,復栖衡嶽東林,後欲入蜀,經江陵,高從誨留爲僧正,居龍興寺,自號衡嶽沙門。以詩名,有《白蓮集》十卷,《外編》一卷,《今編詩》十卷。

6　一杯永日醒雙眼:此瑞草魁所咏兩句,爲宋曾鞏所寫《嘗新茶》之最後兩句。

7　旋沫翻成碧玉池:此瑞草魁吟兩句,爲唐李泌《賦茶》詩句。李泌,字長淳,京兆人,七歲知爲文。代宗朝,召爲翰林學士,出爲杭州刺史,貞元中拜中書侍郎章事,封鄴縣侯。集二十卷。

8　慢行成酩酊:此兩詩句,摘自李商隱《自喜》。

9　病骨瘦便花蕊暖:此兩詩句,摘自歐陽修作於治平四年(1068)的《感事》詩。

10　朱桃椎:唐益州成都人,淡泊絶俗,結廬山中,人稱朱居士。夏裸,冬以木皮葉自蔽。不受人遺贈,每織草鞋置路旁易米,終不見人。

11 范希文有《茶詠》:范希文,即范仲淹,希文是其字。《茶詠》,疑指其所撰《鬥茶歌》。

12 竇子野有《酒譜》:竇子野,即竇苹(常被誤作苹、革、平),字子野,一作叔野。宋鄆州中都人,哲宗元祐六年(1091),官大理司直。學問精確,有《酒譜》等。

13 常伯雄雖善茶,李季卿賞以三十錢:此處疑誤,據傳説所載,非常伯雄,應爲陸羽。又,常伯雄,多作常伯熊。

14 王元之:即王禹偁(954—1001),元之是其字。

15 蔡伯堅:即蔡松年,伯堅是其字。

16 曹鄴:本詩《全唐詩》一作李德裕作。

17 張晉彦:底本作"張君彦",君,《清波雜志》《宋詩記事》作"晉"。張晉彦,即張祁。晉彦是其字,號總得居士,烏江人。官至淮南漕運判官。

18 此以下收録的全爲酒文酒詩,與茶無關,全删。

校記

① 卷一　敘述茶酒争奇:底本原僅書"卷一"兩字,據文中標題增補。

② 卷二　表古風　賦歌調詩:底本原作"茶酒争奇卷二",據文中標題增補。又,底本目録次序混亂,與内文多處不符,爲保留原書風貌,不作删改。

③ 鄭愚:底本作"鄭遇",徑改,下不出校。

④ 高季默:底本作"高季黯",徑改,下不出校。

⑤ 皇甫曾:底本作"皇甫冉",徑改。

⑥ 劉禹錫:底本作"盧仝",徑改。

⑦ 煎茶調　蘇軾:此詩只存目次,内文并未收録。

⑧ 與孟郊洛北野泉上煎茶:北,底本作"比",徑改。

⑨ 劉言史:底本脱"言",徑加。

⑩ 問大冶長老乞桃花茶：大冶，底本作"太治"；桃花，底本作"桃水"，據明代夏樹芳《茶董・龍團鳳髓》改。

⑪ 過長孫宅與郎上人茶會：底本目録原稿，在本題脱"過""人茶"三字，誤作《長孫宅與郎上會》，據《全唐詩》徑補。

⑫ 黄魯直：底本脱"直"，徑補。

⑬ 聖俞：底本脱"聖"，徑補。

⑭ 茶敘述源流：底本内文既不分段，更未立題，校時據目録徑補。

⑮ 生芽：生，毛文錫《茶譜》作"露"字。

⑯ 建州之北苑先春龍焙：州，底本作"苑"，據毛文錫《茶譜》徑改。

⑰ 丁晉公謂石乳出壑嶺斷崖鐵石之間：斷，《茶董》作"缺"，《宣和北苑貢茶録》作"石崖"，云石乳"叢生石崖"之間。

⑱ 中孚衲子有仙人掌："中孚衲子"，底本作"中衲孚子"，據李白《答族姪僧中孚贈玉泉仙人掌茶》詩徑改。

⑲ 曇濟道人：南朝宋八公山道人。底本脱"濟"字，徑補。

⑳ 西域僧：底本作"西城僧"，徑改。

㉑ 《神農經》：據下録内容，似即陸羽《茶經》所載的《神農食經》。

㉒ 劉越石：石，底本作"尼"，徑改。

㉓ 此謂老湯：此，底本闕，據《續茶經》補。

㉔ 《鬥茶記》：記，底本作"説"，徑改。

㉕ 《茶録》：此處《茶録》應是據宋子安《東溪試茶録》，其中前一部分實爲丁謂《北苑茶録》的内容。

㉖ 酒敘述源流：此爲目録所題，底本無標，校時徑補。

㉗ 上官子醉夢：此爲目録所題，底本無標，校時徑補。

㉘ 茶酒共争辯：此爲目録所題，底本無標，校時徑補。

㉙ 十八品：下文有十九種茶葉，應誤。

㉚ 承平雅玩：底本作"承平雜玩"，據宋代熊蕃《宣和北苑貢茶録》改。

㉛ 瓊林毓粹：底本作"瓊林毓瑞"，據《宣和北苑貢茶録》改。

㉜ 雪英、雲葉：底本作"雲英雪葉"，據《宣和北苑貢茶録》改。

㉝ 金錢、玉華：底本作"金錢玉葉"，據《宣和北苑貢茶録》改。

㉞ 太平嘉瑞：底本作“太平佳瑞”，據《宣和北苑貢茶録》改。

㉟ 張孟陽：陽，本文底本脱，據張載原詩補，孟陽，是張載的字。

㊱ 代酒：酒，底本作“醉”，徑改。

㊲ 蓮花文章：章，底本作“草”，徑改。

㊳ 《鬥茶記》：底本作《鬥茶説》，徑改。

㊴ 鮑昭妹：妹，底本作“姊”，徑改。

㊵ 詩詞：底本作“詩調”，徑改。

㊶ 詩詞歌賦：詞，底本作“調”，徑改。

㊷ 季疵：疵，底本作“卿”，徑改。

㊸ 茶園：底本作“菜園”，徑改。

㊹ 季疵：疵，底本作“鷹”，徑改。

㊺ 酪奴：酪，底本作“駱”，徑改。

㊻ 醪：底本作“膠”，徑改。

㊼ 人盡樂：盡，底本作“都”，據原詩改。

㊽ 茶酒私奏本：此爲目録所題，底本無標，校時徑補。

㊾ 臣無任悚□：底本不清，似“石”似“反”，與文意又不合，故作空缺。

㊿ 水火二官判：此爲目録所題，底本無標，校時徑補。

(51) 茶四書文章：底本作“酪奴進茶文章”，據目録改。

(52) □所愛則□所養：底本不清，似“不”似“反”，故作空缺。

(53) 酒四書文章：底本作“督郵進酒文章”，據目録改。

(54) 茶集曲牌名：此爲目録所題，底本無標，校時徑補。

(55) 中衮第三：三，底本作“五”，徑改。

(56) 紅衲襖：衲，底本作“納”，徑改。

(57) 酒集曲牌名：此爲目録所題，底本無標，校時徑補。

(58) 水火總判斷：此爲目録所題，底本無標，校時徑補。

(59) 酪奴：酪，底本作“醪”，徑改。

(60) 慶壽茶酒：底本此原題作“茶酒傳奇”，據目録改。

(61) 小字前的“○”爲底本特有符號，大致表示上下文之間需相隔之意，照原樣予以保留。

⑫ 泰：底本作"秦"，疑誤。

⑬ 卷二 表古風、賦歌調詩：本題本文所刊原貌爲：第一行作"茶酒争奇 卷二"；第二行爲"表古風"；第三行爲"賦歌調詩"。現卷題爲本書校録時删定。

⑭ 劉禹錫：底本作"盧仝"，徑改。

⑮ 睡後煎茶：煎，底本作"烹"，據目録改。

⑯ 煎茶 李南金：本詩與上文《嬌女》一詩，目録誤將其目次合作《嬌女煎茶》。

⑰ 又：本詩應作羅大徑之《煎茶》詩，底本作李南金詩。本文這裏也僅摘前四句，後面還有"分得春茶穀雨前，白雲裹裹且鮮妍。瓦瓶旋汲三泉水，三帽籠頭手自煎"等句。

⑱ 進茶表：表，底本作"食"，徑改。

⑲ 問大冶長老乞桃花茶：底本作"問大池長老乞桃茶"，據《茶董補》徑改。

⑳ 遊杭州諸寺飲釅茶七碗戲書 蘇東坡：此詩於目録不存目次。

㉑ 只到調元六七公：只，底本作"占"，徑改。

㉒ 火：底本作"下"，據《端明集》改。

明抄茶水詩文

◇明　醉茶消客　輯

本篇纂輯者醉茶消客,無姓無名,不知何人。詹景鳳曾以"醉茶"名軒,不知與此是否有關。

本文現存舊鈔本兩種:一藏南京圖書館,一在中國農業科學院南京農業大學中國農業遺産研究室,均無首頁,無題序,無記跋。南圖本原先標作清鈔本,《中國古籍善本書目》改定爲"《茶書》七種七卷,明鈔本"。農業遺産研究室藏本未標年代,題作《石鼎聯句(鈔本)》,副題《歷代詠茶詩彙編》。其實與南圖本是同一部書稿,書名都是隨意加上的。因此,稱作《明抄茶水詩文》比較恰當。

本篇所輯録詩文,大都已見前人編纂諸書,作爲茶史文獻的價值不高。但從匯集的詩文中,可以看出明顯的江南品味,特别是收録了大量無錫惠山的"竹爐詩",極有特色。

本文以上述兩種抄本對校,詩文前見者存目。

茶詩　醉茶消客　纂

觀貢茶有感

山之顛,水之涯,産靈草,年年採摘當春早。製成雀舌龍鳳團,題封進入幽燕道;黄旂閃閃方物來,薦新趣上天顔開。海濱亦有間世才,弓旌不來無與媒。長年抱道樓蒿萊,撚髭吟盡江邊梅。嗟哉人與草木異,安得知賢若知味。

陽羨採茶懷古五絶　呂暄

其一

陽羨報春鳥,山丁意若何。入雲同去採,賡唱採茶歌。

其二

歲貢在先春,金芽成雀舌。天子欣賞之,仙靈盡通徹。

其三

碾畔塵飛緑,烹賞噴異香。一甌消酒渴,莫問滌詩腸。

其四

白花凝碗面,破悶實堪誇。不獨詩人愛,僧家與道家。

其五

要試腴甘味,須將活火煎。盧仝嘗七碗,陸羽著三篇。

茶塢[1]　**皮日休**[2](閒尋堯氏山①)《茶經》云:其花白如薔薇。

茶人　**前人**(生於顧渚山)一作擷,九字反。其木如玉色,渚人以爲杖

茶筍　**前人**(褎然三五寸)

茶舍　**前人**(陽崖枕白屋)

煮茶　**前人**(香泉一合乳)

茶塢[3]　**陸龜蒙**[4](茗地曲隈回)

茶人　**前人**(天賦識靈草)山中有報春鳥

茶筍　**前人**(所孕和氣深)

茶舍　**前人**（旋取山上材）

煮茶　**前人**（閒來松間坐）

修貢顧渚茶山作　**袁高**[5]（禹貢通遠俗）

乞茶②　**孟郊**

道意勿乏味，心緒病無悰。蒙茗玉花盡，越甌荷葉空。錦水有鮮色，蜀山饒芳叢。雲根纔剪緑，印縫已霏紅。曾向貴人得，最將詩叟同。幸爲乞寄來，救此病劣躬。

峽中嘗茶　**鄭谷**[6]（簇簇新英滴露光）

北苑　**蔡襄**（蒼山走千里）

茶撑　**前人**（造化曾無私）

採茶　**前人**（春衫逐紅旗）

造茶　**前人**（糜玉寸陰間）

試茶　**前人**（兔毫紫甌新）

西山蘭若試茶歌③　**劉禹錫**（山僧後檐茶數叢）

與孟郊洛北野泉上煎茶　**劉言史**[7]（粉細越筍芽）

碾茶奉同六舅尚書韻　**黄庭堅**

要及新香碾一杯，不因傳寶到雲來。碎身粉骨方餘味，莫厭聲喧萬壑雷。

煎茶　前人(風爐小鼎不催須)

烹茶　前人

乳粥瓊糜霧腳回,色香味觸映根來。睡魔有耳不足掩,直拂繩床過疾雷。

以潞公所惠揀芽送公擇　前人(慶雲十六升龍餅)

奉同公擇作揀芽詠　前人(赤囊歲上雙龍壁)

今歲官茶極妙而難爲賞音者[④]　前人

雞蘇狗虱難同味,惟取君恩歸去來[⑤]。青箬湖邊尋陸顧,白蓮社裏覓宗雷。

乳茶翻碗正眉開,時苦渴龍行熱來。知味者誰心已許,維摩雖默語如雷。

又戲用前韻爲雙井解嘲　前人(山芽落磑風回雪)

於大冶長老乞桃花茶栽東坡　蘇軾(周詩記苦茶)

喜園中茶生　韋應物(潔性不可污)

北苑焙新茶　丁謂

北苑龍茶者,甘鮮的是珍。四方惟數此,萬物更無新。纔吐微茫緑,初沾少許春。散尋縈樹遍,急採上山頻。宿葉寒猶在,芳芽冷未伸。茅茨溪口焙,籃籠雨中民。長疾勾萌拆,開齊分兩勻。帶煙蒸雀舌,和露疊龍鱗。作貢勝諸道,先嘗祇一人。緘封瞻闕下,郵傳渡江濱。特旨留丹禁,殊恩賜近臣。啜將靈藥助,用與上尊親。頭進英華盡[⑥],初烹氣味真。細香勝卻麝,淺色過於筠。顧渚慚投木,宜都愧積薪。年年號供御,天産壯甌閩。

月夜汲水煎茶　蘇軾(活水仍須活火烹)

雙井茶送子瞻　黄庭堅(人間風日不到處)

和曹彦輔寄壑源試焙新芽　蘇軾(仙山靈草濕行雲⑦)

覓茶　朱熹

茂緑林中三五家,短牆半露小桃花,客行馬上多春困,特扣柴門覓一茶。

煎茶歌　蘇軾(蟹眼已過魚眼生)

巽上人採茶見贈酬之以詩　柳宗元(芳叢翳湘竹)

真愚第啜茶同匏菴文量原已聯句[8]

偶逢陸羽得《茶經》成憲出陽羨先春,客因問職方君論味茶之法,故發此句以紀之庚,終爲周瑜未酒醒。容七碗清風成大嚼,寬一瓢春興付忘形。成憲酪奴茗飲原非敵,庚玉醴雲腴並有靈。容欲棄糟醨試清啜,寬助渠高論挹芳馨。成憲

謝送碾壑源揀芽　黄庭堅

喬雲從龍小蒼璧,元豐至今人未識。壑源包貢第一春,緗奩碾香供玉食。睿思殿東金井欄,甘露薦飲天開顔。橋山事嚴庀百局⑧,補衮諸公省中宿。中人傳賜夜未央,雨露恩光照宫燭。右丞〔似〕是李元禮⑨,好事風流有涇渭。肯憐天禄校書郎,親敕家庭遣分似。春風飽識太官羊,不慣腐儒湯餅腸。搜攪十年燈火讀⑩,令我胸中書傳香。已戒應門老馬走,客來問字莫載酒。

以小龍贈晁無咎[9]**用前韻　前人**

我持玄珪與蒼璧,以暗投人渠不識。城南窮巷有佳人,不索檳榔常晏

食。赤銅茗碗雨班班,銀粟翻光解破顔。上有龍紋下棋局,採囊贈君諾已宿。此物已是元豐春,先皇聖功調玉燭。晁子胸中開典禮,平生自期莘與渭。故用澆君磊塊胸,莫令鬢毛雪相似。曲几蒲團聽煮湯,煎成車聲繞羊腸。雞蘇胡麻留渴羌,不應亂我官焙香。肌如瓠壺鼻雷吼,幸君飲此勿飲酒。東坡讀羊腸之句,曰黄九恁地怎得不窮

雙井茶　歐陽修(西江水清江石老)

陽羨茶　吕暄

春前推上品,陽羨獨知名。已見旗槍折,先從蓓蕾生。品評佳士製,封寄故人情。吟苦山窗下,誰言破宿酲。

蒙山茶

茶稱瑞産重青徐,蒙頂先春味更殊。碧雪清含山氣潤,紫雲香割石膚腴。採來渾訝莓苔色,嚼碎還同蓓蕾珠。欲待作詩酬諫議,緘書好寄玉川盧。

春雷催折雨前芽,芳饋南隨貢道賒。土炕籠香朝出焙,瓦瓶翻雪夜生花。清風諫議頻勞送,草澤高人遠受誇。顧渚建溪休採摘,玉泉新汲到詩家。

六安茶

七碗清風自六安,每隨佳興入詩壇。纖芽出土春雷動,活火當爐夜雪殘。陸羽舊經遺上品,高陽醉客避清歡。何時一酌中泠水,重試君謨小鳳團。

香茶餅[11]

茅山歲歲摘先春,礱石霏霏磨作塵。玄露十分和得細,紫雲千片製來新。頰車味載能消渴,鼻觀香傳即嚥津。若得清風生兩腋,便從羽節訪羣真。

嘗新茶呈梅聖俞　歐陽修（建安三千里）

次嘗新茶韻　前人（吾年向老世味薄）

掃雪煎茶⑫　〔**謝宗可**〕[10]

夜採寒霙煮緑塵，松風入鼎更清新。月團影落銀河水，雲腳香融玉樹春。陸井有泉應近俗，陶家無酒未爲貧。詩綳奪盡豐年瑞，分付蓬萊頂上人。

又

四野彤雲布，飛花歲暮天。呼僮教去掃，對客取來煎。滿泛香多異，初嘗味獨偏。黨家無此樂，粗俗最堪憐。

又　杜庠[11]

石鼎煎鎔雪水新，六花香泛雨前春。玉堂清味誰知得，俗殺銷金帳裏人。

虎丘採茶曲　皇甫汸[12]

靈山深處長芽春，浥露穿雲曉徑斜。仙掌由來人未識，恐攀祇樹誤曇花。

采去盈筐倦倚松，金莖半是白雲封。佛前數葉香先供，誰覓花間鹿女蹤。

茶煙　謝宗可

玉川爐畔影沉沉，澹碧縈空杳隔林。蚓竅聲微松火暗，鳳團香暖竹窗陰。詩成禪榻風初起，夢破僧房雪未深。老鶴歸遲無俗客，白雲一縷在遥岑。

煮茶聲

龍芽香暖火初紅，曲几蒲團聽未終。雪乳浮江生玉浪，白雲迷洞響松風。蠅飛蚓竅詩懷醒,車遶羊腸醉夢空。如許蒼生辛苦恨,蓬萊好問玉川翁。

走筆謝孟諫議寄茶歌　盧仝(日高丈五睡正濃)

煮茶　文彭[13]

煮得新茶碧似油,滿傾如雪白瓷甌。平生消受清閑福,花落谿邊日日遊。

又　前人

縹色瓷甌盡草蟲,新茶凝碧味初濃,北窗一啜涼風至,試問盧仝同不同。

又　前人

穀雨初收午焙茶,燕來新筍亦生芽。烹茶煮筍煩襟滌,盡日溪邊看落花。

友人寄茶

小印輕囊遠見遺,故人珍重手親題。暖含煙雨開封潤,翠展旗槍出焙齊。片月分明逢諫議,春風彷彿在荆溪。松根自汲山泉煮,一洗詩腸萬斛泥。

石灶烹茶　徐師曾[14]

山廚非玉鼎,真味卻悠然。汲水龍湫上,搜珍穀雨前。雲浮花外碾,風度竹西煙。不羨高陽醉,知君識更賢。

竹窗烹茶

活火新泉自試烹,竹窗清夜作松聲。一瓶若遺文園啜,那得當年肺渴成。

夜起烹茶　孫一元[15]

碎擘月團細，分燈來夜缸。瓦鐺然楚竹，石瓮寫秋江。水火聲初戰，旗槍勢已降。月明猶在壁，風雨打山窗。

穀雨日試茶　王寵[16]

吉日分蜂穀雨晴，乳茶芽筍試初烹。五侯甲第誇鸞鼎，不識人間有太羹。

楞伽山夜同友掃雪烹茶　前人

楞伽一夜三尺雪，疾風澒洞茶磨裂。五湖粘天凝不流，虎豹咆哮萬木折。短衣蠟履荷長帚，絶壁巉巖力抖擻。支撐桃竹杖兩莖，快斫藍田玉數斗。何吴二子皆好奇，山僧顛倒袈裟披。十步回頭五步叫，複磴懸崖相把持。歸來急試煮玉法，夜半紅爐炙天熱。中泠惠麓浪得名，金液瓊漿果奇絶。嵇康自是餐霞人，管城食肉骨相屯。且須痛飲盡七碗，鍾鼎山林安足論。

汲泉煮茗對梅清啜　楊溥[17]

緇流不到玉川家，石鼎風爐自煮茶。往日品題無我和，先春滋味有人誇。中泠水畔稀行跡，陽羨山間好物華。安得鳳團攜至此，閒談清啜對梅花。

謝僧送茶　方回[18]

天目山居公浙右，天都峯住我江東。兩家茶荈更相餽，草木吾儕氣味同。

賓暘張考塢觀茶花　前人

頭上漉酒巾，風吹行欹斜。野徑政自穩，世途殊未涯。禮能致商皓，勢足屈孟嘉。君身獨自由，時到山人家。播植話禾稻，紡績詢桑麻。側聞此一塢，村酤亦易賒。芙蓉萬紅蕚，錦繡紛交加。掉頭不肯顧，特往觀茗葩。嗅芳摘苦葉,咀嚼香齒牙。榷利至此物,誰爲疲氓嗟。

索雲叔新茶　前人

穀雨已過又梅雨,故山猶未致新茶。清風兩腋玉川句,三百團應似太誇。

時會堂二首造貢茶所也　**歐陽修**

積雪猶封蒙頂樹,驚雷未發建溪春。中州地暖萌芽早,入貢宜先百物新。憶昔常修守臣職[13],先春自探兩旗開。誰知白首來辭禁,得與金鑾賜一杯。

茶山境會[14]　白居易

遥聞境會茶山夜,珠翠歌鍾俱遶身。盤下中分兩州界,燈前合作一家春。青娥遞舞應爭妙,紫筍齊嘗各鬥新。自嘆花時北窗下,蒲黄酒對病眠人。

送龍茶與許道人　歐陽修(潁陽道士青霞客)

故人寄茶　李德裕[15](劍外九華英)

吴正仲遺新茶　丁謂(十片建溪春)

建溪新茗　前人(南國溪陰暖)

煎茶　前人

開緘試雨前,須汲遠山泉。自遶風爐立,誰聽石碾眠。細微緣入磨,猛沸恰如蟬。羅細烹還好,鐺新味更全。花隨僧箸破,雲逐客甌圓。痛惜藏書篋,堅留待雪天。睡醒思滿啜,吟困憶重煎。祇此消塵慮,何須作酒仙。

建茶呈史君學士　李虛己[19]

石乳標奇品，瓊英碾細文。試將梁苑雪，煎動建溪雲。清味通宵在，餘香隔座聞。遥思摘山日，龍焙未春分。

謝木韞之分送講筵賜茶　楊廷秀[20]（吴綾縫裹染菊水）

澹庵坐上觀顯上人分茶　前人

分茶何似煎茶好，煎茶不似分茶巧。蒸水老禪弄泉手，隆興見春新玉爪⑯。二者相遭兔甌面，怪怪奇奇真善幻。紛如擘絮行太空，影落寒江能萬變。銀瓶首下仍尻高，注湯作字勢嫖姚。不須更師屋漏法，只問此瓶當響荅。紫微仙人烏角巾，唤我起看清風生。京塵滿袖思一洗，病眼生花得再明。漢鼎難調要公理，策勳茗碗非公事。不如回施與寒儒，歸讀《茶經》傳衲子⑰。

試新茶　文徵明（分得春芽穀雨前）

煮茶　前人

老去盧仝興味長，風簷自試雨前槍。竹符調水沙泉活，石鼎然松翠鬣香。黄鳥啼花春酒醒，碧桐摇日午窗涼。五千文字非吾事，聊洗百年湯餅腸。

汲惠泉煮陽羡茶　前人

絹封陽羡月，瓦缶惠山泉。至味心難忘，閒情手自煎。地爐殘雪後，禪榻晚風前。爲問貧陶穀，何如病玉川。

分茶與周紹祖　陳與義[21]

竹影滿幽窗，欲出腰髀懶。何以同歲暮，共此晴雲碗。摩挲蟄雷腹，自嘆計常短。異時分密雲，小杓勿辭滿。

寄茶與和甫　王安石[18]

采絳縫囊海上舟,月團蒼潤紫煙浮。集英殿裹春風晚,分到並門想麥秋。

寄茶與平甫　前人(碧月團團墮九天)

清明後一日賞新茶　王穉登[22]

新火清明後,春茶穀雨前。枝枝似碧柳,葉葉直青錢。煙濕山廚竹,香浮石井泉。烏巾花樹下,自傍瓦壚煎。

送泰公茶　何景明[23]

英英白雲華,采采六山秀。爲問病維摩,此味清涼否。

史恭甫遠致陽羨茶惠山泉　王寵(夜發茶山使)

啜茗粥作　儲光羲(當晝暑氣盛)

悦茶　陸采[24]

青巖蔭佳木,紅泉漱靈根。華蕣發春陽,珍品寇芳園。丈人厭粱肉,情與冰蘗敦。烹傳世外術,法自謫仙論。清液一入唇,蕭然澹心魂。伊昔商山芝,燁燁光璵璠。四叟甘雅素,歌聲至今喧。時清道自卷,事變節彌存。與世醉糟醨,而我不與焉。願分天瓢漿,一洗塵界煩。吾經異陸羽,至理難具言。請君屏壚炭,共談秋水源。三啜乘風去,振腋越崑崙。

山居新晴採茶寄友　毛文煥[25]

過雨暮山碧,採茶春鳥啼。踏花芳徑濕,入竹野叢低。葉潤凝煙後,枝寒泣露時。王孫何日到,緘此寄相思。

山人饋茗　前人

葉葉生煙綠玉香，山家新裹白雲囊。開緘已慰相如渴，臥聽松風滿石床。

萬孝全惠龍團　王十朋

貢餘龍餅非常品，絶勝盧仝得月團。豈有詩情可嘗此，荷君分貺及粗官。

宗提舶贈新茶次韻　前人（建安分送建溪春）

張教授惠顧渚茶戲答[19]　**前人**

春回顧渚雪生芽，香味尤宜秘水烹。搜我枯腸欠書卷，飲君清德賴詩情。

啜茶　前人

濫與金華講，賜沾龍鳳團。卻歸林下飲，更愧是粗官。

食義興茶次梅堯臣食雅山茶韻

儂素生中吴，不識山水嘉。袛因宣州城[20]，有山名曰鵶。其高幾百仞，閟鏁煙雲霞。當春掇奇産，名重鵶山茶。老我不慣嚼，佳甘義興芽。韜香藉織茅，裹勝須軟紗。聲價騰京師，珍貴達邇遐。焙法娜成團，揀精不留葩。欲雜諸草木，無如天山麻。未容俗士知，只許學士誇。融融豁查滓，采采擷英華。顧渚蒙嶺鄙，雙井建溪差。戒潤暴頻頻，取用宜些些。提壺汲惠泉，掃雪烹詩家。春蚓竅有音，白罌玉無瑕。松薪燒逢鬆，榾柮爇龍蛇。雖云五鼎富，勿謂七碗奢。銅碾揚綠塵，馬湩生乳花。朋游數成惠，我腹原有癖。食芹思獻納，負暄動諮嗟。鵶山品斯下，陽羨名益加。玉川能再來，而肯從我耶。

採茶曲　徐熥

紫霧微茫曉日遲，女郎呼伴採新枝。龍團貴處休相問，逢着仙人好換詩。

(望望村西憶晚晴)

(春巖到處總含香)

枝頭爲爾惜行藏,滿飽春香亦浪狂。汝爲有香人共摘,我無人摘更添香。

(歲歲春深穀雨忙)

香瓣龍團的的真,君王嘗處手相親。若教知我曾親手,應得嘗時不厭頻。

折取新芽莫折技,留枝還有折芽時。若教枝盡無芽折,識得根苗是巧思。

和梅堯臣作宋著鳳團茶韻

山人起常早,鬚髭微帶凍。昨見隴畛間,新茶已萌芽[21]。竊睨警擷粟,未堪摘團鳳。逡巡逼春分,老小攜羣共。官府謀計偕,歲度修職貢。俯仰菩蔔林,往來蒼虬洞。天葩發珍香,露氣染微湩。未考陸羽經,誰喚盧仝夢。蒸焙火性勻,接摶手力衆。莫汲揚子江,先斛灌畦瓮。芳苾琖碗浮,通邑襟懷中。什襲不輕開,恐聽喈癰美。

茗坡　陸希聲[26]

二月山家穀雨天,半坡芳茗露華鮮。春醒酒病兼消渴,借取新芽旋摘煎。

賞茶　徐熥

(竹爐蟹眼薦新賞)

(閒寂空堂坐此身)

(採採新芽鬥細工)

(高枕殘書小石床)

(梅花落盡野花攢)

(新爐活火謾烹煎)

愛茶歌[22]　**吴寬**[27]

湯翁愛茶如愛酒，不數三升並五斗。先春堂開無長物，只將茶竈連茶柏[23]。堂中無事常煮茶，終日茶杯不離口。當筵侍立唯茶僮，入門來謁唯茶友。謝茶有詩學盧仝，煎茶有賦擬黄九。茶經續編不借人，茶譜補遺將脱手。平生種茶不辦租，山下茶園知幾畝。世人肯向茶鄉游，此中亦有無何有。

林秋窗精舍啜茶　**李鎔**以下俱閩人

月團封寄小窗間，驚起幽人曉夢閒。玉碗啜來肌骨爽，卻疑林館是蓬山。

奉同　**陳希登**

青僮曉汲石潭間，燒竹烹來意味閒。啜罷清風生兩腋，微吟兀坐對南山。

恭繼　**旋世亨**

昔從仙姥下雲間，日侍秋窗不放閒。若有樵青來竹裏，爲君買斷武夷山。

敬次　**宋儒**[28]

雲脚春芽一啜間，塵心爲洗覺清閒。若教得比陶家味，支杖從容看雲山。

奉和　**林焯**

比來中酒北窗間，宿火煙微白晝閒。試碾龍團躬掃葉，不妨無寐倚屏山。

次韻　**俞世潔**[29]

自汲深清釣石間，老來無奈此身閒。枯腸七碗神如洗，絶勝他人倒玉山[24]。

答明公送春芽　沈周[30]

山僧藜藿腸,采拾窮野味。靈芽漆園種,新摘帶雨氣。鹽蒸嬾緑愁,日曝微紺瘁。裹紙聊搤許,珍重不多遺。仍傳所食法,且囑要精試。兼烹必雙井,水亦惠山二。及云性益壽,甫與昌陽比。香甘流齒頰,食過發吁嚱。山僧苦薄相,折此八千計。本昧吾儒言,方長仁者忌。

煮茗軒㉕　**謝應芳**[31]

聚蚊金谷㉖任葷羶,煮茗留人也自賢。三百小團陽羨月,尋常新汲惠山泉。星飛白石童敲火,煙出青林鶴上天。午夢覺來湯欲沸,松風初響竹爐邊。

茶竈春煙

隱几無言有所思,筆停小草思遲遲。竹爐湯沸紅綃隔,石鼎香清水墨施。輕散鶴巢栖不遠,密藏豹霧澤難窺。玉川何處容過訪,我欲相從一和詩。

和章岷從事鬥茶歌　范希文[32](年年春自東南來)

啜陽羨茶　文伯仁[33]

陽羨稱名久,盧仝素愛深。一杯清渴吻,三盞滌煩襟。酒後添餘興,詩狂助苦吟。臨泉汲明月,烹瀹愜吾心。

汲惠泉煮雲巖寺茶　周天球[34]

惠泉初試竹爐清,虎阜雲中摘露英。一啜能令消渴去,月團雙此失芳名。

茶坡爲劉世熙作　沈周

使君嗜茶如嗜酒,渴肺沃須解二斗。官清無錢致鳳團,有力自栽春五畝。輕雷震地抽緑芽,行歌試采香漸手㉗。世間口腹多累人,日給時需喜家有。還道通靈可入仙,非惟卻病仍資壽。籠煙紗帽躬執爨,活火何堪托鼙走。題詩戲問滋味餘,得似王濛及人否。

謝友惠天池茶　方侯

正苦消中久,多君茗惠新。遠分春滿裹,細嚼口生津。已覺馨香厚,還憐氣味真。閉門人不至,莫厭啜來頻。

謝友寄新茶　前人

密裹青山而霧姿,倩人遥寄到江湄。臨〔江〕自汲清泉煮㉘,一碗真能慰所思。

友攜茶見過次韻答之　素庵商輅[35]

不寐坐更深,之子相過倍有情。石乳細烹雲液滑,桂花香噴玉壺清。星垂綺户風初淡,鶴唳瑶臺月正横。啜罷一甌詩興發,拂箋似覺筆花生。

汲泉煮茶　袁衮[36]

俗塵還自卻,清興眇無涯。汲得中泠水,同煎顧渚茶。

掃雪烹小龍團　必興

小龍新制紫嬋娟,試向花前掃雪煎。誰識陶家風味别,衹應元是玉堂仙。

啜茶有懷玉川子　袁祖枝

爲摘建溪春,分汲中泠水。試問啜茗生,清風自何起。

題茶山　杜牧(山實東南秀)

姚少師寄陽羨茶以詩次韻酬答　素庵

緘書曾寄北京人,新茗遥兮羨嶺春。細瀹碧甌香味美,重開錦字雅情真。摘鮮尚想靈芽短,破悶初回午睡新。不謂清風生兩腋,卻欣先解渴心塵。

山林啜茶　彭天秩[37]

高跡雅懷非絶俗,竇泉春茗未爲貧。一杯邀賞青山暮,疏樹涼風灑葛巾。

賞新茶　袁袞

新茶吾所愛,最愛雨前茶。四月梧蔭下,壺杯寫乳花。細香浮玉液,嫩緑泛金芽。倘得中泠水,龍團喜足誇。

汲三泉烹雙井茶　朱朗[38]

涪翁放筯茗勳長,宿火熒熒午焙搶。旋汲三泉雲外冷,試烹雙井雨前香。客來朗月梅窗静,鶴避輕煙竹院涼。笑待山齋真境寂,車聲終日繞羊腸。

玉截茶[29]　**蘇軾**

貴人高宴罷,醉眼亂紅緑。赤泥開方印,紫餅截圓玉。傾甌共歎賞,竊語笑僮僕。

雪齋烹茗　鄭愚(嫩芽香且靈)

茶山貢焙歌　李郢

使君愛客情無已,客在金臺價無比。春風三月貢茶時,盡遂紅旗到山裹[30]。焙中清曉朱門開,筐箱漸見新芽來。凌煙觸露不停採,官家赤印連帖催。朝飢暮匐誰興哀,喧闐競納不盈掬。一時一餉還成堆,蒸之馥之香勝梅。研膏架動轟如雷,茶成拜表貢天子。萬人争噉春山摧,驛騎鞭聲砉流電。半夜驅夫誰復見,十日王程路四千。到時須及清明宴,吾君可謂納諫君,諫官不諫何由聞。九重城裹雖玉食,天涯吏役長紛紛。使君憂民慘容色。就焙賞茶坐諸客,幾回到口重咨嗟。嫩緑鮮芳出何力,山中有酒亦有歌。樂營房户皆仙家,仙家十隊酒百斛。金絲宴饌隨經過,使君是日憂思多。客亦無言徵綺羅,殷勤繞焙復長歎。官府例成期如何,吴民吴民莫憔悴,使君作相期爾蘇。

試茶有懷㉛　**林逋**[39](白雲峯下兩槍新)

題茶㉜　**吕居士**

平生心賞建溪春,一丘風味極可人。香包解盡寶帶胯,黑面碾出明窗塵。

壑源嶺茶　**黄庭堅**

香從靈壑壟上發,味自白石源中生。爲公喚覺荆州夢,何待南柯一夢成。

煎茶㉝　**蘇軾**

建溪時産雖不同,啜過始知真味永。縱復苦梗終可録,汲黯少戇寬饒猛。葵花玉胯不易致,道路幽險隔雲嶺。誰知使者來自西,開緘磊落收百餅。啜香㉞嚼味本非别,透紙自覺光炯炯。粃糠團鳳友小龍,奴隸日鑄臣雙井。收藏愛惜待佳客,不敢包裹鑽權倖。

禁煙前見茶㉟　**白樂天**(紅紙一封書後日)

啜鳳茶　**惠洪**[40]

蒼壁碧雲盤小鳳,睿思分賜君恩重。緑楊院落天晝永,碾聲驚破南窗夢。驟觀詩膽已開張,欲啜睡魔先震恐。七碗清風生兩腋,月脅清魂誰與共。戲將妙語敵分香,詩成一書盧仝壟。

賦寄謝友[36]　**蘇軾**

我生百事常隨緣,四方水陸無不便。扁舟渡江適吴越,三年飲食窮芳鮮。金虀玉鱠飯炊雪,海螯江柱初脱泉。臨風飲食甘寢罷[37],一甌花乳浮輕圓。柘羅銅碾棄不用,脂麻白玉須盆研。沙溪北苑強分別,水腳一線誰争先。清詩兩幅寄千里,紫金百餅費萬錢。吟哦烹唯兩奇絶,只恐偷去煩封纏。老妻稚子不知愛,一半已入姜鹽煎。知君窮旅不自釋,因詩寄謝聊相鐫。

賜官揀茶[38]　**前人**(妙供來香積)

頭綱茶　**前人**

火前試焙分新胯,雪裏頭綱輟賜龍。從此升堂是兄弟,一甌林下記相逢。

啜茶[39]　**林逋**

開時微月上,碾處亂泉聲。六碗睡神去,數州詩思清。碧沉霞腳碎,香泛乳花輕。

紫玉玦[40]　**蘇軾**

我生亦何須,一飽萬想滅。空煩赤泥印,遠致紫玉玦。禪窗麗午景,蜀井出冰雪。坐客皆可人,鼎器手自潔。金釵候湯眼,魚蟹亦須決。遂令色味香,一日備三絶。報君不虚授,知我非輕啜。

竹裏煎茶　**晏如生**

紫筍金沙具二難,旋烹石鼎傍琅玕。細看蟹眼兼魚眼,更試龍團與鳳團。香雪遂令詩吻潤,涼颸並入酒脾寒。文園道有相如渴,不信年來病未安。

寄茶與尤延之㊶　**胡珵**[41]

詩人可笑信虚名,擊節茶芽意豈輕。爾許中州真後輩,與君顧渚敢連衡。山中寄去無多子,天上歸來太瘦生。更送玉塵澆錫水,爲搜孔思與周情。

謝友惠茶　**董**傳策**幼海**[42]

東吴瑞草愁予臆,象嶺春芽春爾頒。煙鼎浪翻黄雀舌,冰壺雨滴鷓鴣班。煩襟合灑盧仝液,懶性應羞陸羽顔。此日幽窗眠欲醒,絶憐風味一追攀。

璘上人惠茶酬之以詩　**劉英**[43]

春茗初收穀雨前,老僧分惠意殷虔。也知顧渚無雙品,須試吴山第一泉。竹裹細烹清睡思,風前小啜悟詩禪。相酬擬作長歌贈,淺薄何能繼玉川。

謝璘以惠桂花茶　**劉泰**[44]

金粟金芽出焙篝,鶴邊小試兔絲甌。葉含雷作三春雨㊷,花帶天香八月秋。美味絶勝陽羨産,神清如在廣寒遊。玉川句好無才續,我欲逃禪問趙州。

煮茗　**陳沂**[45]

芳品花團露,細香松度風。山吟肺正渴,石鼎火初紅。

煮茗　**顧璘**[46]

爲有餘酲在,還牽睡思繁。汲泉敲石火,先試小龍團。

龍井試茶　**李奎**

閒尋龍井水,來試雨前春。欲識山中味,還同静者論。雪花浮鼎白,雲脚入甌新。一啜清詩肺,松風吹角巾。

石鼎聯句[47] 韓愈

巧匠斵山骨,刳中事煎烹。師服[43]直柄未當權,塞口且吞聲。喜龍頭縮菌蠢,豕腹脹膨脝。彌明外包乾蘚紋,中有暗浪驚。師服在冷足安自,遭焚意〔彌貞〕[44]。喜謬當鼎鼐間,妄使水火争。彌明〔大似烈士膽,圓如戰馬纓。師服上比香爐尖,下與鏡面平。喜[45]〕秋瓜未落蔕,凍芋僵抽萌。彌明一塊元氣閒,細泉幽竇傾。師服不值輸瀉處,焉知懷抱清。喜方當紅爐然,益見小器盈。彌明睥睨無刃跡,團圓類天成。師服遥疑龜圖負,出曝曉正晴。喜旁有雙耳穿,上爲孤髻撐。彌明或訝短尾銚,又似無足鐺。師服可惜寒食毬,擲在路傍坑。喜何當山灰地[46],無計離瓶罌。彌明陋質荷斟酌,挾中貴提擎。師服豈能煮仙藥,但未污羊羹。喜形模婦女笑,度量兒童輕。徒爾堅重性,不過升合盛。師服仍似廢轂仰,側見折軸横。喜〔時於〕蚯蚓竅[47],微作蒼蠅鳴。彌明以兹翻溢愆,實負任使誠。師服當居顧盼地,敢有〔漏泄情〕[48]。喜寧依暖熱弊,不與寒涼並。彌明區區徒自效,瑣瑣不足呈。師服回旋但兀兀,開合唯鏗鏗。喜全勝瑚璉貴,空有口傳名。豈比俎豆古,不爲手所撜。磨礱去圭角,浸潤著光明。願君莫嘲誚,此物方施行。四韻並彌明所作。

石鼎 沈周

〔惟〕爾宜烹我服從,渾然玉琢謝金鎔[49]。廣唇呿哆寧無合,枵腹膨〔亨〕自有容[50]。味在何妨人染指,餗存還愧母尸饔。老夫飽飯需茶次,笑看人間水火攻。

次韻周穜惠石銚 蘇軾

銅腥[51]鐵澀不宜泉,愛此蒼然深且寬。蟹眼翻波湯已作,龍頭拒火柄猶寒。姜辛鹽少茶初熟[52],水漬雲蒸蘚未乾。自古函牛多折足,要知無腳是輕安。

茶鼎 皮日休(龍舒有良匠)

茶鼎 陸龜蒙(新泉氣味良)

茶竈詠寄魯望[48]　**皮日休**(南山茶事動)

茶竈答襲美[49]　**陸龜蒙**(無突抱輕嵐)

茶夾銘　程宣子

武夷溪邊,神仙宅家,石筋山脈,鍾異於茶。馨含雪尺,香啟雷車。□蘚怒生。粟粒露芽,採之擷之,收英斂華,松風煮湯,味薰煙霞。

茶籯　皮日休(筤篣曉攜去)

茶籯　陸龜蒙(金刀劈翠筠)

茶筅二首　謝宗可

此君一節瑩無瑕,夜聽松聲漱玉華。萬縷引風歸蟹眼,半甌飛雪起龍芽。香凝翠髮雲生腳,濕滿蒼髯浪捲花。到手纖毫皆盡力,多應不負玉川家。

一握雲絲萬縷情,碧甌橫起海濤聲。玉塵散作雲千朵,香乳堆成玉一泓。松捲天風龍鬣動,竹搖山雨鳳毛輕。鬢邊短髮消磨盡,□共盧仝過此生。

茶焙吟寄江湖散人　皮日休(鑿彼碧巖下)

茶焙吟酬皮襲美　陸龜蒙(左右擣凝膏)

茶磨　丁謂

楚匠斫山骨,折檀爲磨臍。乾坤人力内,日月蟻行迷。吐雪誇春茗,堆雲憶舊溪。北歸惟此急,茶臼不須齎[53]。

茶甌詠寄天隨子　皮日休

分太極前吟苦詩，瓢和月飲夢醒時。榻帶雲眠何當再，讀盧仙賦千古清風道味全。

奉次　屠滽[50]

平生端不近貪泉，只取清泠旋旋煎。陸氏銅爐應在右，韓公石鼎敢争前。滿甌花露消春困，兩耳松風驚晝眠。官轍難全隱居事，君家子姓獨能全。

奉次　倪岳

宿火長温瓮有泉，不妨寒夜客來煎。名佳合附《茶經》後，制古元居《竹譜》前。司馬酒壚須卻避，玉川幽榻稱吟眠。金爐寶鼎多銷歇，眼底憐渠獨久全。

奉次　程敏政[51]

新茶曾試惠山泉，拂拭筠爐手自煎。擬置水符千里外，忽驚詩案十年前。野僧暫挽孤舟住，詞客遥分半榻眠。回首舊遊如昨日，山中清樂羨君全。

其二　前人

斫竹爲爐貯茗泉，不辭剪伐更烹煎。分煙遠欲過林外，煮雪清宜對客前。阮籍興多惟縱酒，盧仝詩好卻耽眠。微吟細瀹松風裏，得似君家二美全。

奉次　李東陽[52]

石罅曾分裊裊泉，裹茶添火試同煎。形模豈必隨，人後鑒賞何[53]。

〔**茶甌**〕〔**皮日休**〕[54](邢客與越人)

茶甌詠和皮襲美　陸龜蒙(昔人謝堰垞)

芝麻

茶性太豁人,必藉諸草木。胡麻本仙種,其生類苜蓿。□□畢來年,薅土灑碎玉。性燥惡淖泥,苗生戒鸜鵒。得雨挺矢身,擷房貯珠粟。但願地力肥,一畝收十斛。玉川得升合,石鼎茶初熟。齒頰暗浮香,血氣藉榮足。不是覓源人,偶飯清溪曲。

題復竹爐卷⑮　秦夔[54]

烹茶只合伴枯禪,誤落人間五十年。華屋夢醒塵冉冉,湘江魂冷月娟娟。歸來白璧元無玷,老去青山最有緣。從此遠公須愛惜,願同衣鉢永相傳。

竹茶壚倡和⑯　王紱[55]

與客來賞第二泉,山僧休怪急相煎。結菴正在松風裏,裏茗還從穀雨前。玉碗酒香揮且去,石床苔厚醒猶眠。百年重試筠爐火,古杓争憐更瓦全。

奉次⑰　吴寬

惠山竹茶爐,有先輩王中舍之詩傳誦久矣。今余友秋亭盛君仿其制爲之。其伯父方伯冰壑爲銘,秋亭自詠詩用中舍韻,屬余和之塞白耳⑱。

聽松庵裏試名泉,舊物曾將活火煎。再讀銘文何更古,偶觀規制宛如前。細筠信爾呈工巧,暗浪從渠攪醉眠。絶勝田家盛酒具,百年常共子孫全。

奉次　盛顒[56]

唐相何勞遞惠泉,攜來隨處可茶煎。三湘漫捲磁瓶裏,一竅初因置我前。秋共林僧燒葉坐,夜留山客聽松眠。王家舊物今雖在,竹缺沙崩恐未全。

奉次　李傑[57]

龍團細碾瀹新泉,手製筠爐每自煎。嗜好肯居仝老後,精工更出舍人前。芸窗月泠吟何苦,竹榻煙輕醉未眠。分付奚奴頻掃雪,器清味澹美尤全。

奉次　謝遷[58]

茗碗清風竹下泉,汲泉仍付竹爐煎。夜瓶春瓮輕煙裏,嶰峪荆溪舊榻前。縠雨未乾湘女泣,火珠深擁籦龍眠。盧仝故業王猷宅,憑仗山人爲保全。

其二　前人

不慕糟丘與酒泉,竹爐更取瓦瓶煎。月團影落湘雲裏,雪乳香分社日册。金馬門中方朔醉,長安市上謫仙眠。古來放達非吾願,頗愛陶家風味全。

奉次　楊守阯[59]

揮翰如流思涌泉,碧琅茶竈對床煎。氣蒸蟹眼潮初長,聲繞羊腸車不前。絶品小團中禁賜,清風高枕北窗眠。衹憐命墮顛崖者,安得提撕出萬全。

其二　前人

石鏽銅腥不受泉,小團還對此君煎。貞心未改寒居後,虚號誰求古步前。夜閣坐來成獨語,千窗愁破衹高眠。筆床憶共天隨住,苦李於今幸自全。

奉次　王鏊[60]

燒竹書齋煮玉泉,同根誰使也相煎。匡床簡易聊堪坐,石鼎膨脝莫謾煎。月落湘妃猶自泣,日高盧老且濃眠。唯君肯慰詩人渴,不學相如與璧全。

奉次　商良臣[61]

筠爐雅稱試寒泉,雀舌龍團手自煎。翠浪暗翻明月下,青煙輕颺落花前。盧仝頓覺風生腋,宰我從知晝廢眠。經緯功成謝陶鑄,調元事業定能全。

奉次　陳璚[62]

幾年林下煮名泉,攜向詞垣試一煎。古樸肯容銅鼎並,雅宜應置筆床前。席間有物供吟料,橋上無人復醉眠。頓使士林傳盛事,儒家風味此中全。

奉次　司馬堊

體裁不稱貯平泉,只稱詩人與雪煎。吟喜茗香生竹裹,醉貪松韻落尊前。夜深有客衝寒過,好句何人倚壁眠。清白家風偏重此,笑渠寶玩可長全。

奉次　顧苹

南山雀舌惠山泉,趁箇筠爐注意煎。野鶴避煙松徑外,寒梅印月紙窗前。謾誇盧老騰詩價,卻笑知章託醉眠。此物不因君愛護,人間那得令名全。

奉次　吴學[63]

天上月團山下泉,清風端合此爐煎。製殊石鼎差今古,詠出騷人有後前。春思撩人開倦眼,夜談留客唤忘眠。百年我願同隨住,舊物從來得久全。

奉次　楊子器[64]

偶來一吸石龍泉,頓熄胸中欲火煎。苦節君居僧榻畔,清風生住惠山前。未應鴻漸偏能煮,叵耐彌明不愛眠。好事盡輸秦太守,百年舊物喜歸全。

奉次　錢福[65]

盛氏莊頭陸羽泉,王郎爐樣盛郎煎。巧將水火歸籃底,紗簇煙雲罩竹前。汲向清湘嗤拙用,吟成寒夜伴醒眠。更看陽羨山中罐,奇事應誰有十全。

奉次　杜啟[66]

古老相傳第二泉,舍人特作竹爐煎。人隨碧澗皆形外,物共青山只眼前。詞客好奇時一過,林僧厭事日高眠。多君番製來都下,便覺書齋事事全。

奉次　繆覲[67]

水汲西禪陸子泉,帶香仙掌合炊煎。盧家興味圍屏裏,陽羨風情小榻前。白絹印封春受惠,花瓷醒酒夜忘眠。玉堂中舍南宫吏,一代清名得共全。

奉次　潘緒

第二泉高阿對泉,瓷瓶汲取竹爐煎。向來魂夢湘江上,早焙方槍禁火前。雲腳浮花香不斷,煙霏籠樹鶴初眠。東園老子經三卷,千古流傳註未全。

奉次　盛虞[68]

幾年渴想惠山泉,汲井當爐茗可煎。詩續舍人高興後,夢飛陸子舊祠前。形窺鳳尾和雲織,聲肖龍吟伏火眠。心抱歲寒燒不死,一生勁節也能全[69]。

首倡[59]　王紱

僧館高閑事事幽,竹編茶竈瀹清流[60]。氣蒸陽羨三春雨,聲帶湘江兩岸秋。玉臼夜敲蒼雪冷,翠甌晴引碧雲稠。禪翁託此重開社,若個知心是趙州。

奉和　卞榮[70]

此泉第二此山幽，名勝誰爲第一流。石鼎聯詩追昔日，玉堂揮翰照清秋。評如月旦人何在，曲和陽春客未稠。我亦相過嘗七碗，只今從事謝青州。

奉和　謝士元[71]

見説松菴事事幽，此君作則異常流。乾坤取象方成器，水火功收不論秋。麈尾有情披拂遍，玉甌多事往來稠。幾回得賜頭綱餅，風味嘗來想建州。

奉和　郁雲[72]

禪榻曾聞伴獨幽，於今又復寄儒流。湘□織就元非治，人世流傳不計秋。汲罷清泉諳味美，煮殘寒夜覺灰稠。此生只合山中老，肯逐珍奇獻帝州。

奉和　張九方[73]

竹爐煮茗稱清幽，石上𣁽泉取急流。細擘鳳團香泛雪，旋生蟹〔眼〕韻含秋[61]。火分丹竈紅光溜，煙繞書屏翠影稠。醉啜滿甌清徹骨，笑他斗酒博涼州。

奉和　錢章清

我到家山景便幽，秋亭瀟灑晉風流。筠爐煮遍龍團月，彩筆驅還石鼎秋。斗室思凝湘水闊，吟郎才更列星稠。清風喚起王中舍，相與逢瀛覽九州。

奉和　范昌齡[74]

爐織蒼筠趣自幽，頭籠紗帽更風流。煮殘天上小團月，占斷人間萬古秋。玉碗素濤晴雪捲，翠瓶香藹自雲稠。欲知極品頭綱味，翰苑還看賜帝州。

奉和　陳昌[75]

倣得規模意趣幽,中書題詠尚傳流。寒烹山館三冬雪,涼透湘江六月秋。摘向金蕾東風小,盛來玉碗白花稠。蒙山未許誇名勝,自古還稱陽羨州。

奉和　張愷

草亭何事最清幽,割竹爲爐烹碧流。吟骨透殘蒙頂月,夢思醒到海濤秋。舍人遺制誰能續,諸者留題趣更稠。我亦興來風滿腋,不知騎鶴有揚州。

奉和　徐麐

巧織蒼筠外分幽,心存活火汗先流。輕煙縷縷石亭午,清籟〔颼〕颼松澗秋[62]。三百月團良可重,五千文字未爲稠。蒼生病渴難□息,心繫中原十二州。

奉和　秦錫

翰苑分題爲闡幽,清風千古共傳流。濕雲蒸起瀟湘雨,活火燒殘嶰谷秋。水汲惠泉盟易結,茶收陽羨味偏稠。筆床今喜相鄰近,從此無人慕趙州。

奉和　賈焕[76]

古樸茶爐制度幽,名全苦節入仙流。擣龍氣焰三千丈,雲朵精華八百秋。倡和有詩人共仰,烹煎得法味應稠。誰云獨占山中静,提挈曾聞上帝州。

奉和吴公韻呈盛秋亭　邵瑾[77]

山人遺鋋古無前,土植筠籠制法乾。千載車聲繞山谷,九嶷黛色動湘川。風流共賞庚申夜,款識重刊戊戌年。未許盧仝誇七碗,先生高臥腹便便。

竹茶爐　陶振[78]

惠山亭上老僧伽，斫竹編爐意自嘉。淇雨拂殘燒落葉，□□炊起捲飛花。山人借煮雲巖藥，學士求烹雪水茶。聞道萬松禪榻畔，清風長日動袈裟。

茶爐　莫士安[79]

□爐迴繞護琅玕，圓上方中量自寬。水火相煎僧事少，旗槍無擾睡魔安。暖紅炙汗沾霜節，沸白澆花逗月團。留共梅窗清□罷，雪樓誰道酒杯寒。

竹茶爐

織翠環爐代瓦陶，試烹香茗若溪毛。鵑啼湘浦聽春雨，龍起鼎湖翻夜濤。文武火然心轉勁，炎涼時異節還高。松根有客聯詩就，掃葉歸燒莫憚勞。

竹茶爐

乍出瀟湘玉一竿，制成規度逐鐺圓。暝煙寒雨應無夢，明月清風自有緣。松火纔紅詩就後，山泉初沸酒醒前。彌明道士如相見，莫作當時石鼎聯。

見新效中舍製有贈秋亭　楊循吉[80]

舍人昔居山，雅好煎茗汁。折竹爲火爐，意匠巧營立。當時傳盛事，吟詠富篇什。誰知百年來，僧房謹收拾。遺規遂不廢，手澤光熠熠。盛公效製之，宛有故風習。今人即古人，誰謂不相及。賢孫復好事，相攜至京邑。驅馳四千里，愛護費珍襲。吴公一過目，賞嘆如不給。賦詩特揄揚，落紙墨猶濕。流傳遍都下，賡歌遂成集。泠然惠山泉，千載有人汲。得此詎不佳，卷帙看編輯。

秋亭復製新爐見贈　前人

盛君昔南來，自攜竹爐至。吴公既賞詠，遂知公所嗜。還家製其一，持以爲公贄。公家泠澹泉,近者新鑿利。烹煎已有法,所乏惟此器。豈無陶瓦輩,坌俗何足議。筠爐既輕便,提挈隨所置。朝回自理料,不以付童隸。公腹亦大哉,五千卷文字。時時借澆滌,日日出新思。他年著書成,爐亦在功次。此爐今有三,古一新者二。只此可並德,自足立人世。不容再有作,或恐奪真貴。盛君雖好傳,珍惜勿重製[81]。

恭繼　高直

憶隨蘇晉學逃禪,往事傷心莫問年。到處凝塵甘落莫,幾番烹雪伴嬋娟。黄塵閉世徒高價,清物還山續舊緣。下有武昌秦太守,香泉埋没克誰傳。

恭繼　黄公探

憶事山中别老禪,松關寂寞已多年。寒驚春雨懷鴻漸,夢落西風泣麗娟。忽逐擔頭歸舊隱,旋烹魚尾敘新緣。玉堂學士遺編在,贏得時人一蟻傳。

其二　前人

聽松聞説有真禪,舊物今歸作此年。茶意惠泉香尚暖,出含湘水色猶娟。春風華屋成陳跡,夜月空山了宿緣。撫卷不須陰□失,一燈然後一燈傳。

恭繼　張九才

真公手製濟癯禪,人作爐亡正有年。出去茶煙空裊裊,微來火色尚娟娟。榆枝柳梗生新火,瓦罐瓷瓶繼舊緣。多藉武昌賢太守,賦詩興感世争傳。

恭繼　潘緒

筠爐製自普真禪,歸屬吾家半百年。香浥惠泉猶細細,翠凝湘雨尚娟娟。卷中遺墨今無恙,方外清風素有緣。寄語後人須愛惜,鎮山佳事永流傳。

恭繼　陸勉

竹爐元供定中禪,久落紅塵復此年。雪乳謾烹香細細,湘紋重拂翠娟娟。遠公衣鉢還爲侣,太守文章最有緣。猶愛風流王内翰,舊題佳句到今傳。

恭繼　倪祚

清風只合近孤禪,華屋徒留五十年。竹格總如前度好,瓷甌那得舊時娟。鬢絲吟榻全真趣,松火清流斷俗緣。物理往還雖不定,芳名須藉後人傳。

恭繼　成性

湘竹爐頭細問禪,出山何事更何年。渴心幾度生塵夢,舊態常時守浄娟。刺史能留存物意,老僧還結煮茶緣。題詩再續中書筆,千古清風一樣傳。

其二　前人

一個筠爐一老禪,煮茶燒筍自年年。無端失去山房冷,有幸尋歸佛日娟。清浄招提良少任,葷羶闤闠更何緣。寄言儇子休窺覬,留與沙門祖祖傳。

其三　前人

天教故物伴吟禪,别去重歸在此年。瓦釜更窺周鼎貴,湘筠曾並舜妃娟。紅塵堆裹持清節,紫餅香中暖舊緣。太守題詩繼先達,盛將芳譽兩京傳。

恭繼　李庶

得來還與愛參禪,把翫令人憶往年。活火帶煙燒榾柮,小團和月煮嬋娟。共憐趙壁初歸日,重結沙門未了緣。千載玉堂文字在,使君題品又相傳。

恭繼　劉劭[82]

伶俜標格故依禪，一落風塵不計年。藥火尚餘紅的的，茶煙曾裊翠娟娟。烹羊自昔元無分，飛錫重來亦有緣。寶鴨金虬俱寂寞，白雲蒼靄共流傳。

恭繼　厲昇[83]

一團清氣許從禪，流落風塵幾十年。陽羨不烹春杳杳，湘江有夢冷娟娟。玉堂内翰曾爲伴，白髮高僧又結緣。莫怪老夫多致囑，要將衣鉢永爲傳。

恭繼　陳澤

煮茶留客喜談禪，編竹爲爐記昔年。一去人間成杳杳，重來塵外浄娟娟。文園司馬曾消渴，雪水陶公擬結緣。淮海先生爲題詠，價增十倍永流傳。

恭繼　葛言

偶從塵世復歸禪，生壁看來似昔年。古澗寒光含落落，空山清氣逼娟娟。大千界裏成真想，不二門中結宿緣。太守先生作文字，定知珍重並留傳。

恭繼　張右

復向山中伴老禪，沉淪吴下幾何年。湘�拂拭仍無恙，趙壁歸來尚自娟。風月已清今夕夢，林泉應結再生緣。畫圖詩卷長爲侶，留作空門百世傳。

恭繼　曾世昌[84]

頓息塵機合問禪，直憑詩卷記流年。山河舊物誰呵護，大手文章月共娟。塞馬已忘癡愛想，去珠重有再還緣。往來顯晦相因理，只向人心悟處傳。

恭繼　俞泰[85]

竹爐歡喜復歸禪，一别山房五十年。聲繞羊腸還藉藉，夢回湘月共娟娟。松堂宿火無塵劫，石檻清泉有浄緣。莫怪真公招不返，已將詩卷萬人傳。

恭繼　華夫

失卻茶爐俗了禪，得來珍重過當年。瓦盆盛水原非寙，湘竹盤疏尚自娟。塵世不爲豪貴用，佛家堪結苦空緣。山中勝事争誇此，一卷新詩萬古傳。

其二　前人

塵爐猶未出空禪，清浄重歸佛果年。白璧竟忘秦社稷，黄沙不返漢嬋娟。萬般得失應無定，一物妍媸自有緣。唤醒青山千古夢，世人遺後世人傳。

其三　前人

煮茶歸伴又乘禪，颯颯清風似昔年。白社有靈興廢墜，紅塵無計掩嬋娟。三生石上真遺跡，第二泉頭總舊緣。謾説佛燈曾有録，湘魂今得並流傳。

用前韻再題卷末　高直

竹爐還復聽松禪，老眼摩挲認往年。潤帶茶煙香細細，冷含蘿雨翠娟娟。已醒萬劫塵中夢，重結三生石上緣，五馬使君題品後，一燈相伴永流傳。

木茶爐　楊基[86]

紺緣仙人煉玉膚，花神爲曝紫霞腴，九天清淚沾明月，一點芳心託鷓鴣。肌骨已爲香魂死，夢魄猶在露團枯。孀娥莫怨花零落，分付餘醺與酪奴。

茶磨　丁渭(楚匠斫山骨)

茶磨銘　黄庭堅

楚雲散盡,燕山雪飛。江湖歸夢,從此祛機。

竹茶爐　王問[87]

愛爾班筍壚,圓方肖天地。愛奏水火功,龍團錯真味。浄洗雪色瓷,言傾魚眼沸。窗下三啜餘,泠然猶不寐。

茶洗　前人

片片雲腴鮮,泠泠井泉洌。一洗露氣浮,再洗泥滓絶,三洗神骨清,寒香逗芸室。受益不在多,詎使蒙不潔。君子尚洗心,勉旃日新德。

茶罐與汪少石許茶罐以詩速之　蔡成中

夜來承攜,久旱塵生,冒雨而歸,亦一勝也。蒙允宜興罐,雖鄙心所甚欲,然率爾求之,似爲非是;戲作小詞上呈,不知可相博否! 呵呵。

昔日曾烹陽羡茶,而今不見荆溪水。水流蜀山擁作泥,膚脈膩細良無比。土人範器復試茶,雅觀不數黄金美。平生嗜茶頗成癖,挈罐相俱四千里。瓦者已破錫者存,破吾所惜存吾鄙。氣味依稀不似前,渴來誤罰盧家婢。聞君蓄此餘二三,聊賦新詞戲相市。一枚慷慨少石君,七碗琳瑯玉川子。

茶所大城山房十詠　**盛時泰**

雲裏半間茅屋,林中幾樹梅花。掃地焚香静坐,汲泉敲火煎茶。

茶鼎

紫竹傳聞製古,白沙空説形奇。争似山房鑿石,恨無韓老聯詩。

茶鐺

四壁青燈掣電,一天碎石繁星。野客採苓同煮,山僧隱几閒聽。

茶罌

一瓮細涵藻荇,半泓滿注山泉。欲試龍坑多遠,只教虎穴曾穿。

茶瓢

雨裏平分片玉,風前遥瀉明珠。憶昔許由空老,即今顔子何如。

茶函

已倩緑筠自織,還教青箬重封。不贈當年馮異,可容此日盧仝。

茶洗

壺内旗槍未試,爐邊水火初匀。莫道干山塵浄,還令七碗功新。

茶瓶

山裏誰燒紫玉,燈前自製青囊。可是杖藜客至,正當隔座茶香。

茶杯

白玉誰家酒盞,青花此地茶甌。只許唤醒清思,不教除去閒愁。

茶賓

枯木山中道士,緑蘿庵裏高僧。一笑人間白塵,相逢肘後丹經。

右詠十章,白下盛仲交作也。爲定所纂《茶藪》適成,因書往次附置焉。想當並收入耳。蓉峯主人録。[88]

往歲與吴客在蒼潤軒燒枯蘭煎茶,各賦一詩,時廣陵朱子價爲主客,次日過官舍,道及子價,笑曰:“事雖戲題,卻甚新也,須直得一詠。”乃出金山瀾公所寄中泠泉煮之,燈下酌酒,載爲賦壁上蘭影,一時羣公並傳以爲奇異;云比年讀書大城山,山遠近多名泉,如祈澤寺龍池水,上莊宫氏方池水,雲居寺澗中水,凌霄寺祠橋下水及雲穴山流水,龍泉庵石窟水,皆遠勝城市諸名泉。而予山顛有泉一小泓,曾甃亂石,名以雲瑶,故道藏經中古仙芝之名,自爲作記,然以少僻不時取,獨戊辰年試燈日,同客攜爐一至其下,時磐石上老梅盛開,相與醉臥竟日夕。今年春來讀書邵生、仲高從之游,予與仲高父子修甫有世契,喜仲高俊逸穎敏,因時爲講解,暇時仲高焚香煎茶啜予,予爲道曩昔事,因次十題,將各賦一詩以紀之,未能也。今日仲高再爲敲石火拾山荆,予從旁觀之,引筆伸紙次第其事,茶熟而詩成,遂録爲一帙,以祈同調者和之。庶知空山中一段閒興,不甚寂寞云爾。盛時泰記。

往仲交詩成,持示予。予心賞之,且謂之曰:余將過子山中,恐以我非茶賓也。既而東還不果往,今年有僧自白下來謁余,曰:仲交死山中矣。余驚悼久之,因念大城山故仲交詠茶處,復取讀之,並附數語以見存亡身世之感云。戊寅冬金光初識。

定所朱君雅嗜茶,嘗裒古今詩文涉茶事者爲一編,命曰《茶藪》,暇日出示予,且囑余曰:世有同好者間有作,爲我訪之,來當續入之。久未遑也。昨集玄予齋中,偶談及之,玄予欣然出盛仲交舊詠茶事六言詩十章並記授予,貽朱君。因追憶曩時與仲交有山中敲火烹茶之約,今仲交已去人間,爲之悲愴不勝。玄予因識感於詩後,予亦並記詩之所由來者,以掛名其上云爾。平原陸典識。

茶文　醉茶消客　纂

《茶〔經〕序》[63]　陳師道[89]

茶中雜詠序[64]　皮日休[90]

進茶録序[65]　蔡襄[91]

進茶録後序[66]　蔡襄[92]

龍茶録後序　歐陽修[93]

茶譜序[67]　**姚邦顯**

嗜，人心也；心，一也。嗜而不失其正，一道心也。是故，曾子嗜羊棗，周子嗜蓮，陶靖節嗜菊，於是乎觀嗜斯知人矣。常熟友蘭錢先生嗜茶，録茶之品類、烹藏，粤稽古今題詠，裒集成帙，非至篤好，烏能考詳如是耶。夫茶良以地，味以泉，其清可以滌腴，其潤可以已渴，於是乎幽人尚之，有烹以避鶴、飲以怡神者。子曰：飽食終日，無所用心，難矣是集也。萃三善焉：欲不爲貪，貞也；良於用心，賢也；厭膏粱而説游藝，達也。觀是集可以識先生矣。

茶譜序　**錢椿年**

茶性通利，天下尚之。古謂茶者，生人之所日用者也，蓋通論也。至後世則品類益繁，嗜好尤篤。是故，王褒有《約》，盧仝有《歌》，陸羽有《經》，李白得仙人掌於玉泉山中，欲長吟以播諸天，皆得趣於深而忘言於揚者也。予在幽居，性不苟慕，惟於茶則嘗屬愛，是故臨風坐月，倚山行水，援琴命弈；茶之助發余興者最多，而余亦未有一遺於茶者。雖然，夫報義之利也，茶每余益而予不少茶著，是茶不棄余而余自棄於茶也多矣。均爲乎平哉。是故集《茶譜》一編，使明簡便，可以爲好事者共治而宜焉。由真味以求真適，則山無枉枝，江無委泉，余亦可以爲少報於茶云耳。兹集也，奚其與趣深言揚者麗諸？嗚呼！蓬萊山下清風之夢，倘來盧石君家，金莖之杯暫輟，惟雅致者胥成。

跋茶譜續編後　**趙之履**[94]

六安州茶居士傳　**徐爌**[95]

茶賦　**吴淑**[96]

煎茶賦　**黄庭堅**[97]

鬥茶記　唐子西[98]

答玉泉仙人掌茶記[68]　李白(余遊荆州玉泉寺)

謝友寄茶書　孫仲益

分餉龍焙絶品,謹以拜辱。今年茶餉未至,以公所賜爲第一義也,未敢烹試,告廟薦先而後,飲其餘矣。

求茶書

午困思茶,家僮告乏。鳳山名品,必有珍藏。願分刀圭,以潤喉吻。籠頭紗帽,以想春風。

榷茶論　林德頌

嘗觀《禹貢》任九州土地所宜,而無茶一字,《周禮》列祭祀賓客之名物,亦無茶一字,以至漢唐以來史傳所載,皆不言之。夫茶充於味而饒於利,何盛於今而不用於古乎?抑有説焉。按《本草》,茶本名茗,一名樣[69],一名菽;今通謂之茶。蓋茶近故呼之,未之乃可飲,與古所食殊不同。而《茶譜》云:雅州蒙山中頂之茶,獲一兩[70]即能祛疾,二兩無疾,三兩可以换骨,四兩即爲仙矣。其他頂茶園,採摘不廢,惟中峯雲霧散漫,鷙獸時出,故人跡之所不到。是茶也,本藥品之至良也,至毋景休《茶飲序》云:釋滯消壅,一日之利暫佳,瘠氣侵精,終身之累斯大,則知自蒙山之外,他土所産,其性極冷,故多雜以草木食之。是茶也,本草食之相混也,及其後也,智者創物,製作愈精,亦可以少易其性。譬如易牙先得口之於味,而俾天下之人皆知所嗜,而有國家者,因以爲財賦之原焉。究其所由來,貴於唐而盛於我朝也。亦有含桃薦廟,而盛於漢;荔子萬錢,而盛於唐;蓋物之所尚,各有其時爾。

自唐陸羽隱於〔苕〕溪,性酷嗜茶[71],乃著《茶經》三篇,言茶之原、之法、之具尤備。如常伯熊嗜之、玉川子嗜之、江湖散人嗜之,故天下益知飲茶;回紇入朝[72],亦驅馬市之矣。習之既久,民之不可一日無茶,猶一日而無食。故茶之有税,始於趙贊,行於張滂,至王播則有增税,至王涯則有榷[73]法,迨至我朝,往往與鹽利相等。賓主設禮,非茶不交;而私家之用,皆仰於此。榷商市馬,入御置使,而公家之利,全辦於此,茶至是而始重矣。然嘗以國朝榷茶之法而觀之,曰榷務,曰貼射,曰交引,曰三分,曰三説,曰茶賦,紛紛不一。然論其大要,不過有三:鬻之在官[74],一也;通之商賈,二也;賦之茶户,三也。乾德之榷務,淳化之交引[75],咸平之三分,景德之三説,此鬻之在官者。淳化二年,貼射置法,此通之商賈者。嘉祐三年,均賦於民,此賦之茶户者。然榷茶之法,官病則求之商,商病則求之官。二法之立,雖曰不能無弊,然彼此相權,公私相補,則亦無害也,惟夫財切之於民,則民病始極。噫,豈惟民病哉,雖在官在商,亦因是而有弊耳。愚嘗推原其法,自乾德置榷茶之務,定私買之禁,然利額未甚多,場務未甚衆,而民之有茶,猶得以自折其税,是官鬻猶有遺利也。至淳化,許商賈置鬻茶之場[76],而行貼射之法;然大商之利多而國家之課減,未幾復罷其制,是通商猶有遺法也。商納芻薪於邊郡[77],官給文券於茶務,此交引之法爾;然鬻〔引〕之具一興[78],而所給之茶不充,此利復在商而不在官也。始以茶鈔[79]與香藥、犀象,爲三分之法。邊糴未充而商人爲便,後以轉糴、便糴、直便爲三説之法;邊票雖足,而商人折閲,此利徒在官而不在商也。之二法者[80],官無全利,亦無全害;商無全得,亦無全失,蓋彼此迭相救矣。夫何韓絳以三司所得之息而均於茶户之民,舊納茶税,今令變租錢,民甚困之,甚者税多不登,而官有浸虧之課,販者日寡,而商有不通之患,此官之與商、商之與民交受其弊。歐陽公五害之説,豈欺我哉?噫,此猶未至極病者。茶户均賦固也,異日均賦之外[81],復有榷之之法,民堪之乎?茶地出租可也,異日無茶之所,亦例有租錢之輸,民堪之乎?噫,民病矣[82]!其可不爲之慮耶?昔開寶中,有司請高茶價,我太祖曰:“茶則善矣,無乃困吾民乎,詔勿增價。”噫,是言也,將天地鬼神實聞矣,豈惟斯民感之哉。愚願今之聖天子法之。景德中,茶商俱條三等利害,宋太祖曰:“上等利取太深,惟從中等,公私皆濟。”噫,是言也,將民生日用實賴之,豈惟國用利之哉?愚願今之賢士大夫法之。

謝惠團茶書　孫仲益

伏蒙眷記,存録故交《小團齋釀遣騎馳貺謹以下拜便欲牽課》小詩,占謝衰老廢學,須小律間作撚鬚之態也。

五害説[83]　歐陽修

右臣伏見朝廷近改茶法,本欲救其弊失而爲國誤計者,不能深思遠慮,究其本末,惟知圖利而不知圖其害。方一二大臣鋭於改作之時,樂其合意,食卒輕信,遂決而行之。令下之日,猶恐天下有以爲非者,遂直詆好言之士,指爲立異之人;峻設刑名,禁其論議。事既施行,而人知其不便者,十蓋八九。然君子知時方厭言而意殆不肯言,小人畏法懼罪而不敢言,今行之踰年,公私不便,爲害既多,而一二大臣以前者行之太果,令之太峻,勢既難回,不能遽改。而士大夫能知其事者,但騰口於道路,而未敢顯言於朝廷,幽遠之民,日被其患者,徒怨嗟於閭里,而無由得聞於天聽。陛下聰明仁聖,開廣言路,從前容納,補益尤多,今一旦下令改事先爲峻法,禁絶人言,中外聞之,莫不嗟駭。語曰:防民之口,甚於防川。川壅而潰,傷人必多,今壅民之口已踰年矣,民之被害者亦已衆矣,古不虚語,於今見焉。臣亦聞方改法之時,商議已定,猶遣差官數人分出諸路,訪求利害。然則一二大臣,不惟初無害民之意,實亦未有自信之心。但所遣之人,既見朝廷必欲更改,不敢阻議,又志在希合以求功賞。傳聞所至州縣,不容吏民有所陳述,〔直〕云朝廷意在必行[84],但來要一審狀耳。果如所傳,則誤事者多此數人而已。蓋初以輕信於人,施行太果,今若明見其害,救失何遲,患莫大於遂非,過莫深乎不改。臣於茶法本不詳知,但外論既喧,聞聽漸熟。古之爲國者,庶人得謗於道,商旅得議於市,而士得傳〔言〕於朝[85],正爲此也。臣竊聞議者謂茶之新法既行,而民無私販之罪,歲省刑人甚多,此一利也。然而爲害者五焉:江南、荆湖、兩浙數路之民,舊納茶税,今變租錢,使民破産亡家,怨嗟愁苦不可堪忍,或舉族而逃,或自經而死,此其爲害一也。自新法既用,小商所販至少,大商絶不通行[86],前世爲法以抑豪商,不使過侵國利與爲僭侈而已;至於通流貨財,雖三代至治,猶分四民,以相利養,今乃斷絶商旅,此其爲害二也。自新法之行,税茶路分猶有舊茶之税，而新茶之税絶少；年歲之間，舊茶税盡，新税不登，則損虧國用，此其爲害三也。往時官茶容民入雜，故茶多而賤，遍行天下；今民自買賣，須要真茶，真茶不多，其價遂貴，小商不能多販，又不暇遠行，故近茶之處，頓食貴茶，遠茶之方，向去更無茶食，此其爲害四也。近年河北軍糧用見錢之法，民入米於州縣，以鈔筭茶於京師，三司爲於諸場務中擇近上場，分特留八處，專應副河北入米之人翻鈔筭請；今場務盡廢，然猶有舊茶可筭，所以河北和糴日下，未妨竊聞自明年以後，舊茶當盡，無可筭請，則河北和糴實要見錢，不惟客旅得錢變轉不動[87]，兼亦自京師歲歲輦錢於河北和糴，理必不能，此其爲害五也。一利不足以補五害。今雖欲減放租錢以救其弊，此得寬民之一端耳，然未盡公私之利害也，伏望聖慈特詔主議之臣，不護前失，深思今害，黜其遂非之心，無襲弭謗之跡，除去前令，許人獻説，亟加詳定，精求其當，庶幾不失祖宗之舊制。臣冒禁有言，伏待罪責，謹具狀奏聞，伏候唿旨。

謝傅尚書惠新茶書　楊廷秀

遠餉新茗，當自攜大瓢走汲溪泉，束澗底之散薪，然折脚之石鼎，烹玉塵，啜香乳，以享天上故人之意，媿無胸中之書傳[88]，但一味攪破菜園耳。

事茗説　蔡羽[99]

事可養也，而不可無本，或曰如茗何？左虚子曰：茗亦養而已矣。夫人寡慾，肆樂親賢。樂賢肆自治，恆潔茗若事也。致若茗心也，居乎清虚，塵乎貲筭，形潔也。形潔非養也，本不足也。居乎劇，出乎貲，筭非形潔也，可以言養也，審厥本而已矣。夫本與慾相低昂，故其致物相水火，茗而無本，奚茗哉？南濠陳朝爵氏，性嗜茗，日以爲事。居必潔厥室，水必極厥品，器必致厥磨啄；非其人，不得預其茗。以其茗事，其人雖有千金之貨，緩急之徵，必坐而忘去。客之厥與事、獲厥趣者，雖有千金之邀，兼程之約，亦必坐而忘去。故朝爵竟以事茗著於吴。夫好潔惡污，孰無是心？不遇陳氏之茗，方揮汗穿蹠也，一遇陳氏之茗，而忘千金之重，若然謂之無養可乎？朝爵遇其人，發其扃事，其事不爲千金之動，固養也，苟未得其人，方孤居深扃，名香浄几，以茗自陶，志慮日美，獨無資乎？或曰："如子之養,無大於茗。”子曰:“非獨茗,百工伎藝無不爾,在得厥趣而已矣。”内不亂而得其趣,是之謂不可無本。

茶譜序　顧元慶

余性嗜茗……當與有玉川之癖者共之也。嘉靖　春序[89]。[100]

茶詞　醉茶消客　纂

阮郎歸　黄庭堅(烹茶留客駐金鞍)

阮郎歸　黄庭堅(歌停檀板舞停鸞)

品令　黄庭堅(鳳舞團團餅)

醉落魄[90]

紅牙板歌,韶聲斷六么初徹,小槽酒滴真珠竭。紫玉甌圓,淺浪泛春雪。香芽嫩蕊清心骨,醉中襟量與天闊。夜闌似覺歸仙闕。走馬章臺,踏碎滿街月。

意難忘[91]　林正大[92]

洶洶松風,更浮雲皓皓。輕度春空,精神新發〔越〕[93]。賓主少從容。犀箸厭、滌昏懵,茗碗策奇功。試待與,評章甲乙,爲問涪翁。　建溪日鑄争雄,笑羅山梅嶺,不數嚴邛。胡桃添味永,甘菊助香濃。投美劑、與和同,雪滿兔甌溶。便一枕,莊周蝶夢,安樂窩中。

好事近　元東巖[101]

夢破打門聲,有客袖攜團月。唤起玉川高興,煮松簷晴雪。　蓬萊千古一清風,人境兩超絶。覺我胸中黄卷,被春雲香徹。

紫雲堆　蘇軾(已過幾番雨)

西江月 吕居仁

酒罷悠揚醉興,茶烹唤起醒魂。卻嫌仙劑點甘辛,沖破龍團氣韻。金鼎清泉乍瀉,香沉微惜芳熏。玉人歌斷恨輕分,歡意懨懨未盡。

西江月 毛澤民[102]

席上芙蓉待暖,花間騕褭還嘶。勸君不醉且無歸,歸去因誰惜醉。湯點瓶心未老,乳堆盞面初肥[94]。留連能得幾多時,兩腋清風唤起。

玉泉惠泉,香霧冷瓊珠濺。石爐松火手親煎,細攪入梅花片。 春早羅岕,雨晴陽羨,載誰家詩畫船。酒仙睡仙,只要見盧仝面。

水經 醉茶消客 纂

述煮茶泉品 葉清臣[103]

煎茶水記 張又新[104]

大明水記 歐陽修[105]

虎丘石井泉志 沈揆[106]

《吴郡志》云:劍池傍經藏後大石井,面闊丈餘,嵌巖自然,上有石轆轤,歲久湮廢,寺僧乃以山後〔寺中〕[95]土井〔爲石井,甚可笑〕[96]。紹熙三年,主僧如璧淘古石井,去淤泥五丈許,四傍石壁,鱗皴天成,下連石底。泉出石脈中,〔一宿水滿。井較之二水〕[97],味甘泠,勝劍池。郡守沈揆作屋[98]覆之,别爲亭於井傍,以爲烹茶晏坐之所。西蜀滂亭,高第扁曰"品泉亭";一云"登高覽古"[99]。

虎丘第三泉記 王鏊

虎丘第三泉,其始蓋出陸鴻漸品定,或云張又新、或云劉伯芻,所傳不一,而其來則遠矣。今中泠、惠山名天下,虎丘之泉無聞焉。顧閟於頹垣荒翳之間,雖吴人鮮或至焉。長洲尹左緜高君行縣至其地曰:"可使至美蔽而弗彰?”乃命撤牆屋,夷荆棘,疏沮洳。荒翳既除,厥美斯露。爰有巨石,巍峙横陳可餘丈[100],泉觱沸,漱其根而出,曰:“兹所謂山下出泉,蒙宜其甘寒清洌,非他泉比也。”遂作亭其上,且表之曰“第三泉”。吴中士夫多爲賦詩,而予特紀其事,所以賀兹泉之遭也。雖然,天下之美蔽而弗彰者,獨兹泉乎哉? 其誰能發之[101]。詩曰:“巖巖虎丘,巉巉絶壁。步光湛盧,厥浸斯蝕。有支别流,實洌且甘。昔人第之,其品第三。歲久而蕪,跡湮且泯[102]。發之者誰,左綿高尹。寒流涓涓,漱於石根。中泠惠山,異美同倫。百年之蔽,一朝而褫。伐石高崖,爰紀其始。”

薦白雲泉書　陳純臣　范文正[103]

粵自剖判,融結其中。傑然高岳,巨浸不待。摽異固已,聳動人耳目,不幸出於窮幽之地,必有名世君子,發揮善價,所以會稽、平湖,非賀知章不顯;丹陽舊井,非劉伯芻不振。惟胥臺古郡,不三十里,有山曰天平山。山有泉,曰白雲泉。山高而深,泉潔而清,倘逍遥中入覽,寂寞外景,忽焉而來,灑然忘懷。碾北苑之一旗,煮并州之新火,可以醉陸羽之心,激盧仝之思,然後知康谷之靈,惠山之英,不足多尚。天寶中,白樂天出守吾鄉,愛貴清泚,以小詩題詠。後之作者,以樂天託諷,雖遠而有未盡,是使品第泉目者,寂寂無聞。蒙莊有云“重言十七”,今言而十有七爲天下之信,非閣下而誰歟? 恭惟閣下性得泉之醇,才猶泉之濬,仁稟泉之勇,智體泉之動,藹是四雅,鍾於一德,又豈吝陽春之辭,以發揮善價。純臣先人松櫝置彼一隅,歲時往還,嘗愧文辭窘澀,不足爲來今之信價。閣下一漱齒牙之末,擘牋發詠,樂天如在,當歛策避道,不任拳拳之誠。

中泠志

按《潤州志》云:舊中泠在郭璞墓之下,最當波流險處。《水經》第其品爲天下第一,故士大夫多慕之而汲者。每有淪溺之患,寺僧乃于大雄殿西南下穴一井,以給遊客。其實非也。又大徹堂前亦有一井,與今中泠相去不十數步,而水味迥劣。按:“泠”一作零,又作靈。《太平廣記》李德裕使人取金山中泠水,蘇軾、蔡肇[107]並有中泠之句。張又新謂揚子江南零水爲天下第一,蔡祐《竹窗雜記》:石排山北,謂之北泠。釣者云:三十餘丈則泠,之外似又有南泠。北泠者,《潤州類集》云:江水至金山分爲三泠,唐竇庠[108]詩,“西江中瀶波四截”。瀶又作泠,豈字雖異而義則一然也。泉上有亭,宣德間重修,學士黄淮書扁。弘治庚申尚書白昂修,正德辛未員外都穆易其偏,曰“東南第一泉”。

分潔穢水　倪瓚

光福徐達左構養賢樓於鄧蔚山中,一時名士多集於此,雲林猶爲數焉[104]。嘗使僮子入山擔七寶泉,以前桶煎茶,後桶濯足。人不解其意,或問之,曰前者無觸,故用煎茶;後者或爲泄氣所穢,故以爲濯足之用耳。

金沙泉志

《茶譜》曰:湖州長興縣啄木嶺,下有泉曰金沙。此每歲造茶之所。常湖二郡接境於此,有亭曰“時會”[105],每茶候,二牧皆至焉。斯泉也,處沙之中,居常無水。將造茶,二守具儀注拜敕祭泉,頃之發源。其夕清溢,造供御者畢,水即微減,供堂者畢,水已半之;二守造畢,即涸矣。太守或還旆稽期,則示風雷之變,或見鷙獸、毒蛇、木魅焉。

惠山新泉記　獨孤及

此寺居吴西神山之足,山小多泉,其高可憑而上。山下有靈池異花,載在方志。山上有真僧隱客,遺事故跡而披勝録異者,淺近不書。無錫令敬澄字源深,以割雞之餘,考古案圖,葺而築之,乃飾乃圬。有客竟陵陸羽,多識名山大川之名,與此峯白雲相爲賓主,乃稽厥創始之所以而志之,談者然後知山之方廣勝掩他境。其泉洑涌潛泄,潗湁舍下,無沚無竇,蓄而不注。源深因地勢以順水性,始雙墾袤丈之沼,疏爲懸流,使瀑布下鍾,甘溜湍激若醴灑乳噴,及於禪床,周於僧房,灌注於德地,經營於法堂,潺潺有聲,聆之耳清。濯其源,飲其泉,使貪者讓,躁者静;静者勸道,勸道者堅固,境静故也。夫物不自美,因人美之。泉出於山,發於自然,非夫人疏之鑿之之功,則水之時用不廣,亦猶無錫之政煩民貧,源深導之,則千室襦袴;仁智之所及,功用之所格,動若響答,其揆一也。予飲其泉而悦之,乃志美於石。

惠山浚泉之碑[106]　邵寶[109]

正德五年春三月,錫人浚惠山之泉,秋八月,功成。先是正統間巡撫周文襄公嘗浚之,後屢葺屢壞,至是而極。縉紳諸君子方圖再浚,而寶歸自漕台,適與聞焉。爰求士之敏而義者,董厥工作,衆以屬龔泰時亨,楊蒙正甫莫鉛利鄉,乃與匠石左右達觀,究厥弊原。爲新功始,詢謀僉同,用書告諸望族,而後即事。凡爲渠二,爲池三,爲亭、爲堂各一,而尊賢之堂及留題之閣、守視之廬,又其餘功也,縣大夫請助以蓄故,謝焉。至是凡五閱月,而泉之流行猶夫前日也。諸君子既觀厥成,則以記命寶。寶嘗觀惠之爲泉,以石池漫流,爲天下高品尚矣。然其來同源而異穴,或泛焉,或濫焉。上池淵然,中池瑩然,下池浩然,其爲觀不同,於是有石渠貫而通之,約濫節迅,以成泉德。古之爲是者,可謂得水之道矣。故自陸子品嘗之後,觀且飲者日衆,甚至馳驛長安夫豈徒然乎哉?雖然時而浚之,則存乎人,譬之天道有燮理之功,人事有更化之義,是以君子重圖焉。今是役也,以渠通,以池蓄,以亭若堂。爲之觀,無侈無廢,克協於舊。其規劃所就,論者以爲邑有人焉。寶不敏,謹以歲月勒之於碑,復爲詩以歌之。總其費,爲白金若干兩,其助之者之名,具於碑陰,凡若干人。爲書者,吳憲大章,而往來宣勤,則潘緒繼芳及住山僧圓顯。定昌云其詩曰:"邃彼原泉,兹山之下。維僧若冰,肇涘自古。謂配中泠,允哉其伍。我錫彼金,有子維母。孰不來飲,孰不來觀。贊嘆詠歌,井冽以寒。孰閼我流,石崩木蠹。匪泉則敝,敝以是故。人亦有言,清斯濯纓。棄而弗滌,豈泉之情。吉日維子,興我浚功,變極乃通。維雲蒸蒸,維石齒齒。泉流其間,終古弗止。有德匪泉,則我之恥。我詩我碑,以頌其成。泉哉泉哉,與時偕清。"

通慧泉志

在漆塘山,宋紹興間錢紳卜居是山。有泉出巖下,甘洌與惠泉無異。上有亭,亭之扁曰"通慧"。

陸子泉亭記　孫覿

陸鴻漸著《茶經》,别天下之水,而惠山之品最高。山距無錫縣治之西五里,而寺據山之麓,蒼崖翠阜,水行隙間,溢流爲池,味甘寒[107],最宜茶。於是茗飲盛天下,而瓶罌負擔之所出,通四海矣。建炎末,羣盜嘯其中,污壞之餘,龍淵一泉遂涸。會今鎮潼軍節度使[108]開府儀同三司信安郡王會稽尹孟公以丘墓所在,疏請於朝,追助冥福。詔從之,賜名旌忠薦福,始命寺僧法皡主其院。法皡氣質不凡,以有爲法作佛事,糞除灌莽,疏治泉石,會其徒數百,築堂居之。積十年之勤,大屋窮墉,負崖四出,而一山之勝復完。泉舊有亭覆其上,歲久腐敗,又斥其羸,撤而大之,廣深袤丈,廓焉四達,遂與泉稱。法皡請予文記之,余曰:"一亭無足言。"而余於法皡獨有感也。建炎南渡,天下州縣殘爲盜區,官吏寄民間,藏錢稟粟,分寓浮圖老子之宫,市門日旰無行跡,遊客暮夜無託宿之地,藩垣缺壞,野鳥入室,如逃人家。士夫如寓公寄客,屈指計歸日,襲常蹈故,相帥成風[109],未有特立獨行,破苟且之俗,奮然功名,自立於一世。故積亂十六七年,視今猶視昔也。法皡者,不惟精神過絶〔人〕[110],而寺之廢興本末與古今詩人名章俊語刻留山中者,皆能歷歷爲余道之。至其追營香火,奉佛齋衆,興頹起仆,潔除垢污,於戎馬踐蹂之後,又置屋泉上,以待四方往來冠蓋之遊,凡昔所有皆具,而壯麗過之,可謂不欺其意者矣。而吾黨之士,猶以不織不耕呰謷其徒,姑置勿議焉。是宜日夜淬厲其材,振餚蠹壞以趨於成,無以毀瓦畫墁食其上其庶矣乎,故書之以寓一嘆云[111]。

於潛泉志

在湖洑鎮税場後,味甘冽,唐修茶貢,泉亦遞進。

膠山竇乳泉記　翁挺[110]

膠山在無錫縣東,去惠山四十里,由芙蓉塘西南拔起,平陸連緜迤邐高下十數而後峙爲大陸。有泉出其下,曰竇乳泉,蓋昔人以其色與味命之。自梁天監時,地爲佛廬,踞山北面[112],而泉出寺背。唐咸通中,浮圖士諫改作今寺。依東峯與惠山相望,則泉居左廡之南,水潦旱暵,無所增損,隆冬祁寒,不凝不涸。故其山雖不高,泉雖不深,而草木之澤,煙雲之氣,淑清秀潤,澒洞發越,皆兹泉之所爲也。然而疏鑿之初,因陋就簡,決渠引溜,不究其源,閲歲既久,瓴甓弗治,湩乳滲漏,淪入土壤。

建炎二年,余罷尚書郎,自建康歸閩,適聞本郡有寇,留滯浙河,因來避暑兹山。日酌泉以飲,病其湫隘,謂住山益公能撤而新之,當以金錢十萬助其費。益公雅有才智,且感予之意,以語其徒元凈、慶殊、乂沖三人者,咸願出力。於是砍其山,入丈餘,得泉眼於嵌竇間,屏故壤,理缺甃,而泉益清駛。乃琢金石於包山,爲之池,廣袤四尺,深三尺,以蓄泉。上結宇庇之,榜曰“蒙齋”。池之北瀉爲伏流,五丈有奇,以出於庭跨伏流爲屋四楹,屬之廡,有扉啟閉之,榜曰“竇乳之門”。庭中始作大井,再尋疏其欞檻,使衆汲,蓋數百千人之用,常沛然而無窮。事既成,益公謂予曰:“寺有泉曆數百載[113],較其色味,與惠泉相去不能以寸,而名稱篾然,公乃今發揮之,當遂遠聞信物之顯晦亦有待乎?”余笑曰:“水之品題,盛於唐,而惠泉居天下第二,人至於今,莫敢易其説,非以經陸子所目故耶?自承平來,茗飲逾侈,惠山適當道〔傍〕,而聲利怵迫之徒[114],往來臨之。又以瓶罌瓮盎挈餉千里[115],諸公貴人之家,至以沃盥焉,泉之德至此益貶矣。今膠山所出,岡阜接而脈理通,固宜爲之流浚,獨恨其邁往之跡,介潔之名,非陸子不能與之爲重。然山去郭遠,河溪遂阻,而涇流陋邑,居者欲游,或累歲不能至,況過客哉?比之君子,惠泉若有爲於時,故雖清而欲聞竇乳,類夫遠世俗而自藏修,故雖僻而無悶,以彼易此,泉必難之[116],而公顯晦有待于余爲言,亦期之淺矣。”益公亦笑曰:“有是哉。請著之泉上,使游二山之間者,有感於斯焉。”遂書以授之[117]。

松風閣記　秦夔

與茶無涉醉茶消客原注[111]。

慧山第二泉志

山在錫山西南,視諸山最大,其峯九起,故又曰九龍。山麓之左,有國初僧普真植松萬株,其最者二圍二人,小者圍一人有半。秦夔創庵其中,名聽松。壁間王孟端畫廬山景於其上，製竹茶爐於其中。有閣曰松風，側有石床，唐李陽冰篆"聽松"二字於其上。右坊觀泉，凡泉之名者八：曰第二、曰若冰、曰龍縫、曰羅漢、曰松嶺、曰遜名、曰滴露、曰慧照。

閤門水志

《東京記》曰：文德殿兩掖，有東西上閤門。故杜詩云：東上閤之東，有井泉絶佳。山谷憶東坡烹茶詩云："閤門井不落第二，竟陵谷簾空誤書"。

水詩　醉茶消客　纂

宜茶泉　吕晅

涓涓流水自石罅，六月炎蒸亦爾寒。艮岳一拳撑出小，方池三畝引來寬。淡中有味茶偏好，閒處無塵坐獨安。便酌醉眠陶處士，何時於此共盤桓。

調水符[118]　蘇軾

欺謾久成俗，關市有棄繻。誰知南山下，取水亦置符。古人辨淄澠，皎若鶴與鳬。吾今既謝此，但視符有無。常恐汲水人，智出符之餘。多防竟無及，棄置爲長吁。

味泉

飛流七種日生香，種種曾煩細品嘗。高下已應懸齒頰，二三還擬第清芳。小瓶汲處初通脈，大杓酣餘未許狂。飽飫年來何所得，珠璣汩汩倒詩腸。

題味泉圖　錢榮

泉在膠山惠麓旁，我翁長愛汲泉嘗。太羹玄酒偏知味，明月清風併助涼。廬碗七供嫌費力，顔瓢千載啜餘香。英靈尚爾惺惺在，欲戒兒孫競羽觴。

中泠泉　丁元吉[112]

萬水西來勢若崩,金鰲背上一泉生。氣嘘雲霧陰常合,寒逼蛟龍夢也驚。地脈不勞神禹鑿,品名曾入陸仙評。誰知一勺乾坤髓,占斷江心萬古清。

觀惠山泉用蘇韻　邵惟中

撓棹傍谿曲,入逕松陰蒼。泉清眇纖礙,恍臨冰雪堂。醉客夢復醒,倦鳥棲仍翔。盈盈美秋月,空亭散瑶光。茶仙烹小團,竹爐遺芬香。蕩滌塵俗慮,對景渾相忘。

虎丘第三泉　王鏊

翠甃無聲湧碧鮮,品題誰許惠山先。沉埋斷礎頹垣裏,披剔松根石罅邊。雪乳一杯浮沆瀣,天光千丈落虚圓[119]。向來棄置行多側,好謝東山悟道泉[113]。

惠山泉[120]　**吕居士**(春陰養芽鍼鋒鋩)

即惠山煮茶　蔡襄

此泉何以得,適與真茶遇[121]。在物兩稱絶,於余獨得趣。鮮香籭下雪,甘滑杯中露。當能變俗骨,豈特湔塵慮。晝静清風生,飄蕭入庭樹。中含古人意,來者庶冥悟。

和梅聖俞嘗惠山泉

梁鴻溪上山,緜亙難縷數。惠山恃然高,泉味如甘露。一水不盈勺,其名何太著。色比中泠同,味與廬谷附。螭湫滚滚來,龍口涓涓注。天設不偶然,豈特清齋助。久涸不停流,霪連只常澍。烹煎陽羨茶,斛汲中泠處。六碗覺通靈,玉川陡生趣。

惠山寺酌泉　周權[114]

惠山鬱律九龍峯,磅礴大地包鴻濛。劃然一夕震風雨,欲啟靈境昭神功。六丁行空怒鞭斥,電火摇光飛霹靂。一聲槌裂老雲根,嵌洞中開迸寒液。道人甃玉深護藏,鏡涵萬古凝秋光。陸羽甄品親試嘗,翠浪煮出松風香。我來山下討幽境,自挈瓶罌汲清泠。味如甘雪凍齒牙,紺碧光中敲鳳餅。昏塵滌盡清浄觀[122]。心源點透詩中禪。亟呼陶泓挾玄玉,揮洒字字泉聲寒。投閒半日聊此駐,孤棹明朝又東去。紅塵人世幾浮雲,鐘鼓空山自朝暮。

焦千之求惠山泉詩　蘇軾

茲山定空中,乳水滿其腹。遇隙則發見,臭味實一族。淺深各有值,方圓隨所蓄。或爲雲洶涌,或作線斷續。或鳴空洞中,雜珮間琴筑。或流蒼石縫,宛轉龍鸞蹙。瓶罌走四海,真僞半相〔瀆〕[123]。貴人高宴罷,醉眼亂紅緑。赤泥開方印,紫餅截圓玉。傾甌能歎賞,竊語笑僮僕。豈如泉上僧,盥灑自挹掬。故人憐我病,箬籠寄新馥。欠伸北窗下,晝睡美方熟,精品壓凡泉,願子致一斛。

惠山泉次東坡韻　邵珪[115]

蒼螭何許長,蜿蜒此山腹。驤首吐靈泉,曾勝中泠族。嗟哉一掌地,而有此奇蓄。萬古流不盡,石本來續續。雪竇隔瑰瓊,風瀾奏琴筑。人言石上眼,昔見老蛟蹙。又疑空洞中,靈源通濟瀆。陽羨穀雨餘,春芽裹芳緑。誰當溉釜鬵,僧瓢汲寒玉。他山豈無水,視此等奴僕。七碗亦傷廣,渴吻消盈掬。古人煎水意,品味貴清馥。官途聊釋負,來遊路方熟。三復滄浪篇,滌我塵萬斛。

謝黄從善寄惠山水　黄庭堅(錫谷寒泉橢石俱)

舟次夜吸龍山水　文徵明

少絶龍山水,相傳陸羽開。千年遺事在,百里裹茶來。洗鼎風生鬢,臨欄月墮杯。解維忘未得,汲取小瓶回。

月下與僧林間煮茗　王達[116]

九龍峯前有流水,一線泠泠出雲裏。夜聞繞竹瀉孤琴,曉汲和秋漱寒齒。廬山瀑布誰品題,天下至今名共馳。林間野客煎茶處,石上窮猿照影時。師今持缽來相啜,湛湛無痕映孤月。與師且滌胸中愁,明朝莫向城南別。

惠山泉　丘霽[117]

地脈源頭活,天光鏡面開。暗通幽罅漏,流出小池來。亭古還應葺,林深不用栽。烹茶清客思,香泛白□杯。

惠山泉　黄鎬[118]

天下名山第二泉,閒來登眺興悠然。鶴穿石磴苔還静,人對冰壺月自懸。滴瀝細通龍舌下,清泠光到錦衣前。試看陸羽烹茶處,猶有餘香撲暮煙。

煮雪[124]　高啟

自掃瓊瑶試曉烹,石壚松火兩同清。旋渦尚作飛花舞,沸響還疑灑竹鳴。不信秦山經歲積,俄驚蜀浪向春生。一甌細啜真天味,卻笑中泠妄得名。

友人寄惠山泉　王穉登

夜半扣山扃,靈泉滿玉罌。憐余長病渴,羨爾最多情。堂上雲霞氣,爐頭風雨聲。囊中有奇茗,待爾竹間烹。

登惠山觀二泉　王寵

鼎食非吾事,泠泠冰雪腸。煮茶師自得,折屐興偏長[125]。花氣熏泉竇,山形拱石堂。江湖自有樂,高詠和滄浪。

友之越贐以惠泉　高啟

雲液流甘漱石芽,潤通錫麓樹增華。汲來曉泠和山雨,飲處春香帶澗花。合契老僧煩每護,修經幽客記曾誇。送行一斛還堪贈,往試雲門日鑄茶。

飲中泠泉　沈周

此山有此泉,他山無此泉。泉名與山名,並爲天下傳。山泉兩合德,珠璧輝江天。宛在水中央,天使塵土懸。山本一江石[126],泉井從石穿。非鬼不可鑿,人莫知其源。黟深貫龍窟,不溢亦不騫[127]。我久負渴心,始修一啜緣。憑欄引小勺,冰雪流荒咽。載灌肝與肺,化作清泠淵。沁沁若沆瀣,逐逐空腥羶。至味謝茗荈,亦不從烹煎。謬哉康王谷,欲勝宜未然。若伺鴻漸知,但飲必推先。由我口舌譬,亦獲參其玄。世多未沾者,茫茫尚垂涎。滿注兩大罌,載歸下江船。搖光蕩江月,泛影雲亦鮮。分潤及鄉人,七碗同通仙。

惠山泉用□□韻[128]　楊一齋

鐘乳浮香潤紫苔,龍宮移向惠山開。溶溶真與桃源接,裊裊疑從太液來。天下名泉當代品,雲根甃石後僧栽。我來小試盧仝茗,不羨金莖露一杯。

憶舊過惠山所題　楊循吉

惠山名天下,乃以一勺泉。當時陸鴻漸,不惜爲人傳。鴻漸既死去,遂無知者焉。客來謾染指,誰識水味金。荒亭覆石沼,落日空涓涓。吴公向經此,游賞松風前。茗爐出古物,偕以舍人篇。酌泉何所留,吐句還枯禪。平生功名夢,一洗都灑然。昨來見茶具,遂憶游山年。揮毫寫舊作,併與新詩編。惠山我曾遊,開卷心留連。因思前日到,公務相促煎。雖有愛泉心,何由味中邊。而今已無事,喜得遂言旋。從此林澗傍,可以終日眠。袖書仰面讀,且欲聽潺湲。

酌惠山泉[129]　吕溱[119]

錫作諸峯玉一涓,麴生堪釀茗堪煎。詩人浪語元無據,卻道人間第二泉。

惠山流泉歌　皇甫冉

寺有泉兮泉在山,鏘金鳴玉兮長潺湲。作潭鏡兮澄寺内,泛巖花兮到人間。土膏脈動知春早,隈隩陰深長苔草。處處縈回石磴喧,朝朝盥漱山僧老。林松自古草自新,清流活活無冬春。任疏鑿兮與汲引,若有意兮山中人。偏依佛界通仙境,明滅玲瓏媚林嶺。宛如太空臨九潭,詎減天台望三井。我來結綬未經秋,已厭微官憶舊遊。且復遲回猶未去,此心只爲靈泉留。

惠泉次韻　丁寶臣[120]

誰識澄淵萬古清,潰汙擾擾謾縱横。出從山底應無極,流落人間自有聲。江漢想能同浩渺,塵沙雖混更分明。從來旱歲爲膏澤,安用《茶經》浪得名。

陸羽茶井　王禹偁(甃石封苔百尺深)

遊惠山寺⑬⓪　**焦千之**[121]

余愛兹山昔屢游,環回氣象冷清幽。茂林鬱蓊山蒼翠,宴坐瀟灑風颼颼。密甃積蘚迸泉眼,飛翬比翼参雲頭。一逕誰開青步障,客來共泛白玉甌。每思乘興好獨往,塵纓未濯莫我留。勝遊未至心先厭⑬①,健步歷覽氣挾輈。生平趣向與時背,泉石宿志略已酬。兹山獨以泉品貴,乃得佳名傳九州。譬人其中貴有物,源深混混難窮搜。支公去此久愈愛,自我佳句忘百憂。

虎丘劍池泉　高啟

干將欲飛出,巖石裂蒼曠。中間得深泉,探測費修綆。一穴通海源,雙崖樹交影。山中多居僧,終歲不飲井。殺氣凜猶在,棲禽夜頻警。月來照潭空,雲起嘘壁冷。蒼龍已何去,遺我清絶境。聽轉轆轤聲,時來試新茗。

嘗惠山泉　梅堯臣

吳楚千萬山，山泉莫知數。其以甘味傳，幾何若飴露。大禹書不載，陸生品嘗著。昔唯廬谷亞，久與《茶經》附。相襲好事人，砂瓶和月注。持參萬錢鼎[132]，豈足調羹助。彼哉一勺微，唐突爲霖澍。疏濃既不同，物用仍有處。空林癯面僧，安比侯王趣。

次韻題陸子泉　周邠

水自錫山出，中含萬古情。穿雲緣有脚，激石豈無聲。鍊藥源尋遠，煎茶味覺輕。堪資許由飲，休濯屈原纓。徹底驚澄瑩，傾杯戒滿盈。長流千里闊，高注一巖清。篇什新傳美，圖徑久得名。主人當鑒止，劇論著莊生。

洞泉[133]　僧若水[122]

石脈綻寒光，松根噴曉涼。注瓶雲母滑，漱齒茯苓香。野客偷煎茗，山僧惜浄床。安禪何所問，孤月在中央。

惠山泉　劉遠

靈脈發山根，涓涓纔一滴。寶劍護深源，蒼珉環甃壁。鑒影鬚眉分，當暑挹寒冽。一酌舉瓢空，過齒如激雪。不異醴泉甘，宛同神漿潔。快飲可洗胸，所惜姑濯熱。品第冠寰中，名色固已揭。世無陸子知，淄澠誰與別。

同華處士酌惠泉　俞焯

金錫之精流作泉，千古萬古寒涓涓。九龍守護此一勺，陸羽嘗來今幾年。論品不在中泠下，著句要出唐人先。便從處士解一榻，我欲煮茶供醉眠。

漪瀾堂[134]　邵寶

漪瀾堂下水長流，暮暮朝朝客未休。縱有《茶經》無陸羽，空教煎白老僧頭。

蝦蟆䃌泉　歐陽修

石溜吐陰崖,泉聲滿空谷。能邀弄泉客,繫舸留巖腹。陰精分月窟,水味標《茶録》。共約試春芽,旗槍幾時緑。

雨中汲惠泉　方侯

飛花點點逐春泥,拍瓮名泉遠見攜。即使煎烹供細酌,亦知恬澹稱幽棲。馬卿自此無消渴,鴻漸從來有品題。肌骨清涼喉吻潤,坐看疏雨過前溪。

第二泉　皮日休

丞相長思煮茗時,郡侯催發只憂遲。吴關去國三千里,莫笑楊妃愛荔枝。

馬卿消瘦年纔有,陸羽茶門近始閒。時借僧壚拾寒葉,自來林下煮潺湲。

遊惠山煮泉[135]　楊萬里

踏遍江南南岸山,逢山未必更留連[136]。獨攜天上小團月,來試人間第二泉。石路縈迴九龍脊,水光翻動五湖天。孫登無語空歸去,半嶺松聲萬壑傳。

題泉石生涯卷　素菴

聞道金山景最佳,上人泉石足生涯。曉從三島分清供,夜汲中泠出素華。香碗貯來澄皓月,佛龕藏處宿靈砂。貝經翻罷應無事,獨坐蒲團細煮茶。

月夜汲第二泉煮茶松下清啜[137]　沈周

夜叩僧房覓澗腴[138],山童道我吝村沽。未傳盧氏煎茶法,先執蘇公調水符。石鼎沸風憐碧縐,瓷甌盛月看金鋪。細吟滿啜長松下,若使無詩味亦枯。

惠泉次韻[139]　**蘇軾**

夢裏五年過，覺來雙鬢蒼。還將塵土足，一步漪瀾堂。俯窺松掛影，仰見鴻鶴翔[140]。炯然肝肺見，已作冰玉光。虚明中有色，清浄自生香。還從世俗去，永與世俗忘。

薄雲不遮山，疏雨不濕人。蕭蕭松徑滑，策策芒鞋新。嘉我二三子，皎然無緇磷。勝遊豈殊昔，清句仍絶塵。弔古泣舊史，疾讒歌小旻。哀哉扶風子，難與巢許鄰。

敲火發山泉，煮茶避林樾。明窗傾紫盞，色味兩奇絶。吾生眠食耳，一飽萬想滅。頗笑玉川子，饑弄三百月。豈如山中人，睡起山華發。一甌誰與共，門外無來轍。

白雲泉　**范成大**

龍頭高琢漱飛流，玉醴甘渾乳氣浮。捫腹煮泉烹鬥胯，真成騎鶴上揚州。

第二泉　**吴壽仁**

九龍之山何蜿蜒，玉漿迸裂爲寒泉。來歸石井僧分汲，流出草堂吾獨憐。暗滴洞中雲細細，穿吟池上月娟娟。奉乞茶經與水記，俟余歲晚共周旋。

謝友送七寶泉　**方侯**

報道雙罌至，元知七寶來。未曾傾玉液，先已滌瓷杯。頓覺愁心破，深令渴吻開。閉門貪自啜，花下立徘徊。

與惠泉戲作解嘲　**張天雨**[123]

水品古來差第一，天下不易第二泉。石池漫流語最勝，江流湍急非自然。定知有錫藏山腹，泉重而甘滑如玉。調符千里辨淄澠，罷貢百年離寵辱。虚名累物果可逃，我來爲泉作解嘲。速唤點茶三昧手，酬我松風吹紫毫。

華蕩水　符應禎

昔飲虎丘劍池泉,今汲虞山華蕩水。水清真可鑒鬚眉,裹茗煎之味尤美。江湖散人風尚存,玉川仙子神不死。我欲高歌邀二公,二公聞之拍手喜。歌竟回船風正來,鼓枻張颿浪花起。白雲萬片峯頭飛,黄鵠一雙空中駛。此遊此樂無人知,自信吾心絶塵滓。

居庸玉泉[141]　王紱

樹杪潺湲落翠微,分明一道玉虹垂。天潢低映廣寒殿,地脈潛通太液池。遥望直從雲盡處,近聽渾似雨來時。煮茶不讓中泠水,陸羽多應未及知。

煮七寶泉　蔡羽

玉音丁丁竹外聞,璿淵青空出樹根。脂光栗栗寒辟塵,冰壺越宿長無痕。碧山無雞犬,車馬不到村。支公三昧火,自閉桑下門。東風西落巖畔花[142],煎聲忽轉羊腸車。建州紫瓷金叵羅[143],錢塘新揀龍井茶。瓊液津津流齒牙。相如有文渴,陸羽無宦情。相逢開士家,七碗同日傾。茶壚若過銅坑去,石上長罭仔細盛。

重遊惠山煮泉　謝應芳

此山一别二十年,此水流出山中船[144]。人言近日絶可喜,不見流船但流水。老夫來訪舊僧家,石鐺試瀹趙州茶[145]。惜哉泉味美如醴,不比世味如蒸沙。

閤門水　丁謂[146]

宫井故非一,獨傳甘與清。釀成光禄酒,調作太官羹。上〔舍〕銀瓶貯[147],齋廬玉茗烹。相如方病渴,空聽轆轤聲。

百道泉　陳霽

百道泉源散湧金,夜流風雨聽龍吟。洪波遠濟千艘運,寒溜潛通萬壑陰[148]。沃土北均河曲潤,朝宗東下海門深。曉來茶鼎堪清洌,試掬虛瓢手自斟。

試第二泉　黄准[124]

每聽耐軒談錫麓,杖藜今日喜攀緣。攜將雁蕩先春茗,來試山中第二泉。

七寶泉[149]　**王璲**

誰將七寶地,貯此一泓秋。片月從空墮,清水出罊流[150]。泠涵山骨瘦,細咽竹根幽。半勺能消暑,名宜《水記》收。

同諸公登惠山　汪藻[125]

兹山定中腴,秀色乃如許。連峯積蒼潤,嵐氣亦成雨。珍泉不浪出,世俗那得取。羣仙作佛供,釃此玉池股。寒甘冠天下,瓶壺走膏乳[151]。兒嬉供茗事,雲散入江渚。當源起樓臺,下瞰松柏古。巍基出梁宋,爽氣接吴楚。我來值桂月,勝儕得嵇吕。聊分小蒼璧,同弔百年羽[152]。躋攀興未極,落日在林莽。卻立望翠屏,中流注鳴櫓。

題虎丘品泉　沈撰[126]

靈源一閟幾經年,石上重流豈偶然。漸喜行春有幽事,人間重見第三泉。

惠山泉　楊載[127]

此泉甘洌冠吴中,舉世咸稱煮茗功。路轉山腰開鹿苑,沼攢石骨閟龍宫。聲喧夜雨聞幽谷,彩發朝霞炫太空。萬古長流那有盡,探源疑與海相通。

品泉行　方豪[128]

君不見吴中之水平不流,聚污積垢難入甌。造化憫世受焦渴,特開石罇於虎丘。一脈遥通東海窟,千尋常浸蒼龍骨。山僧夜月汲深清,轆轤軋軋牽修綆。他年卻遇桑苧翁,草草品題殊不公。楊郎固恥居王後,稍逾樂正四之中。遂令後世好事者,中泠是祖惠山宗。華軒麗幙恣裝飾,爾獨鬱抱莓苔封。瓦屋山人極幽討,偶來丘下酌爾好。即點山丁理穢荒,曲欄密宇相圍幬。從此飛埃不可干,茶鐺滋味真絶倒。借使陸羽今復生,當年資格須重更。豪傑作事豈苟苟,舉手山川有辱榮。君不見愚溪遠在萬餘里,開闢以來遇柳子。至今溪名滿人耳,何況兹泉大路傍。更有先生發其美,蘇堤白井名更香,他年應號高公水。

題第二泉　李東陽

江神夜泣山靈嘯,帝遣神工鑿山竅。飛流出地聲灑空,泉水下與中泠通。江邊老仙不知姓[153],手著《茶經》親鑒定。金山之外更無泉,坐令匡廬瀑布空。高懸地官待郎〔邵寶國賢〕[154]心,似水平生品泉如品士〔國賢在許州嘗作品士亭〕,似云江水不同清。此山自得青金精〔世傳泉以錫故清〕,尋山浚泉發清瀉。元是江南好奇者,山高水絶詩亦奇。鳴金噴玉無停時,我山曾過泉不酌。夢枕崚嶒漱瀺灂,我歌爾和兩知音。吁嗟乎誰哉,更識泉齋〔國賢嘗號泉齋〕心。

題惠山　僧恩[129]

方沼不生千葉蓮,石房高下煮茶煙。春申遺廟客時過,李衛絶郵僧晝眠。塵世豈知無錫義,殿廬猶記大同年。九江一棹東風便,更試廬山瀑布泉。

惠山泉　釋本明[130]

惠山屹立千仞青,俯瞰天地鴻毛輕。七竅既鑿混沌死,九龍攫霧雷神驚。霹靂聲中白石裂,銀泉迸出青鉛穴。惟恨當年桑苧翁,玉浪翻空煮春雪。何如跨龍飛上天,併與挈過崑崙顛。散作大地清涼雨,免使蒼生受辛苦。我來叩泉泉無聲,一曲泠光沉萬古。殿前風檜砉然鳴,日暮山靈打鐘鼓。

登海雲亭　僧古愚[131]

目前多少古今情，盡在太湖湖上亭。舸艦浮空雲葉亂，蜃樓沉水浪花腥。一杯瀲艷吞雲夢，數點蒼茫認洞庭。明日惠山曾有約，又攜茶鼎汲清泠。

謝友送惠山泉　李夢陽[132]

故人何方來，來自錫山谷。暑行四千里，致我泉一斛。清泠不異在山時，中涵石子莓苔絲[155]。越州花瓷爇燕竹，陽羨紫芽出包束。故人好我手自煎，分坐庭隅候湯熟。瀉器寒雪碎，繞腸車輪鳴。一舉煩鬱釋，再舉毛骨輕，三舉不敢嚥，恐生羽翼隨風行。我聞茲泉世無匹，夢寐求之不能得。詩乞翻愧蘇家才，驛送兼無衛公力。又虞誤載石頭波，頓令真品無顏色。感君勺我向君揖，一勺橫澆萬古臆。嗟嗟此意誰復知，極目江雲三歎息。逆想水師初具船，山靈涕洟上訴天。蠕蝀委蛇晴貫窗，蛟龜睥睨宵近舷。淮浮泗泛梅雨蒸，車輪馬曳炎塵煎。開瓮滴滴皆新泉，敢謂君非山水仙。或我埃垢不安夭，倩君攜此親洗湔。酬君合書蠆尾帖，九原誰起黃庭堅。

題陸羽茶亭[156]　皇甫汸

蓮宮幽處湧清泉，茶竈年深冷綠煙。香供尚存龍藏裏，試嘗何似虎丘前。

題水經此當在茶詩內　**徐熥**(仙人已去遺言在)

題陸子泉亭　夏寅

千古高風陸羽亭，危松怪石水泠泠。酪奴何物能相誤，爲著人間口腹經。

酌陸羽泉

曾甘惠麓水，今酌虎丘泉。石乳疑餐玉，茶經似草玄。登臨悲代謝，著作總流傳。扶醉下山閣，千林落日懸。

酌悟道泉　〔**王寵**〕[157]

名泉真乳穴,滴滴滲雲膚。白石支丹鼎,青山調水符。靈仙餐玉法,人世獨醒徒。長嘯千林竹,清風來五湖。

酌七寶泉　**王穉登**

破寺孤僧如病鳥,夏臘渾忘庭樹老。接來消得竹三竿,飲處不知泉七寶。

酌虎跑泉[158]　**蘇子瞻**

紫李黄瓜村路香,烏紗白葛道衣涼。閉門野寺松陰轉,欹枕風軒客夢長。因病得閒殊不惡,心安似藥更無方[159]。道人不識探前水[160],借與瓠樽自在嘗。

春日試新茶自煎　**方城**

幽居無俗事,來試雨前春。活火敲白石,輕波漾細鱗。神清詩興發,渴去酒腸申。爲報玉川子,月圓不用珍漫。

水詞　醉茶消客

臨江仙擬熟水　**易少夫人**

何處甘泉來席上,嫩黄初瀉銀瓶[161]。月團嘗罷有餘清。惠山名品好[162],歌舞暫留停。　欲嘗壑源新氣味,不應兼進稀苓。此中端有澹交情[163]。相如方病酒,一飲骨毛輕。

注　釋

1　此《茶塢》及以下皮日休的《茶人》《茶舍》《煮茶》,均録自其《茶中雜詠》。

2　皮日休(？—902):字襲美,一字逸少,襄陽(今湖北襄樊)人。爲人性傲，隱居鹿門，自號鹿門子，别號閒氣布衣，唐懿宗咸通八年(867)進士。有《皮子文藪》《松陵唱和集》傳世。

3　此《茶塢》及以下陸龜蒙的《茶人》《茶筍》《茶舍》《煮茶》五首，照上選皮日休題，均録自其《奉和襲美茶具十詠》。“襲美”爲皮日休的字。

4　陸龜蒙(？—約881)：字魯望，蘇州吴縣(今江蘇蘇州)人。曾任湖州、蘇州從事。後隱居於松江(今屬上海)甫里，自號甫里先生，江湖散人、天隨子。性嗜茶。與皮日休齊名，世稱“皮陸”。有《甫里先生集》傳世。《新唐書》有傳。

5　袁高：字公頤，恕己孫。進士，建中年間(780—783)拜京畿觀察使。

6　鄭谷：字守愚，袁州(今江西宜春)人。幼時能頌，享盛名於唐士，曾任右拾遺。

7　劉言史(？—812)：唐洛陽人，一説趙州人。少尚氣節，不舉進士，曾旅游河北、吴越、粵湘等地，與李賀、孟郊友。貞元中，客依冀州節度使王武俊，王愛其詞藝，表爲棗強縣令，辭厭不就，人因稱劉棗強。後客漢南李夷簡署爲司空掾，尋卒。有詩集。

8　此聯句原文未見，但可以肯定爲明成化和弘治年間的作品。因題中提及的“匏菴”即蘇州府長洲吴寬(1435—1504)的號。根據其生卒時間，本聯句也只能作於這一時期。

9　晁無咎：即晁補之(1053—1110)，宋濟州巨野(今山東巨野)人。無咎是其字，號濟北，自號歸來子。神宗元豐二年(1079)進士。十七歲著《七述》，以謁蘇軾，軾自嘆不如，由是知名。工書畫、詩詞，文章凌麗奇卓。有《雞肋集》《琴趣外篇》。

10　謝宗可：生平不詳，相傳爲元代人，自稱籍貫金陵(今江蘇南京)。撰有《詠物詩》一卷，共四十首，又摘其警句二十聯，收刊於顧嗣立《元百家詩選》戊集。

11　杜庠：字公序，明蘇州府長洲(今江蘇蘇州)人。景泰五年(1454)進士，曾任攸縣知縣，旋罷。負逸才，仕不得志，放情詩酒，往來江湖間，自稱西湖醉老，曾游赤壁題詩，人稱“杜赤壁”。有《楚遊江浙歌風集》。

12 皇甫汸(1497—1582):字子循,號百泉,蘇州府長洲人。嘉靖八年(1529)進士,授工部主事,官至雲南僉事。工詩尤精書法,有《百泉子緒論》《皇甫司勛集》等。

13 文彭:文徵明長子,見本書《茗譚》文壽承注。

14 徐師曾(1517—1580):字伯魯,號魯庵。明蘇州府吴江(今江蘇吴江)人。嘉靖三十二年(1553)進士,授兵科給事中,改吏科,因嚴崇用事,不幾年就告歸。著有《周易演義》《文體明辨》《太明文鈔》《宦學見聞》等。

15 孫一元(1485—1520):字太初,自號太白山人。明安化人,自稱秦人。一元姿性絶人,善爲詩,正德年間僦居烏程,與劉麟、陸昆等結社唱和,稱"苕溪五隱"。有《太白山人漫稿》。

16 王寵(1494—1533):字履仁,一字履吉,號雅宜蕺人。明蘇州府長洲(今江蘇蘇州)人。以鐵硯齋爲藏書室名。少學於蔡羽,居洞庭三年,既而讀書石湖之上二十年,非省視不入城市,與文徵明、唐寅友。以諸生年資貢入太學,僅四十而卒。工書畫,著有《雅宜山人集》《東泉志》。

17 楊溥:此疑指自號水雲居士,明湖廣長沙人的楊溥。有《水雲集》。

18 方回(1227—約1306):字萬里,號虛谷。元徽州歙縣人。景定三年(1262)登第,累官知嚴州,今存遺著有《桐匯集》八卷、續集三十七卷,《續古今考》《瀛奎律髓》等。

19 李虛己:字公受,宋建州人。太平興國二年(977)進士,真宗稱其儒雅循謹,特擢右計議。歷權御史中丞、工部侍郎、知池州,分司南京。喜爲詩,精於格律,有《雅正集》。

20 楊廷秀:即楊萬里(1124—1207),廷秀是其字,號誠齋。南宋紹興進士,知奉新,孝宗時召爲國子監博士,進寶謨閣學士。後不肯爲韓侂胄所用,弃官家居。著有《誠齋易傳》《誠齋集》《詩話》等。

21 陳與義(1090—1138):字去非,號簡齋。宋洛陽人。政和三年(1113)登上舍甲科,授開德府教授,累遷兵部外郎。紹興中累官參知政事。著有文集二十卷,詞一卷。

22　王穉登(1535—1612)：字伯穀，號王遮山人。明常州人，移居蘇州。十歲能詩，及長，名滿吴會。嘗及文徵明門，文徵明後遥接其風，以布衣詩人擅吴門詞翰之席三十餘年，閩粤人過蘇州，雖高人亦必求見乞字。有《吴郡丹青志》《吴杜編》《尊生齋集》等。

23　何景明(1483—1521)：字仲默，號大復。明信陽人。十五歲中舉人，弘治十五年(1502)進士，授中書舍人。官至陝西提學副使，以病辭歸卒。與李夢陽齊名。有《大復集》《雍大記》《四箴雜言》。

24　陸采(1497—1537)：初名灼，字子玄，號天池山人，又號清癡叟。明蘇州府長洲(今江蘇蘇州)人。諸生，十九歲即創作《王仙客無雙傳奇》劇本。性豪放不羈，喜交游，有《南西廂》《懷香記》《冶城客論》《太山稿》等。

25　毛文焕：字豹孫，明蘇州人。工詩，書亦楚楚。

26　陸希聲：唐吴(今江蘇蘇州)人，博學善屬文。初隱義興，後召爲右拾遺，累遷歙州刺史，昭宗聞其名，徵拜給事中，以太子少師罷。卒贈尚書左僕射。有《頣山詩》一卷。

27　吴寬：字原博，號匏庵，明蘇州府長洲人。爲諸生時即有聲望，成化八年(1472)會試、廷試皆第一，授修撰，進講東宫，孝宗即位後，遷左庶子，預修《憲宗實録》，後入東閣，專典誥敕。官至禮部尚書。卒謚文定。善詩兼工書法，有《匏庵集》。

28　宋儒：字文卿，明安慶府望江(今安徽望江)人。初爲諸生，後爲錦衣衛千户，見獄中卧無墊、食不飽，奏以牧象草鋪地爲墊，以無主盜贓爲食費，著爲例。治獄以寬廉稱。

29　俞世潔：明福建侯官縣(治所在今福州)人，嘉靖十一年(1532)進士，歷官國子監博士。

30　沈周(1427—1509)：字啟南，號石田，又號白石翁，明蘇州府長洲(今江蘇蘇州)人。以詩文書畫名於時，與唐寅、文徵明、仇英并稱吴門四大家。終身未仕，但詩畫布天下。有《客座新聞》《石田集》《江南春詞》《石田詩鈔》等。

31　謝應芳(1296—1392)：字子蘭，元明間常州武進人。元至正時，知天下將變,隱白鶴溪,名其室爲"龜巢",并以之爲號。授徒講學,導人爲善。及天下兵起,避地吴中,明初始歸。素履高潔,爲學者所宗。有《辨惑編》《龜巢稿》。

32 范希文:即范仲淹(989—1052),希文是其字。

33 文伯仁(1502—1575):字德承,號五峯、葆生、攝山老農。明蘇州長洲人,文徵明侄。諸生。善畫山水、人物,亦能詩。

34 周天球:字公瑕,號幼海。太倉(今江蘇太倉)人,後從文徵明游。善寫蘭草,尤善大小篆古隸行楷。

35 商輅:字弘載。明淳安(今浙江淳安)人。正統時鄉試會考殿試皆第一。景泰時官至兵部尚書,英宗復辟,被誣下獄。成化初,以故官入閣,進謹身殿大學士。卒謚文毅。有《蔗山筆塵》《商文毅公集》。

36 袁袠:字補之,明吴縣(今江蘇蘇州)人。嘉靖進士,知廬陵縣,後擢禮部主事,轉員外郎,引疾歸。有《袁禮部集》。

37 彭天秩:明蘇州府吴縣人,嘉靖四十年(1561)舉人。

38 朱朗:字子朗,號清溪。明蘇州人。文徵明入室弟子。善青緑山水,筆法模仿文徵明,作品大多署文徵明款。文徵明贗本及應酬代表之作,大多出自其手。

39 林逋:字君復。少孤力學,恬淡好古,結庵西湖孤山,二十年足不及城市。善行書,喜爲詩,卒仁宗賜謚"和靖先生"。

40 惠洪(1071—1128):宋僧。喜游公卿間,戒律不嚴。工詩,善畫梅竹。有《石門文字禪》《冷齋夜話》《林間録》等。

41 胡珵:字德輝,宋常州晉陵(今江蘇常州)人,徽宗宣和三年(1121)進士。高宗紹興初召試翰林,兼史館校勘,因反對秦檜主和,出知嚴州,繼而被罷職,貧病而死。有《蒼梧集》。

42 董傳策:字原漢,號幼海。明松江府華亭(今上海松江)人。嘉靖二十九年(1550)進士,授刑部主事,萬曆元年(1573)官至禮部右侍郎,被劾受賄免歸,後爲家奴所殺。有《奏疏輯略》《采薇集》《幽貞集》等。

43 劉英:字邦彦,明錢塘(今浙江杭州)人。至孝重友,景泰中,郡邑交辟,以母老辭。詩詞精妥流暢。有《賓山集》《湖山詠録》等。

44 劉泰(1414—?):字士亨,號菊莊,明浙江錢塘人。景泰、天順間隱居杭州不仕。好學篤行,詩詞精麗,有名於時。

45 陳沂(1469—1538):字宗魯,後改字魯南,號石亭,明南京人。正德十二年(1517)進士,授編修,進侍講,出爲江西參議,歷山東參政。工畫及隸篆,亦能作曲。與顧璘、王韋稱"金陵三俊",并有"弘治十才子"之譽。著作甚富,有《金陵古今圖考》《畜德録》《金陵世紀》等。

46 顧璘(1476—1545):字華玉,號東橋居士。明蘇州吴縣人,寓居上元。弘治九年(1496)進士,授廣平知縣,正德間爲開封知府,後累遷至南京刑部尚書,罷歸。小負才名,與陳沂、王韋號稱"金陵三俊"。晚歲家居,延接勝流,被江左名士推爲領袖。有《息園》《浮湘》《山中》等集。

47 石鼎聯句:顧名思義,非一人所作。此聯句由"師服""喜""彌明"三人所聯,韓愈僅爲之作序。本文將三人詩中各聯之句的署名全部删去,改爲韓愈之作,似不妥。本書編時特恢復其原貌。

48 茶竈詠寄魯望:即《茶竈》,與上面的《茶鼎》和下面的《茶籯》,均爲皮日休《茶中雜詠》詩。

49 茶竈答襲美:和上面的《茶鼎》、下面的《茶籯》《茶焙》,均爲陸龜蒙《奉和襲美茶具十詠》詩。此醉茶消客將之割裂具題目也人爲造成混亂。

50 屠滽(?—1512):字朝宗,號丹山,明鄞縣(今浙江寧波)人。成化二年(1466)進士,授御史,巡按四川湖廣,有政績,累遷吏部尚書。武宗即位,加太子太傅,兼掌都察院事。卒謚襄惠。

51 程敏政(1445—1499):字克勤,明徽州休寧(今安徽休寧)人。成化二年(1466)進士,授編修,以學識廣博著稱。有《新安文獻志》《明文衡》《篁墩集》。

52 李東陽(1447—1516):字賓之,號西涯,明湖廣茶陵人。天順八年(1464)進士,授編修,累遷侍講學士,充東宫講官。弘治八年(1495)以禮部侍郎兼文淵閣大學士,直内閣,預機務。卒謚文正。有《懷麓堂集》《懷麓堂詩話》《燕對録》等。

53　底本是詩抄録有錯亂,在"形模豈必隨,人後鑒賞何"之下,混抄的是皮日休《茶甌》詩。故此另單獨立條。

54　秦夔(1433—1496):字廷韶,號中齋,明常州府無錫縣人。天順四年進士,授南京兵部主事,歷武昌知府,累遷江西右布政使。卒於任。有《中齋集》。

55　王紱(1362—1416):字孟端,號友石生,明無錫縣人。隱居九龍山,又號九龍山人。永樂中,以薦入翰林爲中書舍人。善書法,尤工山水竹石。有《王舍人詩集》。

56　盛顒(1418—1492):字時望,明無錫人。景泰二年(1451)進士,授御史。成化間累遷陜西左布政使。

57　李傑:字世賢,明江南常熟人。成化二年(1466)進士,改庶吉士,授編修,累官禮部尚書,贈太子太保,謚文安。有《石城山房稿》。

58　謝遷(1449—1531):字于喬,號木齋,浙江餘姚人。成化進士,授修撰,弘治八年(1495)入内閣,參預機務。累遷太子少保、兵部尚書兼東閣大學士。卒謚文正。有《歸田稿》。

59　楊守阯(1436—1512):字維立,號碧川。明鄞縣(今浙江寧波)人。成化十四年(1478)進士,授編修,弘治初與修《憲宗實録》,遷侍講學士,尋掌翰林院,遷南京吏部右侍郎。武宗初乞休,加尚書致仕。有《碧川文選》《浙元三會録》。

60　王鏊(1450—1524):字濟之,明蘇州府吴縣人。成化十一年(1475)進士,授編修,弘治時歷侍講學士,擢吏部右侍郎。正德初進户部尚書、文淵閣大學士。有《姑蘇志》《震澤集》《震澤長語》等。

61　商良臣:字懋衡,明浙江淳安人,商輅子。成化二年(1466)進士,累官翰林侍講,卒於官。

62　陳璚(1440—1506):字玉汝,號盛齋。明蘇州府長洲人。成化十四年(1478)進士,授庶吉士,官至南京左副都御史。博學工詩,有《成齋集》。

63　吴學:字遜之,明常州府無錫人。成化二十年(1484)進士,授行人,擢御史,歷山東按察使。

64 楊子器:字名父,明浙江慈谿人。成化丁未(1487)進士,歷知昆山、高平、常熟等縣,有惠政,擢吏部考工主事,進驗封郎中,出爲湖廣參議,歷河南左布政使。有《柳塘先生遺稿》。

65 錢福(1461—1504):字與謙,號鶴灘,明松江華亭人。弘治三年(1490)進士,授修撰,三年告歸。詩文敏妙,有《鶴灘集》。

66 杜啟:明蘇州府吴縣人,以詩文名重於時,與吴中名士王鏊、祝允明、蔡羽等交往,正德元年(1506),曾爲《姑蘇志》作後序。有《皋臺存稿》。

67 繆覲:明常州府無錫縣人,勤奮好學,弘治八年(1495)舉人。

68 盛虞:字舜臣,號秋亭,明無錫縣人。《御定佩文齋書畫譜》有其傳。

69 此下本文鈔本,原將吴寬前"惠山竹茶爐"詩叙誤抄於是,現按纂抄者注,提前調整至正確位置。

70 卞榮(1426—1498):字華伯,明常州府江陰人。正統十年(1445)進士,授户部主事,官至户部郎中。工詩書,有《卞郎中集》。

71 謝士元(1425—1494):字仲仁,號約庵,晚更號拙庵。景泰五年(1454)進士,授户部主事,擢建昌知府,弘治初累官右副都御史、四川巡撫。有《詠古詩集》。

72 郁雲:江蘇昆山人,生平不詳。

73 張九方:江蘇無錫人,成化二年(1466)任汝寧府尹。其他事迹不詳。

74 范昌齡:生平籍貫不詳。《明一統志》卷十七,稱其爲廣德知州時,剛正自守,不避權勢。及去,民祠祀之。

75 陳昌:字穎昌,號菊莊,明平湖(今浙江嘉興)人。工詩文,尤長於七言。才思藻麗,惜其集不傳。

76 賈焕:字華甫,元開封人。泰定元年(1324)授太平路總管(治所在今安徽當塗),歲饑募粟分賑,修學舍,築石城,浚尚書塘。《江南通志》卷117有傳。

77 邵瑾:明河津人,《山西通志》卷26載,英宗天順三年(1459)鄉試登榜,後歷任漢陰教諭。

78　陶振：字子昌，明吴江人。洪武末舉明經，授本縣學訓導，改安化(治所在今湖南安化東南)教諭卒。振天才超逸，詩語豪雋，名於時，有《釣鼇集》。

79　莫士安：士安名伋，以字行；又字維恭，明歸安(今浙江湖州)人。洪武初爲府學教授，遷知黄岡縣事，入爲國子助教。據《無錫縣志》載，永樂初，以助教治水江南，遂僑居無錫，自稱柏林居士，又號是菴。

80　楊循吉(1458—1564)：字君謙，明蘇州吴縣人。成化二十年(1484)進士，授禮部主事。好讀書，每得意則手舞足蹈，人稱"顛主事"，多病，後辭官歸里，晚年甚落寞。有《松籌堂集》及多種雜著。

81　此下原爲秦夔《題復竹爐卷》詩，按題下"當在王孟端泉韻前"注，本書編時，已調整提前至王紱《竹茶壚倡和》之前。

82　劉昺：明江西贛縣人，永樂十五年(1417)舉人，授教諭等職。

83　厲昇：字文振，號雪庵，明無錫人。以歲貢入國子監，後授青田知縣。致仕歸，鄉人稱之爲"青田君"，有《雪庵集》。

84　曾世昌：明嶺南南海人，明正德十五年(1520)進士，在福建任過僉事。餘不詳。

85　俞泰(？—1531)：字國昌，號正齋，明無錫人。弘治十五年(1502)進士，授南京吏科給事中，歷官山東參政。嘉靖二年(1523)致仕，隱居芳洲。好繪喜詩，有《芳洲漫興集》。

86　楊基(1326—1378)：字孟載，號眉庵。元明間人。原籍四川，祖官吴中，寓蘇州吴縣。元末隱吴之赤山，張士誠辟爲丞相府記室，入明被徙河南，洪武二年(1369)放歸，旋被起用，官至山西按察使。被誣服苦役卒。善詩文，兼工書畫，與高啟、張羽、徐賁被稱吴中四傑。有《眉庵集》。

87　王問(1497—1576)：字子裕，明無錫人。嘉靖十七年(1538)進士，官至廣東按察僉事。父亡，不復仕，隱居湖濱寶界山，興至則爲詩文或點染丹青，山水人物花鳥皆精妙。以學行稱，門人私謚文静先生。

88　此以下三段附記，即南京圖書館所定《茶書七種》七卷首書、首卷《茶藪》的原來情況。它既無如前《茶詩》和下面《茶文》等一類之目，也無署"醉茶消客纂"等字樣。劃爲一書一卷,純粹是南京圖書館編目時擅定的。

89　此處删節,見唐代陸羽《茶經》。

90　此處删節,見唐代陸羽《茶經》。

91　此處删節,見宋代蔡襄《茶録》。

92　此處删節,見宋代蔡襄《茶録》。

93　此處删節,見宋代蔡襄《茶録》。

94　此處删節,見明代顧元慶、錢椿年《茶譜》。

95　此處删節,見明代胡文焕《茶集·六安州茶居士傳》。

96　此處删節,見明代孫大綬《茶譜外集·茶賦》。吴淑(947—1002):字正儀,宋潤州丹陽人。初仕南唐爲内史,入宋,薦試學士院,預修《太平御覽》《太平廣記》,累遷水部員外郎,善書法,有《説文五義》《秘閣閒談》等。

97　此處删節,見明代孫大綬《茶譜外集》。

98　此處删節,見宋代唐庚《鬥茶記》。

99　蔡羽(?—1541):字九逵,明蘇州吴縣人。因居洞庭西山,稱林屋山人,又稱左虚子。由國子生授南京翰林孔目。有《林屋集》《南館集》。

100　此處删節,見本書宋代顧元慶、錢椿年《茶譜·序》。

101　元東巖:即元德明,東巖是其號。金忻州秀容(今山西忻州)人。幼嗜書,累舉不第,放浪山水間,飲酒詩賦自娱。有《東巖集》。

102　毛澤民:即毛滂,澤民是其字,號東堂。宋衢州江山人。哲宗元祐中,蘇軾刺杭州時,爲法曹。後蘇軾見其詞,愛之,力薦於朝,擢知秀州。

103　此處删節,見宋代葉清臣《述煮茶泉品》。

104　此處删節,見宋代葉清臣《煎茶水記》。

105　此處删節,見宋代歐陽修《大明水記》。

106　沈揆:字虞卿,宋秀州(今浙江嘉興)人。紹興十三年(1143)進士,除秘書少監,歷知寧國府、蘇州,入爲司農卿,官終禮部侍郎。有《野堂集》。

107 蔡肇(?—1119):字天啟,宋潤州丹陽人。元豐十二年(1079)進士,授明州司户參軍,徽宗初入爲户部員外郎,兼編修國史,出爲兩浙提刑。後知睦州卒。能文長詩,工山水人物。有《丹陽集》。

108 竇庠:字胄卿,唐扶風平陵人。吏部侍郎薦其爲節度副使、殿中侍御史。德宗貞元中出爲信、婺兩州刺史。著述很多,有《竇氏聯珠集》等。

109 邵寶(1460—1527):字國賢,號二泉,明無錫人。成化二十年(1484)進士,授許州(今河南許昌)知州,躬課農桑,遷江西提學副使,官至户部右侍郎,拜南禮部尚書。撰有《漕政舉要》《慧山記》《容春堂集》等。

110 翁挺:字士特,一字士挺,號五峯居士。宋建州崇安(今福建武夷山)人。徽宗政和中以蔭補官,官至尚書考二員外郎,因不附時相,被逐不復出。博學善文,有《詩文集》。

111 本文係記述惠山聽松閣静夜聞松濤的藝文。本書編時删。

112 丁元吉:明鎮江人,詩文并善。有《陸右丞蹈海録》。

113 悟道泉:時方志記在蘇州洞庭東山。

114 周權:字衡之,號此山,元處州人。工詩詞,遊京師被薦爲館職,勿就。有《此山集》

115 邵珪:字文敬,明常州府宜興人。成化五年(1469)進士,受户部主事,出爲嚴州知府,遷知思南。善書工詩,有"半江帆影落樽前"句,人稱"邵半江",有《半江集》。

116 王達:字達善,明常州府無錫人。少孤貧力學,洪武中舉明經,受本縣訓導,永樂中擢翰林編修,博通經史,與解縉、王偁、王璲等被稱爲東南五學士。有《耐軒集》。

117 丘霽:字時雍,明江西鄱陽人。天順四年(1460)進士,成化中爲蘇州知府,治未一年,百廢即舉。

118 黄鎬(?—1483):字叔高,明福建侯官人。正統十年(1445)進士,試事都察院。成化時擢廣東左參政,官終南京户部尚書。

119 吕溱:字濟叔,宋揚州人。仁宗寶元元年(1038)進士第一,歷知制誥,翰林學士,神宗時知開封府。官終樞密直學士,五十五歲卒。

120 丁寶臣(1010—1067):字元珍,宋晉陵(今江蘇常州)人。與兄宗臣俱以文名,時號"二丁"。仁宗景祐元年(1034)進士。後由太常博士出知諸暨縣,除弊興利,越人稱爲循吏。與歐陽修尤友善。

121 焦千之:字伯強,宋焦陂人,寄居丹徒。仁宗嘉祐時舉經義進京館太學,爲國子監直講。治平三年(1066)以殿中丞出知樂清縣,後移知無錫,入爲大理寺丞。

122 僧若水:此爲唐詩僧,工吟咏,爲時所稱。

123 張天雨(1283—1350):又名張雨,字伯雨,號句曲外史,又號貞居子,年二十遍游諸名山,并弃家爲道士。工書畫,善詩詞。有《句曲外史》。

124 黄淮(1367—1449):字宗豫,明浙江永嘉人。洪武三十年(1397)進士,永樂時,進右春坊大學士,後爲人譖入獄十年,洪熙初復官,尋兼武英殿大學士,官終户部尚書。有《省愆集》《黄介庵集》。

125 汪藻(1079—1154):字彦章,宋饒州德興人。徽宗崇寧二年(1103)進士,累官著作佐郎。高宗立,召試中書舍人,拜翰林學士。紹興八年(1138),升顯謨閣學士,連知徽宣等州。有《浮溪集》等。

126 沈揆:字虞卿,宋秀州嘉興人。高宗紹興三十年(1160)進士,累官知嘉興,人稱儒者之政。歷知寧國府、蘇州,入爲司農卿,官終禮部侍郎。有《野堂集》。

127 楊載(1271—1323):字仲弘,元杭州人。年四十不仕,以布衣召爲翰林編修。延祐二年(1315)始登進士第,授浮梁州同知,卒於官。以詩文名,有《楊仲弘集》。

128 方豪:字思道,明浙江開化人。正德三年(1508)進士,授昆山知縣,遷刑部主事,官至湖廣副使。有《棠陵集》《斷碑集》《蓉溪菁屋集》等。

129 僧恩:唐高僧,以誦《涅槃》爲恒業,道心清肅,歷住宏福、禪定等寺。

130 釋本明:明僧,居通州静嘉寺,梵行清白,勤於講業,後告衆而化。

131 僧古愚:即喆禪師。明僧,住終南。但更像清僧名圓根的古愚。吴中(今江蘇蘇州)人,俗姓夏,九歲依竹塢性原薙髮,嘗往杭州,結制於理安寺。性原化,根繼住竹塢,七十而寂。這也是本書確定本文有竄入少量清人詩文的疑點之一。

132 李夢陽(1473—1529):字獻吉,自號空洞子。明陝西慶陽人,徙居開封。弘治六年(1493)進士,授户部主事,武宗時爲江西提學副使,陵轢臺長,奪職。家居二十年而卒。與何景明、徐禎慶、顧璘等號爲十才子。有《空洞子集》《弘德集》。

校 記

① 閒尋堯氏山:氏,兩底本作"峯",據《全唐詩》改。

② 乞茶:《全唐詩》等題作《憑周況先輩於朝賢乞茶》。

③ 西山蘭若試茶歌:山,兩底本作"園",據《全唐詩》改。

④ 今歲官茶極妙而難爲賞音者:《山谷全書》在"賞音者"之下有"戲作兩詩用前韻"七字。

⑤ 惟取君恩歸去來:惟,《山谷全書》作"懷"。

⑥ 頭進英華盡:頭,底本作"頓",據《古今事文類聚》續集卷12改。

⑦ 仙山靈草濕行雲:草,兩底本作"雨",據《蘇軾詩集》改。

⑧ 橋山事嚴庀百局:庀百,底本作"尤有",據《宋詩鈔》改。

⑨ 右丞似是李元禮:右,《宋詩鈔》作"左"。似,本文鈔本原闕,編補。

⑩ 搜攪十年燈火讀:十,兩底本作"千",據《宋詩鈔》改。

⑪ 香茶餅:《蚓竅集》卷六題作《奉寄茅山道士求香茶》。

⑫ 掃雪煎茶:《御定佩文齋詠物詩選》卷244題作《雪煎詩》。底本無作者,謝宗可爲編者加。下同。

⑬ 憶昔常修守臣職:原詩在這之下,還有歐陽修自注"余嘗守揚州,歲貢新茶"九字。

⑭ 茶山境會:《全唐詩》題作《夜聞賈常州崔湖州茶山境會想羡歡宴因寄此詩》。

⑮ 李德裕:底本作"皇甫曾",徑改。但此詩《全唐詩》重出,一稱李德裕

作，一列入曹鄴名下。

⑯ 隆興見春新玉爪：見，《誠齋集》作“元”。

⑰ 歸讀《茶經》傳衲子：讀，《誠齋集》作“續”。

⑱ 王安石：底本在“王安石”名字前有“臨川集”三字，編者删。

⑲ 張教授惠顧渚茶戲答：《梅溪集》後集卷 5 題作《張季子教授惠顧渚茶報以宣城筆戲成三絶》。

⑳ 祇因宣州城：祇，底本作“秖”，據文義改。

㉑ 新茶已萌芽：芽，底本作“芸”。芸，同“蘖”，梅堯臣詩句：“萌穎強抽芸”，兩字義近。

㉒ 愛茶歌：一作《茶歌》或《吴匏菴茶歌》。

㉓ 茶柏：柏，底本作“舊”。此據《書畫題跋記》卷 11 吴寬行書掛幅改。柏，有的版本作“白”。

㉔ 本詩以上至李鎔《林秋窗精舍啜茶》，如原文所注，“俱閩人”所作，未見。

㉕ 煮茗軒：《龜巢稿》卷 4，作《寄題無錫錢仲毅煮茗軒》。

㉖ 聚蚊金谷：蚊，《龜巢稿》作“蛟”。

㉗ 行歌試采香漸手：漸，《石田詩選》作“盈”。

㉘ 臨江自汲清泉煮：江，南京圖書館鈔本闕，農業遺産研究室藏鈔本作“江”；據補。

㉙ 玉截茶：《御選宋金元明四朝詩》題爲《焦千之求惠山泉詩》。本文所録，實爲是詩的中間三句。

㉚ 盡遂紅旗到山裏：遂，《全唐詩》作“逐”。

㉛ 試茶有懷：《御選宋金元明四朝詩》卷 45 題作《嘗茶次寄越僧靈皎》。

㉜ 題茶：《佩文齋詠物詩選》卷 244 題作《謝王煙之惠茶》。此僅摘前兩句。

㉝ 煎茶：《御選宋金元明四朝詩》卷 27 等皆題作《和錢安道寄惠建茶》。原詩較長，本文僅零星選摘如上。

㉞ 啜香：啜，《御定佩文齋詠物詩》等作“嗅”。

㉟ 禁煙前見茶：《全唐詩》題作《謝李六郎中寄新蜀茶》。但本文斬頭去

尾僅摘中間兩句。麴,二底本一作"麯",一作"麥"。

㊱ 賦寄謝友:《宋詩鈔》卷20等題作《和蔣夔寄茶》。本文未全録,爲摘抄。

㊲ 海螯江柱初脱泉。臨風飲食甘寢罷:柱,底本作"拄",據《宋詩稿》改。飲,《佩文齋廣羣芳譜》卷20等,均作"飽"字。

㊳ 賜官揀茶:《佩文齋廣羣芳譜》卷20等題作《蘇軾怡然以垂雲新茶見餉報以大龍團仍戲作小詩》。

㊴ 啜茶:《全唐詩》二出,一作李德裕、一作曹鄴作,但均題爲《故人寄茶》。《全唐詩》兩人原文爲:"劍外九華英,緘題下玉京。開時微月上,碾處亂泉聲。半夜邀僧至,孤吟對竹烹。碧流(一作沉)霞腳碎,香泛乳花輕。六腑睡神去,數朝詩思清。其餘不敢費,留胖讀(一作肘)書行。"醉茶消客不知何因,從這誤作兩人詩中,亂選三句,另名《啜茶》,另稱爲林逋所作;抑或林逋本人曾抄集爲己作?

㊵ 紫玉玦:《東坡全集》卷20等題作《到官病倦未嘗會客毛正仲惠茶乃以端午小集石塔戲作一詩爲謝》。本文未盡録全詩,僅爲摘抄。

㊶ 寄茶與尤延之:《誠齋集》卷25題作《寄中洲茶與尤延之延之有詩再寄黄檗茶仍和其韻》。

㊷ 葉含雷作三春雨:作,《西湖遊覽志餘》作"信"。

㊸ 師服:本文鈔本《石鼎聯句》,原作"韓愈"作,全文不注"師服""喜""彌明"三人分别所咏的詩句。現文中所注各人所聯之句,是編時據《唐文粹》補增。

㊹ 在冷足安自,遭焚意彌貞:足自安,底本作"安自足";彌貞,兩字原闕,此據《唐文粹》改補。

㊺ 大似烈士膽,圓如戰馬纓。師服上比香爐尖,下與鏡面平。喜:底本原文漏抄,此據《唐文粹》補。

㊻ 何當山灰地:山,《唐文粹》作"出"。

㊼ 側見折軸横。喜時於蚯蚓竅:横,底本作"模";時於,底本原闕,據《唐文粹》改補。

㊽ 當居顧盼地,敢有漏泄情:盼地,《唐文粹》作"眄地"。泄情,兩字底

本闕,據補。

㊾ 惟爾宜烹我服從,渾然玉琢謝金鎔:惟,底本原闕,服,兩底本,一作“脤”、一作“脹”,據《石田詩選》原文補改。琢,《石田詩選》作“斲”。

㊿ 枵腹膨亨自有容:亨,底本原闕,據《石田詩集》補。

51 銅鉎:鉎,《東坡全集》卷14等作“腥”。

52 萎辛鹽少茶初熟:萎辛,《東坡全集》等作“薑新”。

53 茶臼不須賫:茶,《瀛奎律髓》作“藥”。在“藥臼不須賫”之下,《瀛奎律髓》還有文曰:“仕宦而攜茶磨,其石不輕,亦一癖也。寧不攜藥臼而攜此物,可謂嗜茶之至者。”

54 茶甌　皮日休:底本無此題,作者皮日休也是本書編校時加。本詩全文原混雜在上詩“李東陽《奉次》後半部”,張冠李戴,顯然爲誤抄,故將“邢客與越人”以下本詩文,加上詩題和作者單列出來。李東陽上面《奉次》四句,未查到原文,前句七律,後句五言,疑亦有舛誤。

55 題復竹爐卷:底本原排在後面楊循吉《秋亭復製新爐見贈》條下,其抄録或纂者後來在題下注云:“當(列)在王孟端(即王紱)泉韻前。”本書編校時以注作了調整。《題復竹爐卷》下原小字注“當在王孟端泉韻前”八字,删。

56 竹茶壚倡和:《家藏集》題作《遊惠山入聽松菴觀竹茶爐》。底本《竹茶壚倡和》之下,原還有小字注“此當在秦夔幽韻後”八字,本書編校已按注作了調整,故亦删。

57 奉次:此篇,《家藏集》卷11題作《觀盛舜臣所藏竹爐蓋倣惠山元僧之制其伯父侍郎公銘其旁》。另在本“奉次”標題下,底本原還有小字注“有敘誤在後”五字。如下一校記所説,我們編校時已按原注作了調整,故删。

58 “惠山竹茶爐……和之塞白耳”這段“敘文”,原誤排在本竹爐詩最後盛虞的“奉次”之下,本文纂抄者注明,此應排在吴寬本首“詩前”,現編校按注將之提前編排於此。另下面所附“此是匏菴(即吴寬)的,當在第二首前”11字小字注,至此也無存必要,故亦删。

59 首倡:《石倉歷代詩選》卷390題作《竹茶爐爲僧題》。《佩文齋詠物詩選》卷 215 題又作《題真上人竹茶爐》。

⑹⓪ 竹編茶竈瀹清流：竈,《石倉歷代詩選》等作“具”。

⑹① 旋生蟹眼韻含秋：眼,底本均闕,據有關詩句文義加。

⑹② 清籟颼颼松澗秋：第一個“颼”字,底本均闕,據上句“縷縷”詩詞,本文所闕字與上對應,無疑同下一字爲“颼”,徑補。

⑹③ 茶經序：經,底本原闕,作“茶序”;據《後山集》卷 11 補。

⑹④ 茶中雜詠序：底本作“茶序”,據《松陵集》卷 4 改。

⑹⑤ 進茶録序：本書蔡襄《茶録》作“前序”,校注悉詳原文。

⑹⑥ 進茶録後序：本書蔡襄《茶録》作“後序”,校注悉詳原文。

⑹⑦ 茶譜序：底本作“茶録序”,閱是文,顯然非序蔡襄《茶録》,而是序錢椿年、顧元慶《茶譜》,故改。

⑹⑧ 答玉泉仙人掌茶記：此題醉茶消客據李白《答族姪僧中孚贈玉泉仙人掌茶》并序原題改定。

⑹⑨ 一名檖：檖,一底本作“搽”,另一底本作“採”,據《古今源流至論》續集卷 4 改。

⑺⓪ 獲一兩：獲,底本作“護”,據《古今源流至論》本改。

⑺① 自唐陸羽隱於苕溪,性酷嗜茶：本文醉茶消客刪苕溪的“苕”字,《古今源流至論》作“茗”。在“性酷”和“嗜茶”之間,本文省略“本草《茶譜》……唐貴妃嗜荔子,時至萬錢”等共 105 與主題無甚關係的字。

⑺② 回紇入朝：回紇,底本作“何訖”,據文義徑改。

⑺③ 榷：底本有時也書作“搉”,“榷”“搉”混用,本文統一改用最先出現的“榷”,下不出校。

⑺④ 鬻之在官：“鬻”,底本作“粥”,粥,雖通“鬻”,但本文仍效其他各本作“鬻”。下同,不出校。

⑺⑤ 乾德之榷務,淳化之交引：在“榷務”和“淳化”之間,本文醉茶消客刪“陸羽上元初更隱茗〔苕〕溪……乾德二年詔在京、建州、漢、蘄口”共 237 字。

⑺⑥ 至淳化,許商賈置鬻茶之場：在“淳化”和“許商賈”之間,本文醉茶消客節刪“搉貨務……有十三場六搉務之立”共 323 字。

⑺ 商納芻薪於邊郡：薪,《古今源流至論》本作“粟”。

⑻ 然鬻引之具一輿：底本作“然粥之具一輿”,脱一“引”字,此據《古今源流至論》本改補。

⑼ 茶鈔：鈔,《古今源流至論》本作“錢”。

⑽ 此利徒在官而不在商也。之二法者：在“不在商也”和“之二法者”之間,本文醉茶消客又節删“國初許商賈就園户置茶……三説乃是轉糴”共374字。

⑾ 異日均賦之外：外,底本作“分”,據《古今源流至論》改。

⑿ 民堪之乎？噫,民病矣：在“堪之乎”和“噫”之間,本文醉茶消客又删“爲一説便糴……以濟艱食後”共352字。

⒀ 五害説：《文忠集》卷120和《御選唐宋文醇》卷27等皆題作《論茶法奏狀》。

⒁ 直云朝廷意在必行：直,底本原闕,此據《文忠集》《唐宋文醇》等添加。

⒂ 士得傳言於朝：言,底本原闕,此據《文忠集》《文編》卷19等增補。

⒃ 大商絶不通行：通,底本作“道”,據《文忠集》等改。

⒄ 不惟客旅得錢變轉不動：底本在“不”和“動”之間有一“可”字,《文忠集》《唐宋文醇》等無“可”字,疑衍,删。

⒅ 享天上故人之意,媿無胸中之書傳：意,《續茶經》作“惠”。胸,底本作“胃”。

⒆ 嘉靖　春序：喻政《茶書》本作“吴郡顧元慶序”。有的版本還在地名前加“嘉靖二十一年春”。

⒇ 醉落魄：《全宋詞》另題名《一斛珠》。

(91) 意難忘：增訂注釋《全宋詞》卷3題作“括意難忘”《洶洶松風》。

(92) 林正大：底本作“林正”。宋有“林正”其人,宋末平陽人,但此《全宋詞》作“林正大”,字敬之,號隨庵,寧宗開禧間爲嚴州學官。疑本文纂者誤。

(93) 精神新發越：越,底本原闕,據《全宋詞》《御選歷代詩餘》等補。

(94) 湯點瓶心未老,乳堆盞面初肥：湯、面,底本作“雪”“内”,據《全宋詞》

《樂府雅詞》改。

95 乃以山後寺中：底本"山後下"無"寺中"兩字，據文淵閣《四庫全書・吴郡志》補。本段内容，與上述《吴郡志》原文多一字、少一字的情況較多，但不悖原義，不一一作校；這裏僅將改動字數較多之處出校。

96 土井爲石井，甚可笑：底本"土井"下原僅"當之"兩字，"爲石井，甚可笑"六字，是本書編時據《吴郡志》删增。

97 泉出石脈中，一宿水滿。井較之二水：底本原闕"一宿水滿井，較之二水"九字，此據《吴郡志》加。

98 郡守沈揆作屋：在"沈揆"和"作屋"之間，《四庫全書・吴郡志》有"虞卿(沈揆字)聞之，往觀大喜，爲"九字，本文録時簡。

99 以爲烹茶晏坐之所。西蜀潺亭，高第扁曰"品泉亭"；一云"登高覽古"："西蜀潺亭……登高覽古"17字，爲本文醉茶消客所加。《四庫全書・吴郡志》原文，在"以爲烹茶晏坐之所"之下，爲"自是古跡復出，邦人咸喜"10字，醉茶消客增加自添内容，將之作删。

100 横陳可餘丈：餘丈，《震澤集》《吴都文粹續集》作"數十丈"。

101 獨兹泉乎哉？其誰能發之：《震澤集》《吴都文粹續集》作"獨兹泉也乎哉"，無"其誰能發之"，改爲"因書其後以識"。

102 其品第三。歲久而蕪，跡湮且泯：第三，《震澤集》等作"維三"。跡湮且泯，《震澤集》等作"射鮒且泯"。

103 詩題及作者恐有誤，《吴都文粹》標作者爲陳純臣，題爲《薦白雲泉書與范文正公》。

104 雲林猶爲數焉：《清閟閣全集》卷11作"雲林爲尤數焉"；陸廷燦《續茶經》刊作"元鎮爲尤數焉"。至於其他一字之差處亦多，義近，不一一出校。

105 有亭曰"時會"："時會"顯誤。《格致鏡原》此句作"厥土有境會亭"。

106 惠山浚泉之碑：邵寶收於《容春堂集》原文題爲《慧山浚泉碑銘》。底本，醉茶消客增删、跳改、錯亂較多，如一一作校，校記比原文還多，且也不易説清。故這裏不如將原文附此，讀者可校，可直接作引。

《慧山浚泉碑銘》：正德五年春三月，錫人浚慧山之泉，秋八月功成。

先是正統間,巡撫周文襄公嘗浚之,其後屢葺屢壞,至是而極,縉紳諸君子方圖再浚。而寶歸自漕臺,適與聞焉,既求士之敏者董厥工作,乃與匠石左右達觀,究厥敝原,爲新功始詢謀僉同,用書告諸望族,各助厥貲。而後即事,凡爲池三,爲渠二,爲亭、爲堂各一。而三賢之祠,故在泉上;今益爲十賢。而新之縣大夫請助以畜故謝焉,至是凡五閱月,而泉之流行猶前日也。諸君子既觀厥成,則以記命,寶惟慧泉爲天下高品尚矣。然其來也,同源而異穴,或發則氿(汎),或發則檻。三池匯之而石渠陰貫乎,其間蓋約濫,節迅以成泉。德古之爲是者,可謂知水矣。是故,上池淵然,中池瑩然,下池浩然,爲觀不同而水之狀,於是略具粵自陸子品之之後,觀且飲者日衆,以盛甚者驛致長安通名嶺海之外夫豈偶然乎哉。雖然時而浚之,則存乎人。譬之天道,有燮理之功;譬之人事,有更化之理,浚之爲義亦大矣。是以君子重圖之。今是役也,有渠以通,有池以蓄,有亭若堂,以爲之觀無侈無廢,克協于舊。其規畫所就論者,謂邑有人焉。寶不敏,謹以歲月勒之於碑,復爲詩以歌之。總其貫爲白金若干兩,督工之士爲龔時亨、楊正甫、莫利卿,其助之者之名,具于碑陰,凡若干人。爲書者吴大章,而往來宣勤則潘繼芳及僧圓顯。定昌云其詩曰:"邃彼原泉,慧山之下。維僧若冰,肇浚自古。謂配中泠,允哉其伍。我錫彼金,有子維母。孰不來飲,孰不來觀。贊嘆詠歌,井洌以寒。孰閼我流,石崩木蠹。匪泉則敝,敝以是故。人亦有言,清斯濯纓。棄而弗滌,豈泉之情。錫人協義,與我浚功。維物有理,變極則通。維雲蒸蒸,維石齒齒。泉流其間,終古弗止。有德匪泉,則時予之恥。我詩于碑,以頌其成。泉哉泉哉,與時偕清。"(《容春堂集》前集卷16)

⑩⑦ 溢流爲池,味甘寒:在"池"與"味"之間,《無錫縣志》卷4中有"如奏琴筝、如鸞鳳之音"九字。

⑩⑧ 鎮潼軍節度使:潼,《無錫縣志》作"諸"。

⑩⑨ 相帥成風:帥,底本作"巾",據《無錫縣志》改。

⑪⓪ 不惟精神過絶人:神,底本作"悍";人,底本原闕,均據《無錫縣志》改補。

⑪ 故書之以寓一嘆云:在"嘆云"以下,底本删去"紹興十一年六月日晉陵孫覿記並書"15字。

⑫ 距山北面:面,《無錫縣志》作"向";類似同義改字,本段還有多處,下面不改也不出校。

⑬ 泉曆數百載:底本均作"百載","數"是據《無錫縣志》改。

⑭ 惠山適當道傍,而聲利怵迫之徒:傍,底本原闕,據《無錫縣志》補。

⑮ 挈餉千里:挈,底本作"給",據《無錫縣志》改。

⑯ 自藏修,故雖僻而無悶,以彼易此,泉必難之:修,《無錫縣志》作"者"。故雖,作"將愈"。悶,本文鈔本作"狥",據《無錫縣志》改。此段内容,《無錫縣志》文本作"自藏者,將愈僻而悶,以彼易此泉"。

⑰ 遂書以授之:此下,本文纂者醉茶消客,删原文"歲戊申冬十有一月癸丑"十字。

⑱ 調水符:在此題前,大多數版本,均録有蘇軾是詩附叙。本文删不作録,一無道理,特校補如下:"余愛玉女河水,破竹爲契,使寺僧藏其一,以爲往來之信,謂之調水符。"

⑲ 雪乳一杯浮沆瀣,天光千丈落虚圓:浮,《震澤集》作"分";虚,一底本闕,一底本作"丘"。

⑳ 惠山泉:此疑據《錦繡萬花谷》前集卷35録。《東窗集》等書,題作《謝人惠團茶》。本文也只録其上半部分,下面有關分寄貢餘茶的詩句未録。

㉑ 此泉何以得,適與真茶遇:泉,《無錫縣志》作"山";"得",《端明集》作"珍"。適、真,底本作"兹""其",據《端明集》等其他版本改。

㉒ 昏塵滌盡清净觀:盡,底本作"蕩",據《四朝詩·元詩》改。

㉓ 真僞半相瀆:瀆,底本原闕,《古今事文類聚》作"續",此據《御選四朝詩》補改。

㉔ 煮雪:《大全集》卷15題作《煮雪齋爲貢文學賦禁言茶》。

㉕ 折屐興偏長:折,底本作"斫"。

㉖ 山本一江石:石,底本作"右",據沈周《石田詩稿》原文改。

㉗ 不溢亦不騫:溢,底本作"益",《石田詩稿》原文作"溢"。

⑱ 惠山泉用□□韻：底本在"用"和"韻"之間，有數空格，表示有脱字。

⑲ 酌惠山泉：一作楊萬里撰，《誠齋集》卷13題作《酌惠山泉瀹茶》。

⑳ 遊惠山寺：《無錫縣志》卷4上題作《謹次君倚舍人寄題惠山翠麓亭韻》。

㉛ 勝遊未至心先厭：《無錫縣志》作"勝處盡至心未厭"。

㉜ 持參萬錢鼎：持參，一底本作"持恭"，一底本作"恭"，本書作編時，據《宛陵集》原詩改。

㉝ 洞泉：《全唐詩》卷850題作《題慧山泉》。

㉞ 漪瀾堂：《容春堂續集》卷1題作《惠山雜歌》。

㉟ 遊惠山煮泉：《御選宋金元明四朝詩·宋詩》署蘇軾撰，題作《惠山謁錢道人烹小龍團登絶頂望太湖》。

㊱ 逢山未必更留連：必，《御選四朝詩·宋詩》作"免"。

㊲ 月夜汲第二泉煮茶松下清啜：本文此題疑有誤。《石田詩集》卷491題作《月夕汲虎丘第三泉煮茶坐松下清啜》。

㊳ 夜叩僧房覓澗腴：澗，《石田詩選》作"履"。

㊴ 惠泉次韻：《東坡全集》卷10題作《遊惠山並敘》。叙釋其與高郵秦觀和杭僧參寥同游惠山，覽朱宿等人詩，三人用其韵各賦三首。下爲蘇軾所吟三首。

㊵ 仰見鴻鶴翔：鴻，底本作"鵲"，據《東坡全集》改。

㊶ 居庸玉泉：《王舍人詩集》卷4題作《玉泉垂虹》。

㊷ 東風西落巖畔花：西，底本作"細"，據《吴都文粹》續集改。

㊸ 建州紫瓷金叵羅：叵，底本作"巨"，據《吴都文粹》續集改。

㊹ 此水流出山中船：船，底本作"鉛"，據《龜巢稿》改。下同。

㊺ 老夫來訪舊僧家，石鐺試瀹趙州茶：《龜巢集》作"老夫來訪舊煙霞，僧鐺試瀹趙州茶"。

㊻ 丁謂：《宛陵集》卷49所收本詩，作梅堯臣撰。

㊼ 上舍銀瓶貯：舍，底本原闕，據《宛陵集》補。

㊽ 寒溜潛通萬壑陰：潛，底本作"灌"，據前文改。

㊾ 七寶泉：《家藏集》卷5，非本文所署的"王璲"，作"吴寬"撰；另題亦

爲《飲七寶泉》。

⑮⓪ 清水出壑流:水,《家藏集》作"泉"。

⑮① 瓶壺走膏乳:壺,《無錫縣志》作"盎"。底本和方志校録均不嚴格,近義的一字之差就多,這裏一般不作改動和出校。

⑮② 同弔百年羽:弔,《無錫縣志》作"振"。

⑮③ 江邊老仙不知姓:仙,《無錫縣志》作"弱"。

⑮④ 邵寶國賢:底本原闕,是《無錫縣志》所加雙行夾注。本書編加。下同。

⑮⑤ 中涵石子莓苔絲:莓,一底本作"蕪"。

⑮⑥ 題陸羽茶亭:《皇甫司勳集》卷32作《陸羽泉茶》。

⑮⑦ 王寵:底本原闕,編補。

⑮⑧ 酌虎跑泉:《宋詩鈔》題作《病中遊祖塔院》。

⑮⑨ 因病得閒殊不惡,心安似藥更無方。因,底本作"目";殊,作"時";安心是,作"心安似";方,作"妨",據《宋詩鈔》改。

⑯⓪ 道人不識搽前水:識,《宋詩鈔》作"惜"。

⑯① 嫩黄初瀉銀瓶:瀉,底本作"湯",據《御選歷代詩餘》改。

⑯② 惠山名品好:好,底本作"在",據《御選歷代詩餘》改。

⑯③ 此中端有澹交情:澹,底本作"炎",據《御選歷代詩餘》改。

輯佚

岕茶别論

◇明　周慶叔　撰

周慶叔，生平事迹不詳，明代前期人，約和長洲（今蘇州）沈周（1427—1509）是同時代人，長期隱居江南著名茶區長興，嗜茶，也精於茶事。沈周在《書岕茶别論後》稱，慶叔"所至載茶具，邀余素甌黄葉間共相欣賞"，這也就是周慶叔喜茶和與沈周相友的最好也是唯一記述。

《岕茶别論》，關於這點，後來陳繼儒在其《白石樵真稿》中，有較明確的評説。其稱岕茶在明太祖時，便受到朱元璋的知遇，以後便"施於今而漸遠漸傳，漸覺聲價轉重"，并且采造的"蒸、採、烹、洗"諸法，也"悉與古法不同"。而岕茶的所有這些創新和遠播，與"周慶叔著爲《别論》以行之天下"，是有直接關係的。現存最早的岕茶專著，是萬曆三十六年（1608）前後長興知縣熊明遇所寫《羅岕茶記》，但周慶叔所撰《岕茶别論》要早一個多世紀。可惜原著除沈周所寫《書岕茶别論後》這一尾跋之外，正文隻字未存。本書除上述陳繼儒有專文提及外，陸廷燦《續茶經・九茶之略・茶事著述名目》也作收録；本書所輯的《書岕茶别論後》，也即録自《續茶經・一之源》。

自古名山，留以待羈人遷客，而茶以資高士，蓋造物有深意。而周慶叔者爲《岕茶别論》，以行之天下。度銅山金穴中無此福，又恐仰屠門而大嚼者未領此味。慶叔隱居長興，所至載茶具，邀余素甌黄葉間共相欣賞。恨鴻漸、君謨不見慶叔耳，爲之覆茶三嘆。沈周《書岕茶别論後》[①]

（輯自陸廷燦《續茶經・一之源》）

另附：書岕茶別論後　陳繼儒

昔人詠梅花云,"香中別有韻,清極不知寒。"此惟岕茶足當之。若閩中之清源、武夷,吴之天池、虎丘,武林之龍井,新安之松蘿,匡廬之雲霧,其名雖大噪,不能與岕梅抗也。自古名山留以待羈人遷客,而茶以資高士,蓋造物有深意。而周慶叔著爲《別論》以行之天下,度銅山金穴中無此福,又恐仰屠門而大嚼者未必領此味,則慶叔將無孤行乎哉?

高皇帝題吴興山:"烏啼紅樹裏,人在翠微中。"又敕顧渚每歲貢茶三十二斤。則岕於國初已受知遇,施於今而漸遠漸傳,漸覺聲價轉重。既得聖人之清,又得聖人之時,第蒸、採、烹、洗,悉與古法不同。而喃喃者猶持陸鴻漸之《經》、蔡君謨之《録》而祖之,以爲茶道在是,當不令慶叔失笑。慶叔隱居長興,所至載茶具,邀余於素鷗黄葉間,共相欣賞,而尤推茶勳於婦翁徐子輿先生。不恨子輿不見此論,恨鴻漸、君謨不見慶叔耳。爲之覆茶三嘆。陳繼儒《白石樵真稿》

校　記

① 沈周《書岕茶別論後》:原置本段文前作頭;這當是陸廷燦編《續茶經》時所改。本書輯收時按一般跋例,仍移回文末。

輯佚

茶藪

◇明　朱日藩　盛時泰　撰

朱日藩，字子价，號射陂。應登(1477—1526)子。揚州寶應人。嘉靖二十三年(1544)進士。歷官烏程(今浙江湖州)知縣，南京刑部主事、禮部郎中，出爲九江知府，適遇饑荒，賑貸多所存活。在烏程，因惠政，入名宦祠，在寶應，入鄉賢祠。以詩文聞名於時，有《山帶閣集》。

盛時泰(？—1578)，字仲交，號雲浦。應天府上元(今江蘇南京)人。貢生。喜藏書，築室大城山下，書齋名大城山房。才思敏捷，下筆千言立就。善畫水墨山水、竹石，亦工書法。有《城山堂集》《牛首山志》《蒼潤軒碑跋》等。

《茶藪》，萬國鼎《茶書總目提要》作《茶事彙輯》四卷。稱"此書見《徐氏家藏書目》及《千頃堂書目》，一名《茶藪》"；并且《徐目》注明是鈔本，"不見其他書目，似已佚"。據陸典《大城山房十詠》尾跋所書，朱君(日藩)嗜茶，"嘗裒古今詩文涉茶事者爲一編，命曰《茶藪》"，比較清楚地闡明了編纂的大概情況。《茶藪》最初爲朱日藩所輯編的輯集類茶書，原稿三卷或四卷，主要摘録明代或明以前詩文中有關茶事内容而成。初稿編定以後，朱日藩未急付刻印，而是想囑托陸典等友人繼續收選一些内容充實後再刊。一日陸典在金光初書齋中談及朱日藩《茶藪》初稿事，金光初即將前藏盛時泰《大城山房十詠》和記出之，并和陸典隨即各附言一段，由陸典轉朱日藩續收入或另作一卷附於《茶藪》。陸典交朱日藩的《大城山房十詠》和三篇後記，很可能是作爲單獨的一卷另附於後的。也可能正因爲這樣，所以在《徐氏家藏書目》和《千頃堂書目》中，《茶事彙輯》才出現盛時泰和朱日藩并署的情況。《茶藪》在收附盛時泰的《大城山房十詠》等之後,可能也未正式刻印或被其他叢書收録,僅只有少量鈔本傳世。這或許也是本書早佚的主要原因。

本文撰輯的時間,當在萬曆六年(1578)或稍前。至於朱日藩輯編《茶藪》的成稿時間,當是在萬曆六年(1578)或稍前。

本文從《茶水詩詞文藪》中輯出。《茶水詩詞文藪》,爲本書改題,南京圖書館藏本作醉茶消客《茶書七種》;南京農業大學中國農業遺産研究室藏本作《石鼎聯句》,均爲鈔本。

茶所大城山房[1]十詠　**盛時泰**

雲裏半間茅屋,林中幾樹梅花。掃地焚香静坐,汲泉敲火煎茶。

茶鼎

紫竹傳聞制古,白沙空説形奇。争似山房鑿石,恨無韓老聯詩。

茶鐺

四壁青燈掣電,一天碎石繁星。野客採苓同煮,同僧隱几閑聽。

茶罌

一壅細涵藻荇,半泓滿注山泉。欲試龍坑多遠,只虎穴曾穿。

茶瓢

雨裏平分片玉,風前遥瀉明珠。憶昔許由空老,即今顔子何如。

茶函

已倩緑筠自織,還教青箬重封。不贈當年馮異,可容此日盧仝。

茶洗

壺内旗槍未試,爐邊水火初匀。莫道千山塵净,還令七碗功新。

茶餅

山裏誰燒紫玉,燈前自製青囊。可是杖藜客至,正當隔座茶香。

茶杯

白玉誰家酒盞,青花此地茶甌。只許喚醒清思,不教除去閑愁。

茶賓

枯木山中道士,緑蘿菴裏高僧。一笑人間白塵,相逢肘後丹經。

右詠十章,白下[2]盛仲交作也。爲定所纂《茶藪》適成,因書往次附置焉。想當並收入耳。蓉峯主人[3]録。

〔**後記**〕①

〔**盛時泰記**〕②

往歲與吴客在蒼潤軒燒枯蘭煎茶,各賦一詩。時廣陵朱子价爲主客,次日過官舍,道及子价,笑曰:"事雖戲題,卻甚新也,須直得一詠。"乃出金山[4]瀾公所寄中泠泉,煮之燈下,酌酒載爲賦壁上蘭影。一時羣公並傳以爲奇異,云:"比年讀書大城山,山遠近多名泉,如祈澤寺龍池水,上莊宫氏方池水,雲居寺澗中水,凌霄寺祠橋下水及雲穴山流水,龍泉菴石窟水,皆遠勝城市諸名泉。而予山顛有泉一小泓,曾甃亂石,名以雲瑶,故道藏經中古仙芝之名,自爲作記,然以少僻,不時取,獨戊辰年試燈日,同客攜爐一至其下,時磐石上老梅盛開,相與醉臥竟日夕。今年春來讀書,邵生仲高從之游。予與仲高父子修甫有世契,喜仲高俊逸穎敏,因時爲講解。暇時,仲高焚香煎茶啜予,予爲道曩昔事,因次十題,將各賦一詩以紀之。未能也。今日仲高再爲敲石火拾山荆,予從旁觀之,引筆伸紙,次第其事。茶熟而詩成,遂録爲一帙,以祈同調者和之。庶知空山中一段閒興,不甚寂寞云爾。"盛時泰記。

〔**金光初題跋**〕③

往仲交詩成,持示予。予心賞之,且謂之曰:余將過子山中,恐以我非茶賓也。既而東還,不果往,今年有僧自白下來謁余,曰仲交死山中矣。余驚悼久之,因念大城山故仲交詠茶處,復取讀之,並附數語,以見存亡身世之感云。戊寅冬金光初識。

〔**陸典題跋**〕④

定所朱君雅嗜茶,嘗裒古今詩文涉茶事者爲一編,命曰:《茶藪》,暇日出示予,且囑余曰:世有同好者間有作,爲我訪之,來當續入之。久未遑也,昨集玄予齋中,偶談及之。玄予欣然出盛仲交舊詠茶事六言詩十章並記授予,令貽朱君。因追憶曩時與仲交有山中敲火烹茶之約,今仲交已去人間,爲之悲愴不勝。玄予因識感於詩後,予亦並記詩之所由來者以掛名其上云爾。平原陸典識。

注　釋

1　大城山房:大城山,在舊南京城東七十里,周二十二里,高八十二丈。盛時泰築室山下,隱居讀書於此,以"大城山房"爲書室名。

2　白下:地名,位於南京市。本名白石陂,晉陶侃討蘇峻至石頭,築壘於此。南朝宋元嘉二十年(443),"閱武白下",即此。唐武德時改金陵爲白下,故歷史上有謂金陵或南京爲"白下"之稱。

3　蓉峯主人:當即陸典之號。

4　金山:金山,即今江蘇鎮江金山寺之金山。

校　記

① 後記:底本原無,本書作編時加。

② 盛時泰記:底本原無,本書作編時加。

③ 金光初題跋:底本原無,本書作編時加。

④ 陸典題跋:底本原無,本書作編時加。

輯佚

岕茶疏

◇明　佚名

《岕茶疏》，從明黄履道《茶苑》中輯出。所輯四則內容，除第一則中間一段，“然白亦不難”至“則虎丘所無也”與熊明遇《羅岕茶記》所載有類同外，該則頭尾和其他三則內容，不但不見於熊明遇《羅岕茶記》，也不見於“岕茶”其他有關專著；它們顯然出自一本流傳未廣的明代岕茶逸書，故另題《岕茶疏》。

《岕茶疏》全書內容如何，卷數多少，已不可知。至於撰述年代，結合岕茶風行的時間與《茶苑》引録的較多茶書內容來説，我們推定大致也撰寫於萬曆年間。

熊明遇《岕茶疏》云：蔡君謨謂，“黄金碾畔緑塵飛，白玉甌中翠濤起”二句，當改緑爲玉、改碧爲素，以色貴白也。然白亦不難，泉清缾浄，葉少水涜，旋啜，其色自白。然真味抑鬱，徒爲食耳。若取青緑，則天池、松蘿及岕茶之最下者，雖冬月，色亦如苔衣，何足爲妙？莫若余所製洞山。自穀雨後五日，以湯薄澣，貯壺良久，其色如玉。至冬則嫩緑，味甘色淡，韻清氣醇，嗅之亦虎丘嬰兒之致，而芝芬浮蕩，則虎丘所無也。有以木蘭墜露、秋菊落英比之者。木蘭仰萼，安得墜露？秋菊傲霜，安得落英？莫若李青蓮“梨花白玉香”一語，則色味都在其中矣。

《岕茶疏》云：凡煮茶，銀瓶爲最佳，而無儒素之致。宜以磁罐煨水，而滇錫爲注，活火煮湯，候其三沸，如坡翁云“蟹眼已過魚目生，颼颼欲作松風聲”，是火候也。取茶葉細嫩者，用熟湯微涜，粗者再涜，置片晌，俟其香發，以湯沖入注中方妙。冬月茶氣內伏，須於半日前涜過以聽用。亦有以時大彬壺代錫注者,雖雅樸而茶味稍醇,損風致。

(以上録自本書《茶苑》卷十三)

熊明遇《岕茶疏》云:羅岕茶,人常浮慕盧、蔡諸賢嗜茶之癖。間一與好事者致東南名産而次第之,指必羅岕。云主人每於杜鵑鳴後,遣小吏微行山間購之,不以官檄致,即或採時晴雨未若,或産地陰陽未辨,甘露肉芝艱於一遘,亦往往得佳品。主人舌根多爲名根所役,時於松風竹雨、暑晝清宵,呼童汲水、吹爐,依依覺鴻漸之致不遠。至爲邑六載,而得洞山者之産,脱盡凡茶之器,偶泛舟苕上,偕安吉陳刺史,故稱舉賞,不覺擊節曰:"半世清遊,當以今日爲第一碗,名冠天下,不虚也。"主人因念不及遇君謨輩一品題,而吴中豪貴人與幽士所購,又僅其中駟,主人得爲知己,因緣深矣。旦暮行以瓜期代,必不能爲梁溪水遞愛授之筆楮永以爲好。它時雨後花明,夜前鶯老展之几上,庶幾乎神遊明月之峽,清風兩腋生也。因爲之歌,歌曰:"瑞草魁,瑯玕質,瑶蕊漿,名爲羅岕,問其陽羨之陽。"

《岕茶疏》云:岕有秋茶,取過秋茶,明年無茶矣,土人禁之。韻清味薄,旋採旋烹,了無意趣,置磁瓶中,旬日其臭味始發。楓落梧凋,月白露冷,之後杯中鬱然一種先春風味,亦奇快也。諸茶惟岕茶能受衆香,先以時花宿錫注中,良久,隨浣茶入熟湯,氣韻所觸,滴滴如花上露也。梅蘭第一,茉莉、玉蘭次之,木犀則濁矣,梨花、藕花、荳花,隨意置之,都自幽然。

(以上録自本書《茶苑》卷十四)

輯佚

茶史

◇明後期至清初　佚名　撰

《茶史》,本書由《茶苑》中輯出。此前,無人提及和知此爲一本茶書。其他各書不引,只《茶苑》一書一再引述。黄履道《茶苑》,北京中國國家圖書館書目,《中國古籍善本書目》,俱題明黄履道撰,本書收校時,考爲僞托,書中有大量明嘉靖、萬曆年間的作品,還收有部分清朝初期的茶書。鑒此,本書也只得將從是書中輯出的本文,暫定爲撰寫於明代後期至清代初年。

但本書作考時,也獲得這樣一點綫索。即在《茶苑》引録本文中,在卷八録有這樣一句,"《茶史》云:明月之峽,厥有佳茗"。循此筆者繼續向它書尋索,結果在明許次紓《茶疏》中,又獲得這樣一句:"姚伯道云:明月之峽,厥有佳茗,是名上乘。"姚伯道,事迹不詳,大概是許次紓同時代的江南尤其錢塘和湖州一帶名士,也許即是《茶史》的編著者。

所輯佚文如下:

歙州之先春、早春茶品,在宋已登貢籍。及今,松蘿之亞也。焙製片、散未詳。(《茶苑》卷四)

湖州府長興縣顧渚山,産茶精美絶倫,有紫筍、懶筍、龍坡山子之名,爲浙茶之冠。(《茶苑》卷五)

婺州産茗極佳,爰有三種,曰碧貌、東白、洞源,以碧貌爲勝。(《茶苑》卷五)

南昌府西山産羅漢茶,葉如豆苗,香清味美,郡人珍之,號羅漢茶。(《茶苑》卷六)

廣信府府城北茶山,産茶絶佳。唐陸羽常居此。(《茶苑》卷六)

南安府上猶縣石門山,産茶磨精絶。(《茶苑》卷六)

明月之澗有佳茗,在昔其名甚著。(《茶苑》卷八)

明月之峽,厥有佳茗。(《茶苑》卷八)

《茶録》以涪州賓化茶爲蜀茶之最,地不多産,外省所得頗艱,其品可亞蒙山。(《茶苑》卷八)

彰明縣産緑昌明茶,香清味美,冠絶兩川諸茗。故《李太白集》有詩云:"渴飲一碗緑昌明"云云,即詠此茶也。(《茶苑》卷八)

輯佚

茶説

◇明　邢士襄　撰

邢士襄,字三若,生卒年月和事迹不詳。所著《茶説》,最早見於屠本畯《茗笈·品茶姓氏》。屠本畯《茗笈》撰於萬曆三十八年(1610),説明邢士襄大概是生活於嘉靖、萬曆年間人。

本文所録下列兩條邢士襄《茶説》資料,分别輯自《茗笈》和《續茶經》兩書。

凌露無雲,採候之上;霽日融和,採候之次;積雨重陰[①],不知其可。(屠本畯《茗笈·第三乘時章》)

夫茶中著料,碗中著果,譬如玉貌加脂,蛾眉染黛,翻累本色矣。(陸廷燦《續茶經·六之飲》)

校　記

① 積雨重陰:雨,陸廷燦《續茶經·三之造》作"日"。

輯佚

茶考

◇明　徐𤊹　撰

徐𤊹生平事迹,見本書《蔡端明別記·題記》。

《茶考》,一作《武夷茶考》,是一卷有關武夷茶史考述的專著,但這裏輯録的,好像只是其中的一段"按"。《茶考》的刊刻情况不詳,僅知最早引録它的是明代喻政的《茶集》。《茶集》署爲萬曆三十九年(1611)編,説明本文的寫作至遲不會遲於這年。清代陸廷燦《續茶經》的《九茶之略·茶事著述名目》,將本文和陸羽《茶經》、蔡襄《茶録》、朱權《茶譜》等并列視爲一種著作。但萬國鼎在其《茶書總目提要》中,却只收録徐𤊹《蔡端明別記》(本書重新定名爲《蔡端明別紀·茶癖》)和《茗譚》,對《茶考》就態度審慎,"不敢盲從",未作收録。我們這裏遵從陸廷燦的意見,將《茶考》作爲一種已佚茶書予以輯存。

本文下録内容,分别輯自喻政《茶集》和陸廷燦《續茶經》。

按:丁謂製龍團,蔡忠惠[1]製小龍團,皆北苑事。其武夷修貢,自元時浙省平章[2]高興[3]始,而談者輒稱丁、蔡。蘇文忠公詩云:"武夷溪邊粟粒芽,前丁後蔡相寵加",則北苑貢時,武夷已爲二公賞識矣。至高興武夷貢後,而北苑漸至無聞。昔人云:茶之爲物,滌昏雪滯,於務學勤政,未必無助;其與進荔枝、桃花者不同。然充類至義,則亦宦官、宫妾之愛君也。忠惠直道高名,與范、歐相亞;而進茶一事,乃儕晉公。君子舉措,可不慎歟?

(據清陸廷燦《茶經》輯録)

按:《茶録》諸書,閩中所産茶,以建安北苑第一,壑源諸處次之。然武夷之名,宋季未有聞也。然范文正公《鬥茶歌》云:“溪邊奇茗冠天下,武夷仙人從古栽。”蘇子瞻亦云:“武夷溪邊粟粒芽,前丁後蔡相寵加”,則武夷之茶,在前宋亦有知之者,第未盛耳。

元大德間,淛江行省平章高興,始採製充貢,創闢御茶園於四曲,建第一春殿、清神堂、焙芳、浮光、燕嘉、宜寂四亭。門曰仁風,井曰通仙,橋曰碧雲。國朝寖廢爲民居,惟喊山臺、泉亭故址猶存。喊山者,每當仲春驚蟄日,縣官詣茶場,致祭畢,隸卒鳴金擊鼓,同聲喊曰:“茶發芽”,而井水漸滿;造茶畢,水遂渾涸。而茶户採造,有先春、探春、次春三品;又有旗槍、石乳諸品,色香味不減北苑。國初罷團餅之貢,而額貢每歲茶芽九百九十觔,凡四品。嘉靖三十六年,郡守錢璞奏免解茶,將歲編茶夫銀二百兩解府造辦解京,御茶改貢延平,而茶園鞠爲茂草,井水亦日湮塞。然山中土氣宜茶,環九曲之内,不下數百家,皆以種茶爲業,歲所産數十萬斤。水浮陸轉,鬻之四方,而武夷之名,甲於海内矣。宋元製造團餅,稍失真味,今則靈芽仙萼,香色尤清,爲閩中第一。至於北苑、壑源,又泯然無稱。豈山川靈秀之氣,造物生植之美,或有時變易而然乎?

(據明喻政《茶集》輯録)

注釋

1 蔡忠惠:即蔡襄,忠惠是其謚號。

2 浙省平章:地方官名。浙省,全稱爲江浙行省,地轄江南、浙江一直到福建等地。平章,此爲元代平章政事的簡稱,爲一行省的首長,掌全省軍、民、刑、政之事。

3 高興(1245—1313):蔡州人,字功起。力挽二石弓,先爲宋陳奕部將,元世祖至元十二年(1275),隨奕降元,授千户。宋亡,升管軍萬户,先後鎮壓東陽、漳州等地漢人的反元鬥争。至元二十九年(1292),出任管理福建行省的右丞,改平章政事,最後官至左丞相,商議河南省事。卒謚武宣。

輯佚

茗説

◇明　吴從先　撰

吴從先,字寧野,明萬曆新都(今安徽休寧和歙縣)人。明嘉靖、萬曆年間,興起一股編書刻書熱,而且相效以唐以前的古地名,如"新安""新都"以至"丹陽",題署籍貫。吴從先作爲其時其地的一名士紳,亦投趣其中。他喜好撰寫俳諧游戲雜文,除刻印過自撰《小窗自紀》四卷、《艷紀》十四卷、《清紀》五卷、《别紀》四卷外,還刻印過明李贄《霞滴閣校訂史綱評要》三十六卷。

《茗説》(佚)的撰刊時間,當和吴從先上述著作大致相同。除清陸廷燦《續茶經》在"八之出"有引和"九之略"《茶事著述名目》收録外,未見其他藝文志、書目和茶書收録。本文現僅從《續茶經·八之出》輯出"松蘿子"一則百餘字,由此一段文字也可以看出《茗説》不全是輯集類茶書,至少有部分内容是作者自著的。

松蘿子,土産也。色如梨花,香如豆蕊,飲如嚼雪。種愈佳,則色愈白,即經宿無茶痕,固足美也。秋露白片子更輕清若空,但香大惹人,難久貯,非富家不能藏耳。真者其妙若此,略混他地一片[1],色遂作惡,不可觀矣。然松蘿[2]地如掌,所産幾許,而求者四方雲至,安得不以他混耶!

(據清陸廷燦《續茶經》輯録)

注　釋

1　略混他地一片:意指摻雜其他地方少量次茶。在明清安徽的《徽州府志》《歙縣志》和《休寧縣志》中,稱"松蘿"的"不及號者"爲片茶。

2 松蘿:山名,在今安徽休寧境内。萬曆三十五年(1607)《休寧縣志·物産》載:"茶,邑之鎮山曰松蘿,以多松名,茶未有也。遠麓爲榔源,近種茶株,山僧偶得製法,遂托松蘿,名噪一時……士客索茗松蘿,司牧無以應,徒使市恣贋售。"根據萬曆《休寧縣志》這一記載,似可推定,吴從先撰寫本文的時間,不會早於此前很久,極有可能就是撰刊該志也即萬曆三十五年(1607)前後的事情。

輯佚

六茶紀事

◇明　王毗　撰

王毗，生平事迹不詳。李日華《六研齋三筆·紫筍茶》稱："余友王毗翁攝霍山令，親治茗修貢事，因著《六茶紀事》一篇，每事詠一絶。余最愛其《焙茶》一絶。"知其明代晚年做過霍山知縣（今屬安徽六安市），并撰寫過《六茶紀事》。李日華所述這一段内容，并收於章銓《吴興舊聞補》。查《六安州志》《霍山縣志》，無見王毗的傳記和事迹，僅在《霍山縣志》"藝文"中，提及"攝令王毗《焙茶》詩"。那末王毗是甚麼時候知霍山縣的呢？由李日華《六研齋二筆》撰於明崇禎三年（1630）這點來推，王毗知霍山縣事和撰寫《六茶紀事》的時間，可能就在明天啟（1621—1627）和崇禎初年的八九年間。由李日華稱王毗爲"翁"這點來推，這時王毗的年齡，大概已五十出頭或已過花甲之年。

《六茶紀事》佚文，僅存《焙茶》詩一首，輯自清同治《六安州志》卷五十四霍山縣"攝令王毗翁《焙茶》"詩。

《焙茶》詩：露蕊纖纖纔吐碧，即妨葉老採須忙。家家篝火山窗下，每到春來一縣香。

跋

喝茶十來年了，漸漸有些體會。

春秋代序，人不同，茶也不同。或階柳庭花，明窗净几，心遠地自偏；或四美具，二難并，相忘於江湖。皆可以興，可以樂。至於茶的典籍，則除了《茶經》《大觀茶論》外，知之甚少。

出版這套書緣起于鄭培凱先生在復旦大學哲學學院的一次茶道講座，講的有趣，聊的盡興，茶喝的通透。特别是對"鴻漸於陸"的演繹，自出機杼，别開生面。對照《周易正義》中"進處高潔，不累於位，無物可以屈其心而亂其志"的詮釋，讓人回味悠長。一個月後，便收到了鄭培凱先生寄來的《中國歷代茶書匯編校注本》（上下）。

决定從商務印書館（香港）有限公司引進《中國歷代茶書匯編校注本》（上下）版權後的一年多時間裏，上海大學出版社迅速組建編輯團隊，除積極與商務印書館（香港）有限公司洽談版權事宜外，還從編輯加工、裝幀設計、市場營銷等方面對新版圖書作了全方位的策劃。

爲了將該書融入上海大學出版社正在策劃組稿的茶文化系列叢書，在得到商務印書館（香港）有限公司的授權後，新版書名改爲《中國茶書》（共五册）；爲了使本套叢書再版後更有意義，在保留原序的基礎上，又邀請本書主要作者之一，也是原序的作者鄭培凱先生爲本書作了新序；爲了更好地遵循國家語委最新發布的語言文字規範，特約請上海辭書出版社原副總編輯劉毅强先生對書中的部分内容進行審校、圖書審讀專家王瑞祥先生對全書的所有文字作了審讀、把關，出版社編輯傅玉芳、徐雁華、劉强綜合兩位專家的審讀意見後認真確定改稿細則，妥善處理書稿中"當繁"與"不當繁"的問題，并在正文前附以"再版編輯説明"；爲了更好地呈現本套書的内涵,美術編輯柯國富在封面設計上精心打磨,"中國茶書"四字系王鐸、米芾兩位書家的集字,他們在《五百年合璧》(上海大學出版社 2021 年版)後再次聚首,也算是一段佳話吧。

茶是日用品,也是桃花源,難得左右逢源。王鐸在行書《贈湯若望詩》帖後寫得真切:

> 書時,二稚子戲於前,嘰啼聲亂,遂落數字,如龍、形、萬、壑等字,亦可噱也。書畫事,須深山中,松濤雲影中揮灑,乃爲愉快,安可得乎?

苟燕楠

2021 年 12 月 10 日

圖書在版編目(CIP)數據

中國茶書. 明: 上下 / 鄭培凱,朱自振主編. —上海: 上海大學出版社,2022.1
ISBN 978-7-5671-4408-8

Ⅰ. ①中… Ⅱ. ①鄭… ②朱… Ⅲ. ①茶文化—中國—明代 Ⅳ. ①TS971.21

中國版本圖書館 CIP 數據核字(2021)第 250399 號

上海市版權局著作權合同登記圖字: 09-2021-0879 號
本書由商務印書館(香港)有限公司授權中國內地繁體字版,
限在中國內地出版發行

責任編輯 徐雁華 劉 强
封面設計 柯國富
技術編輯 金 鑫 錢宇坤

特約審稿 王瑞祥 劉毅强

中國茶書·明(上下)
主編 鄭培凱 朱自振
上海大學出版社出版發行
(上海市上大路 99 號 郵政編碼 200444)
(http://www.shupress.cn 發行熱綫 021-66135112)
出版人 戴駿豪
*
南京展望文化發展有限公司排版
上海雅昌藝術印刷有限公司印刷 各地新華書店經銷
開本 710mm×1000mm 1/16 印張 43.75 字數 629 千
2022 年 1 月第 1 版 2022 年 1 月第 1 次印刷
ISBN 978-7-5671-4408-8/TS·18 定價 185.00 圓